"十三五"江苏省高等学校重点教材（编号：2019-2-128）

虚拟仪器技术应用教程

主编　张青春　白秋产
参编　周红标　朱云云

机 械 工 业 出 版 社

本书针对应用型本科教育和新工科的特点，结合测控技术与仪器专业工程教育认证标准，为适应当今经济社会对专业人才的需求，以提升学生实践应用能力为目标，精心组织内容。本书共分三大模块，第一个模块（第1～8章）介绍虚拟仪器的概念和基础知识；第二个模块（第9～10章）介绍虚拟仪器数据采集系统和常用硬件设备；第三个模块（第11章）介绍8个基于虚拟仪器的测控系统设计案例，包括虚拟仪器测试平台设计、虚拟仿真系统设计和基于物联网技术的网络化虚拟仪器应用平台设计。本书内容组织合理，内容安排符合学习规律，将虚拟仪器基础性知识、常用的虚拟仪器测试平台设备和虚拟仪器系统设计应用案例等内容融为一体，强化工程意识，培养问题分析、设计开发、科学研究和复杂工程问题解决的能力。

本书可作为普通高校测控技术与仪器、自动化、电子信息、通信、物联网、应用物理、机器人等应用型本科专业的教材，也可作为相关技术人员的参考用书。

本书配有电子课件及案例程序，欢迎选用本书作教材的教师登录www.cmpedu.com 注册下载，或发邮件到 jinacmp@163.com 索取。

图书在版编目（CIP）数据

虚拟仪器技术应用教程 / 张青春，白秋产主编.
—北京：机械工业出版社，2020.11（2023.12 重印）
“十三五”江苏省高等学校重点教材
ISBN 978-7-111-66905-0

Ⅰ.①虚…　Ⅱ.①张…　②白…　Ⅲ.①虚拟仪表—高等学校—教材　Ⅳ.① TH86

中国版本图书馆 CIP 数据核字（2020）第 220103 号

机械工业出版社（北京市百万庄大街 22 号　邮政编码 100037）
策划编辑：吉　玲　责任编辑：吉　玲　张翠翠
责任校对：张　征　封面设计：张　静
责任印制：郜　敏
北京富资园科技发展有限公司印刷
2023 年 12 月第 1 版第 5 次印刷
184mm×260mm・13.5 印张・334 千字
标准书号：ISBN 978-7-111-66905-0
定价：39.00 元

电话服务	网络服务
客服电话：010-88361066	机　工　官　网：www.cmpbook.com
010-88379833	机　工　官　博：weibo.com/cmp1952
010-68326294	金　　书　　网：www.golden-book.com
封底无防伪标均为盗版	机工教育服务网：www.cmpedu.com

前　言

本书是“十三五”江苏省高等学校重点教材，内容体系基于2018年完成的教育部高等学校仪器类专业新工科建设项目（2018C012）成果和2017年完成的教育部产学合作协同育人项目（201701009013）的教改研究成果。

虚拟仪器（Virtual Instrument，VI）的概念最早于20世纪90年代由美国NI公司提出，主要思想是利用高性能的模块化硬件，结合高效灵活的软件来完成各种测试、测量和自动化应用。虚拟仪器技术包括硬件、软件和系统设计等要素。虚拟仪器概念的提出引发了传统仪器领域的一场重大变革，使得计算机和网络技术与仪器技术结合起来，促进了自动化测试与控制领域的技术发展。

随着计算机、软件以及电子技术的快速发展，虚拟仪器技术的应用早已突破最初的仪器控制和数据采集的范畴，而向更加纵深的方向发展，不仅可用于构建大型的自动化测试系统，还常用于控制系统、嵌入式设计等，应用涉及电子电气、射频与通信、高端智能化设备、汽车、国防、航空航天、能源电力、生物医电、土木工程、环境工程等多个领域。

本书包含虚拟仪器的概念和基础知识、虚拟仪器数据采集系统和常用硬件设备、虚拟仪器的测控系统设计案例三大模块，在保证虚拟仪器基础知识的前提下，注重学生的工程实践训练和创新实践训练，突出应用性和实用性，融入仪器仪表学科前沿新技术和应用成果，具有一定的学术价值。本书作为一本以虚拟仪器技术应用为主的教材，对培养复合型、应用型和创新型人才具有重要的意义。本书的主要特色与创新体现在如下几个方面。

（1）优化内容，强化知识、能力和素质的综合培养。本书采用项目化设计方法，将整个理论体系进行有序分解后融入项目和模块的实现过程中。所有的项目秉承由简入深的原则，通过渐进学习、逐步提高，完善学生的知识体系。本书编写的项目具有独立性与延展性，强化了知识、能力和素质的综合培养。

（2）采用模块化结构，思路清晰，易于教学。本书共分为三大模块：第1～8章为虚拟仪器的概念和基础知识模块，为进行虚拟仪器设计奠定基础；第9、10章为虚拟仪器数据采集系统和常用硬件设备模块，培养和训练学生对虚拟仪器数据采集系统的设计、应用和开发能力；第11章为虚拟仪器的测控系统设计案例模块，为学生进行测控系统、虚拟仿真实验、物联网监测平台的设计提供范例和技术支撑。

(3) 贯彻“以学生为中心、以成果为导向”的新工科教学理念。本书按照工程教育认证标准、仪器类专业教学质量国家标准和新工科建设的要求，内容选取兼顾知识、能力和素质的综合培养。通过虚拟仪器应用技术的综合训练，培养学生解决测控系统与仪器复杂工程问题的能力，并能形成创新成果。

本书由淮阴工学院的张青春、白秋产担任主编，参加编写的还有淮阴工学院的周红标、南京云鼎测控技术公司的朱云云。其中，第1～6章由白秋产编写，第7、8章由白秋产、周红标编写，第9、10章由张青春、朱云云编写，第11章由张青春编写。张青春负责全书的统稿工作。本书参考文献中所列出的参考资料为编者提供了很大的帮助，在此表示诚挚的谢意。同时，对机械工业出版社的大力支持和帮助表示衷心的感谢！

由于编者水平有限，错误和不足之处在所难免，恳请各位专家和读者不吝赐教，以利于不断完善。

编者邮箱：1524668968@qq.com。

编者

目　　录

第 1 章 虚拟仪器及 LabVIEW 概述

虚拟仪器（Virtual Instrument）技术就是利用高性能的模块化硬件，结合高效灵活的软件来完成各种测试、测量和自动化的应用。

LabVIEW 是一种程序开发环境，由美国国家仪器（NI）公司研制开发，类似于 C 语言和 BASIC 语言开发环境。但是 LabVIEW 与其他计算机语言的显著区别是：其他计算机语言都是采用基于文本的语言产生代码，而 LabVIEW 使用的是图形化编辑语言 G 编写程序，产生的程序是框图的形式。

1.1 虚拟仪器概述

1.1.1 虚拟仪器概念

虚拟仪器借助于强大的计算机软件和硬件环境的支持，建立虚拟的测试仪器面板，完成仪器的控制、数据分析和结果输出。

与传统仪器相比，虚拟仪器充分利用了计算机的计算、显示和互联网等功能，大大提高了效能。以软件为中心的虚拟仪器系统为用户提供了创新技术，并大幅降低了生产成本。通过虚拟仪器，用户可以精确地构建满足其需求的测量和自动化系统，而不受传统固定功能仪器（供应商定义）的限制。

传统仪器，如示波器和波形发生器，功能强大，价格昂贵，被设计为用来执行供应商定义的一个或多个特定任务，用户通常不能扩展或定制它们。仪器上的旋钮和按钮、内置电路及用户可以使用的功能因仪器而异。

1.1.2 虚拟仪器组成

虚拟仪器是基于计算机的测试平台，由硬件系统和软件系统组成。

1．虚拟仪器硬件系统

图 1.1 所示为虚拟仪器硬件组成，包括计算机、各种 I/O 接口设备（采集卡和信号调理电路）和被测对象。

1）计算机一般是 PC 或者工作站。

2）I/O 接口设备主要完成的功能包括原始被测物理信号转换成电压或电流信号、信号的放大、滤波、模-数转换、数据采集等。I/O 接口设备一般采用采用总线方式的标准接口，如 USB 总线结构的虚拟仪器、PCI 总线结构的虚拟仪器、GPIB 总线结构的虚拟仪器、VXI 总线结构的虚拟仪器、PXI 总线结构的虚拟仪器。

3）被测对象是各种测量的物理对象，如位移、形变、力、加速度、湿度、温度等。

2．虚拟仪器软件系统

图 1.2 所示为虚拟仪器软件系统结构，包括应用程序开发环境、仪器驱动层、虚拟仪器

应用程序编程接口。

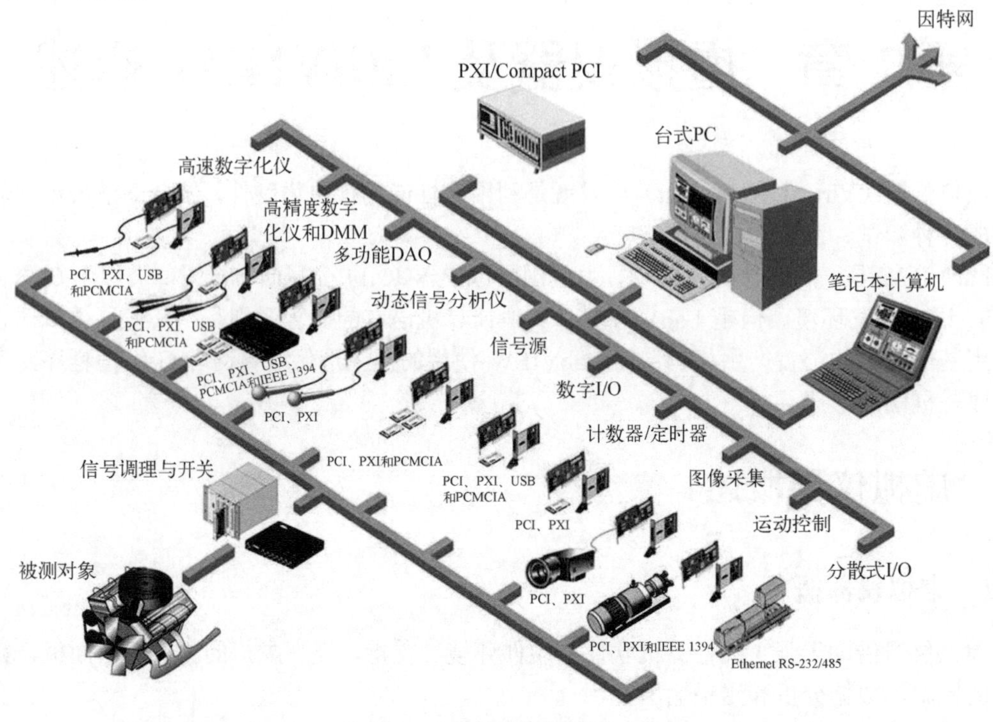

图 1.1 虚拟仪器硬件组成

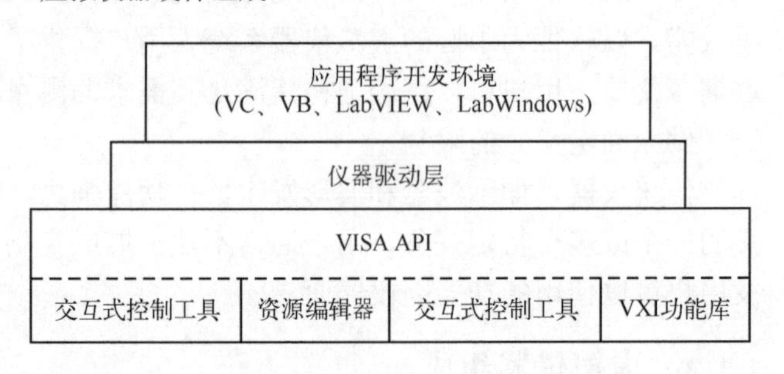

图 1.2 虚拟仪器软件系统结构

1）虚拟仪器应用程序开发环境是设计虚拟仪器必需的软件工具，是面向开发用户的，能够提供直观、友好的测控设计界面，具有丰富的数据分析与处理功能，能完成测控系统的软件开发。应用程序开发环境分为通用软件开发环境和专用软件开发环境。

2）仪器驱动层是连接虚拟仪器系统硬件和虚拟仪器应用软件之间的软件中间层，它由函数库、实用程序、工具套件等组成，用于实现对仪器的控制。

3）VISA 是虚拟仪器软件结构（Virtual Instrument Software Architecture）的缩写，是标准的 I/O 函数库及其规范的总称。API（Application Programming Interface，应用程序编程接口）是一些预先定义的函数，目的是为应用程序与开发人员提供基于某软件或硬件的访问一组例程的功能。VISA API 就是基于虚拟仪器体系结构的各种 I/O 函数库。

1.1.3 虚拟仪器开发环境

虚拟仪器开发环境，一般可以分为两大类：通用软件开发环境和专用软件开发环境。

1．通用软件开发环境

通用软件开发环境包括 Borland 公司的 C++ Builder、Delphi，Microsoft 公司的 VB、VC++、Visual Studio .NET 等。

2．专用软件开发环境

专用软件开发环境主要有 Agilent 公司的 VEE、NI 公司的 LabVIEW 及 Labwindows/CVI 等。本书的开发环境采用 NI 公司的 LabVIEW。

LabVIEW 软件是 NI 设计平台的核心，也是开发测量或控制系统的理想选择。LabVIEW 开发环境集成了工程师和科学家快速构建各种应用所需的所有工具，现在广泛地被工业界、学术界和研究实验室所使用。

1.2　LabVIEW 基础

1.2.1　LabVIEW 的安装

1．工具/原料

图 1.3　LabVIEW 2014 版安装包文件图标

计算机；LabVIEW 2014 版安装包。

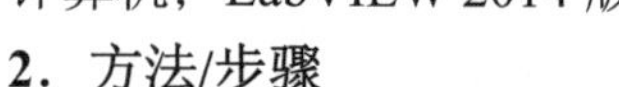

2．方法/步骤

第一步：双击图 1.3 所示的 LabVIEW 2014 版安装包文件图标。

第二步：单击图 1.4 中的“确定”按钮。

图 1.4　解压说明

第三步：在图 1.5 中的标号①处选择自己想要解压的路径（也可以选择默认路径），然后在标号②处单击“Unzip”按钮。

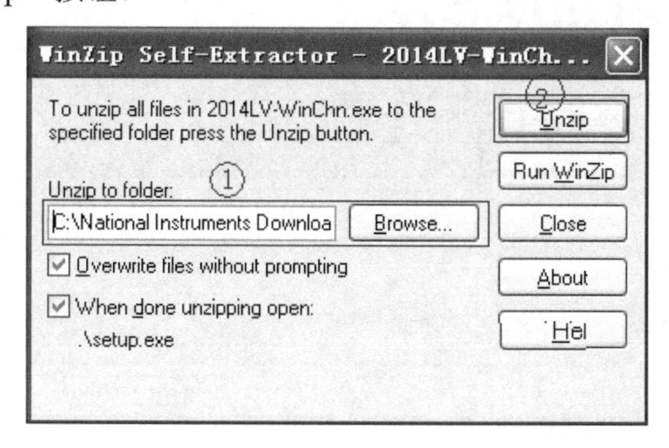

图 1.5　解压

第四步：接下来软件就进入了解压进度界面，如图 1.6 所示。

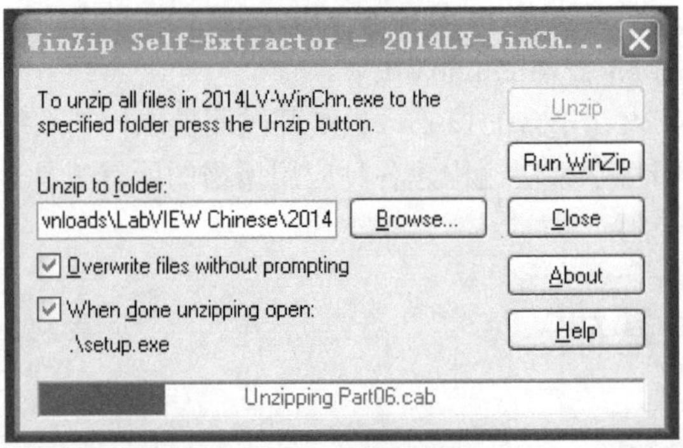

图 1.6　解压进度界面

第五步：解压完成之后单击弹出界面中的“确定”按钮，如图 1.7 所示。

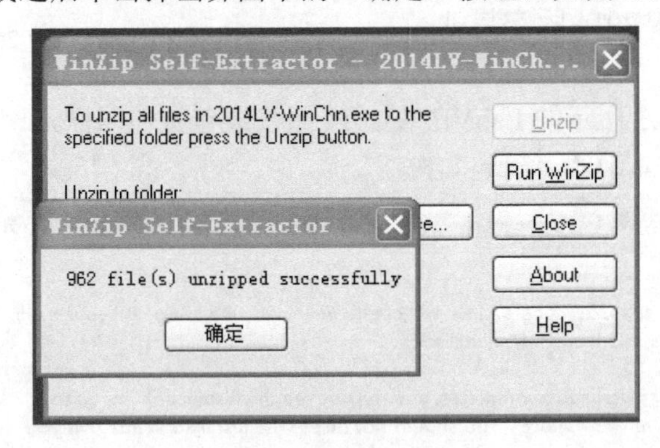

图 1.7　解压完成

第六步：接下来会直接弹出安装界面，单击“下一步”按钮，如图 1.8 所示。

图 1.8　安装界面

第七步：在弹出的界面中输入用户的信息（全名、单位），然后单击“下一步”按钮，如图1.9所示。

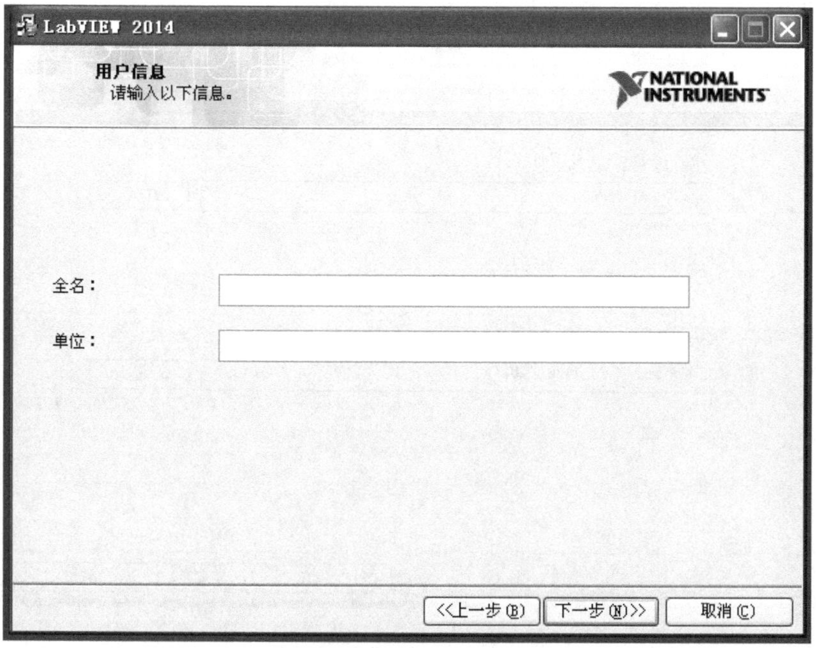

图1.9 输入用户信息

第八步：接下来进入序列号输入界面，如图1.10所示，输入完成后单击“下一步”按钮。

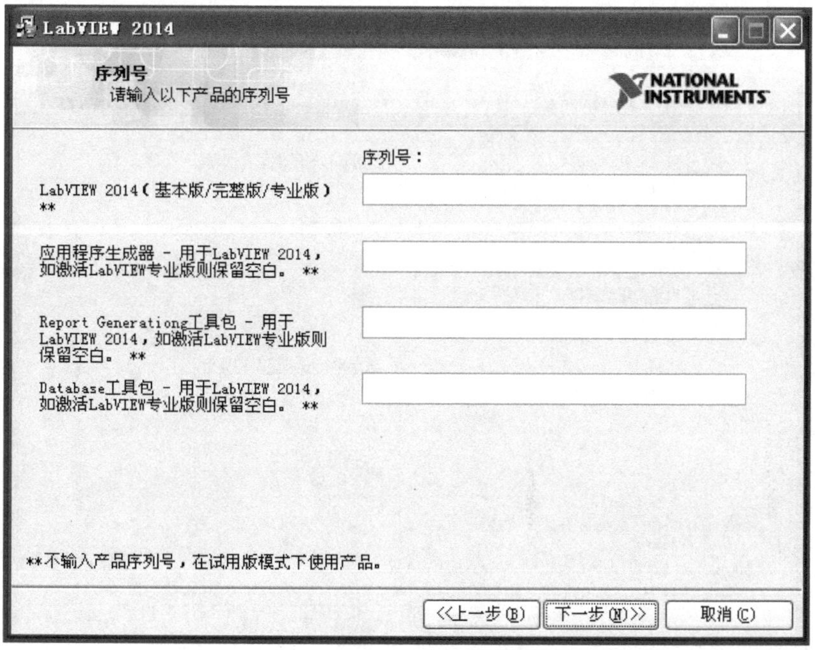

图1.10 序列号输入界面

第九步：现在进入了软件安装的路径设置界面，如图1.11所示。选择软件安装的路径（也可以使用默认路径），然后单击“下一步”按钮。

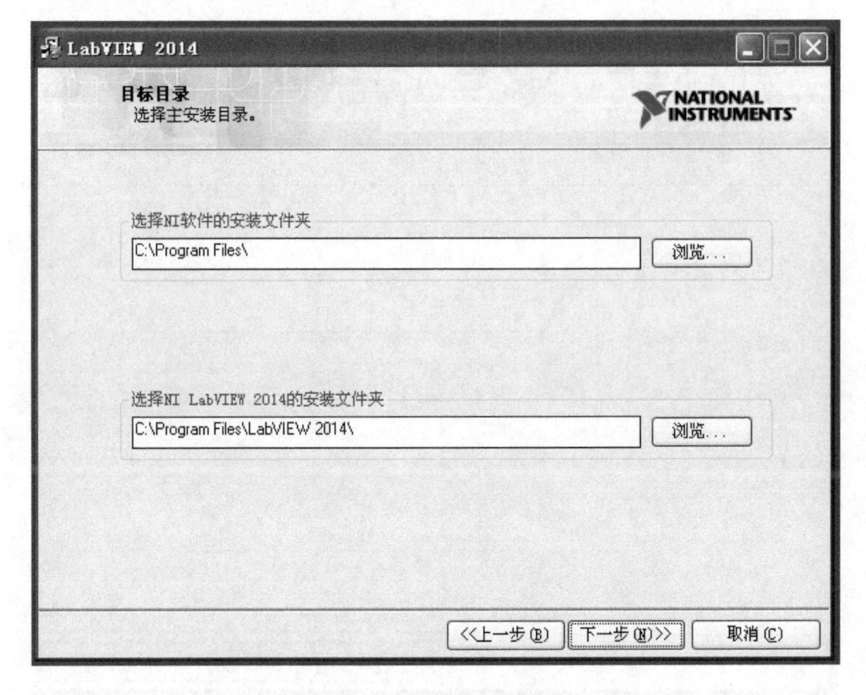

图 1.11　安装路径设置界面

第十步：选择需要安装的组件，默认不用更改，直接单击“下一步”按钮，如图 1.12 所示。

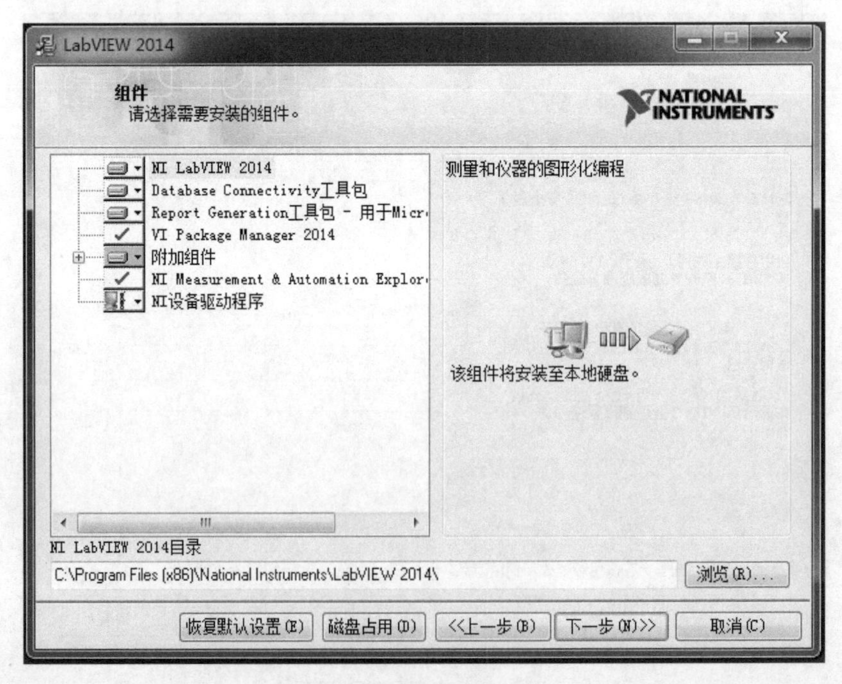

图 1.12　组件选择

第十一步：在弹出的产品通知界面中直接单击“下一步”按钮，如图 1.13 所示。

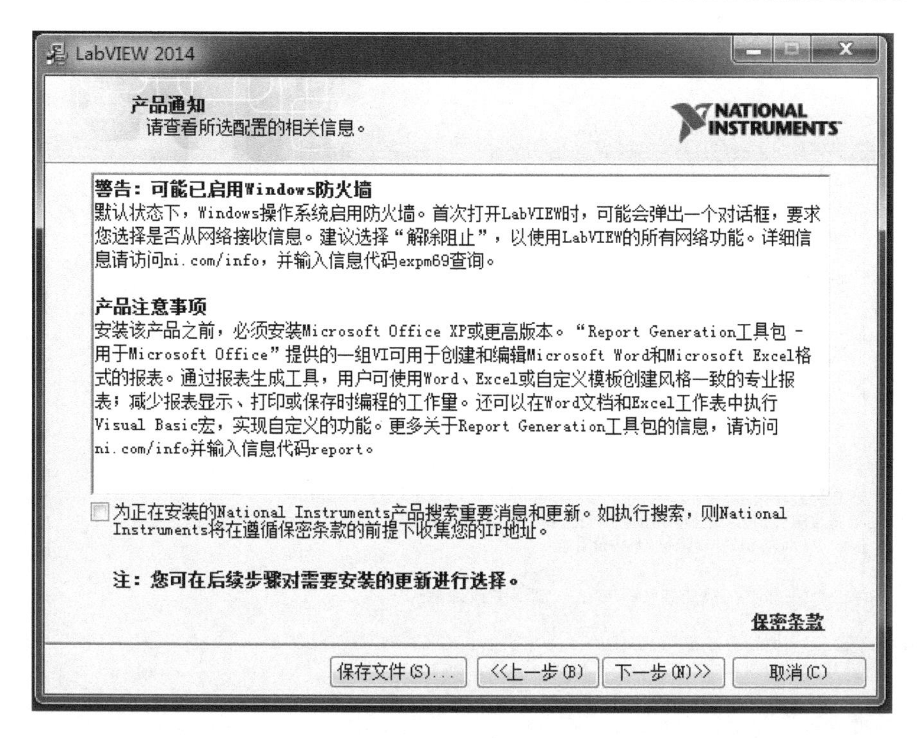

图 1.13　产品通知界面

第十二步：在许可协议界面中选择“我接受该许可协议。”单选按钮，如图 1.14 所示。

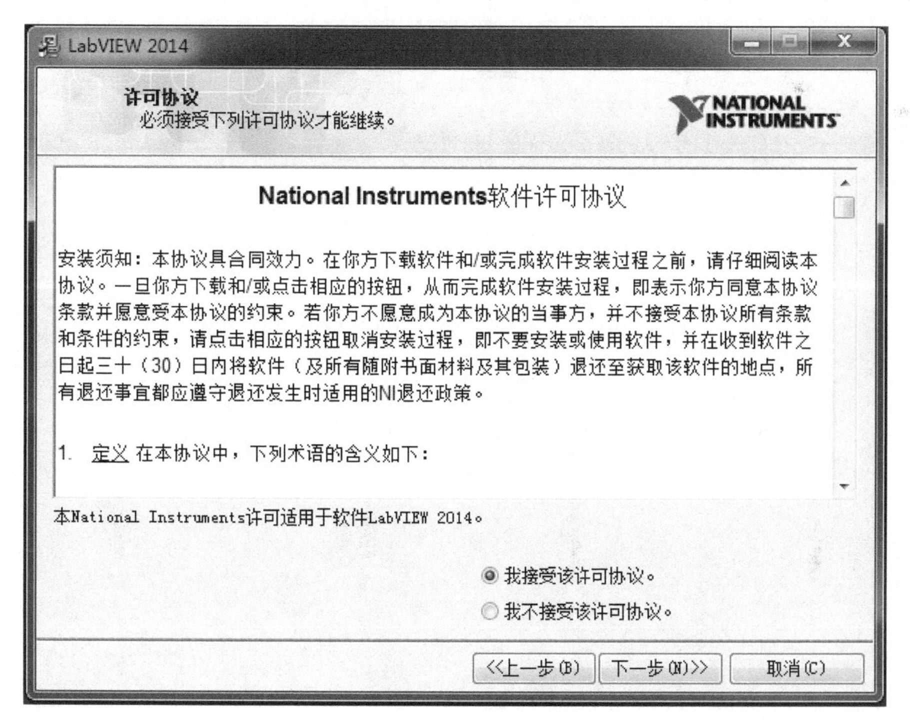

图 1.14　许可协议界面

第十三步：核对安装信息，单击“下一步”按钮，如图 1.15 所示。

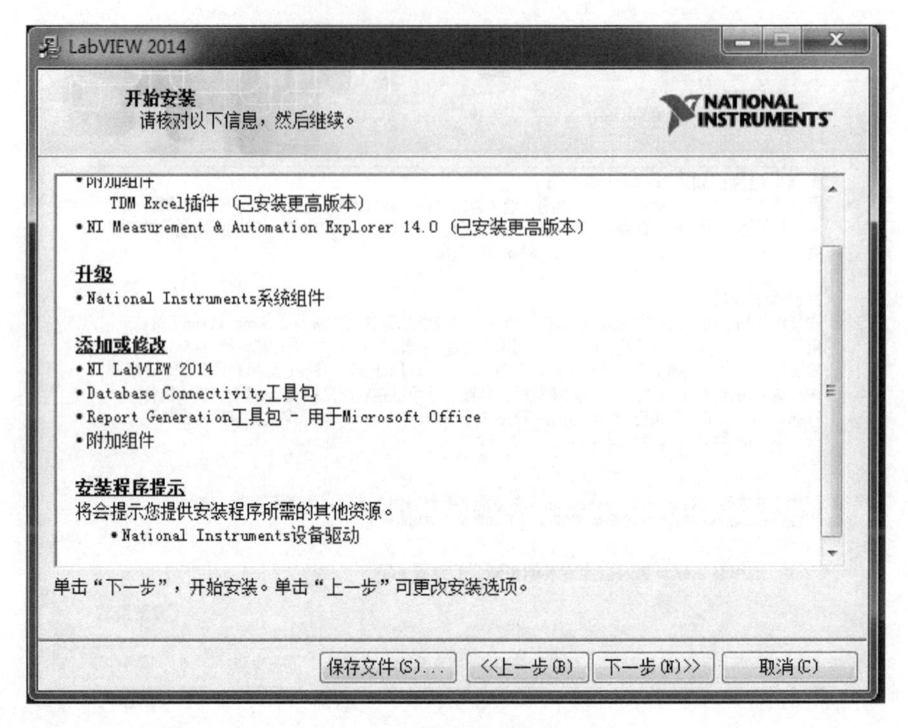

图 1.15　信息核对界面

第十四步：开始安装，安装过程大概 10min，如图 1.16 所示。

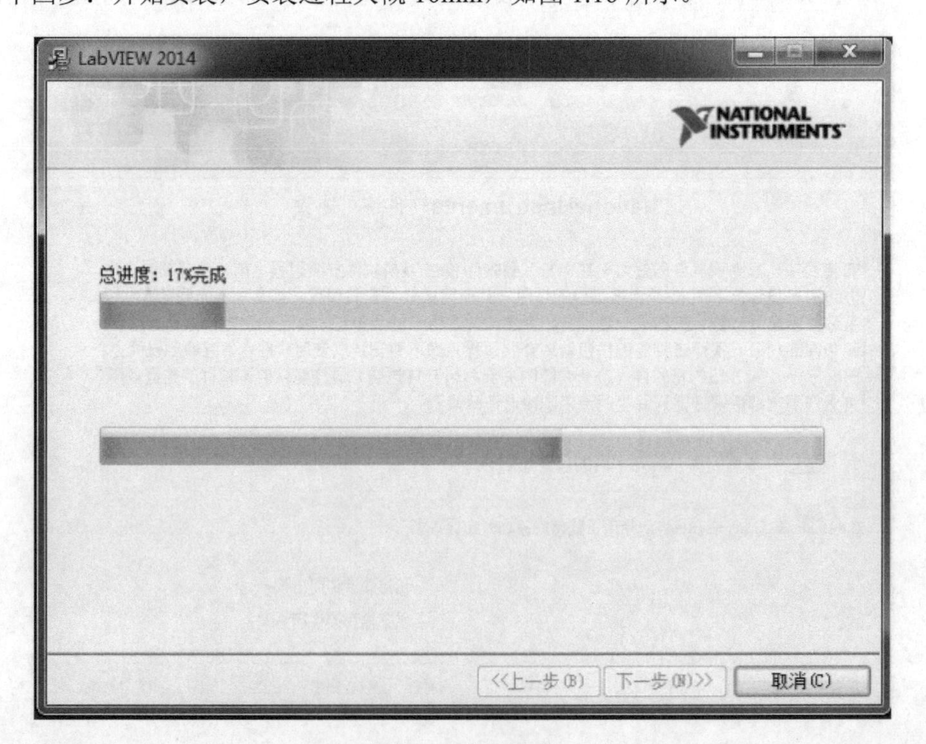

图 1.16　安装进度

第十五步：在安装快要结束时会弹出“安装 LabVIEW 硬件支持”对话框，单击“不需要支持”按钮，如图 1.17 所示。

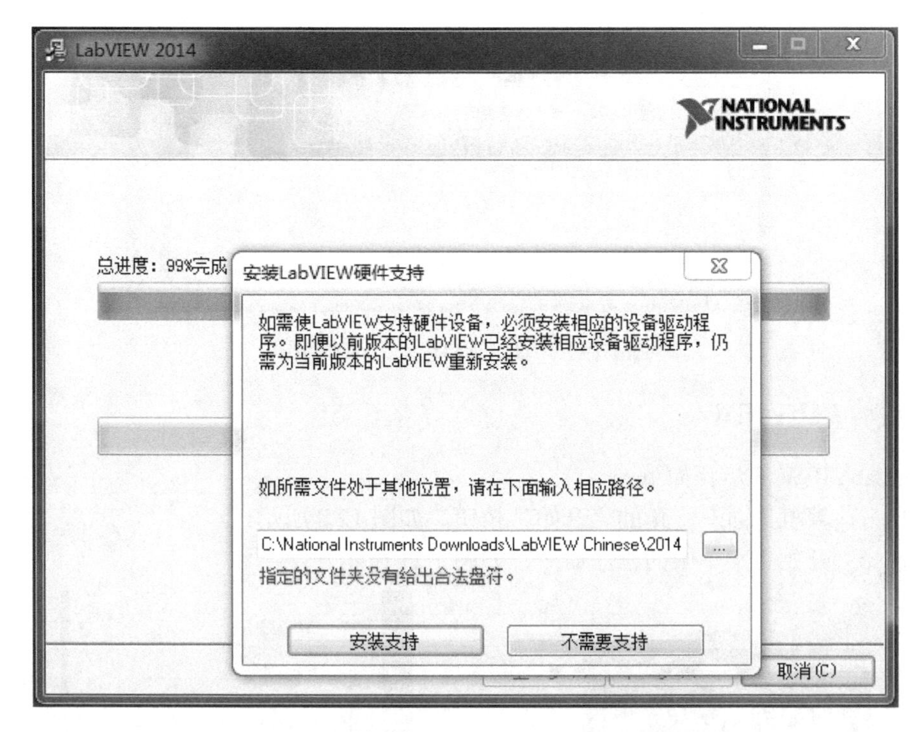

图 1.17 “安装 LabVIEW 硬件支持”对话框

第十六步：在安装完成界面中单击“下一步”按钮，如图 1.18 所示。

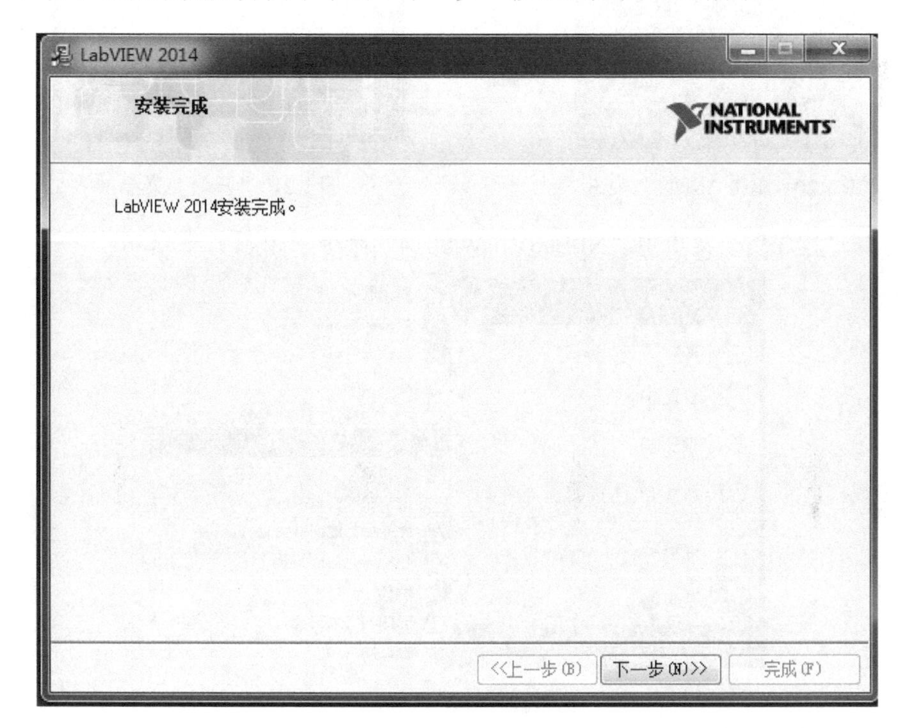

图 1.18 安装完成界面

第十七步：此时弹出提示对话框，提醒重启计算机，单击“稍后重启”按钮，如图 1.19 所示。

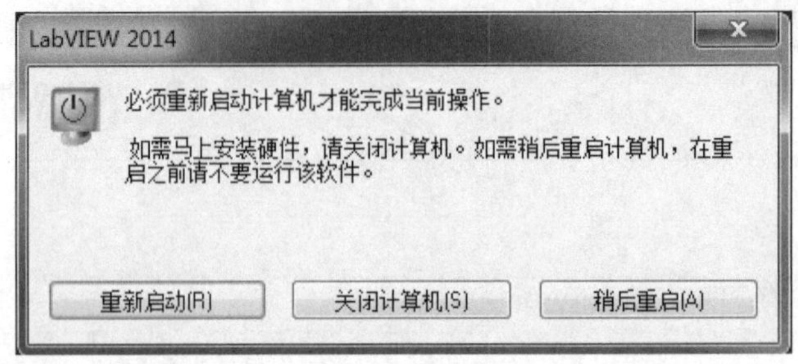

图 1.19　计算机重启选择提示对话框

1.2.2　启动 LabVIEW

启动 LabVIEW 的步骤如下：

1）单击计算机桌面左下角的“开始”按钮，如图 1.20 所示。

2）选择“开始”菜单中的程序命令，如图 1.21 所示。

图 1.20　单击“开始”按钮

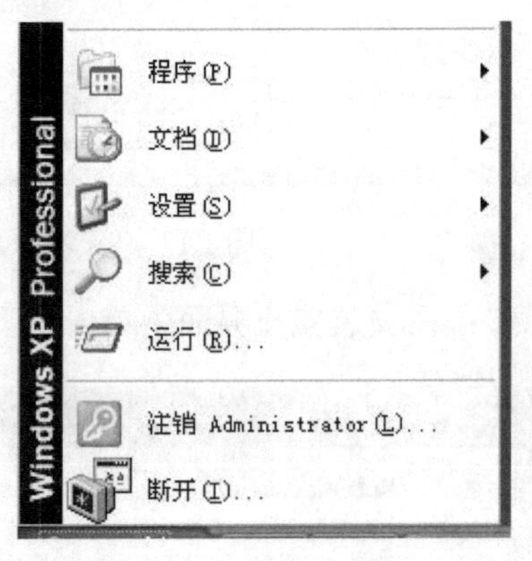

图 1.21　“开始”菜单

3）选择“程序”子菜单中“NI LabVIEW 2014”命令，如图 1.22 所示。

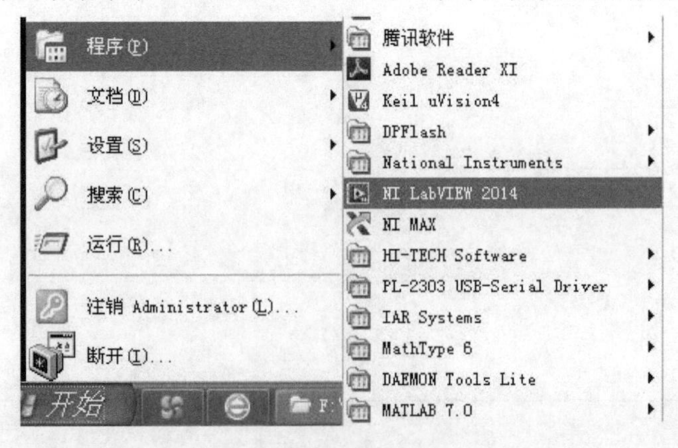

图 1.22　“程序”子菜单

4）单击“欢迎使用 LabVIEW”对话框中的“关闭”按钮，如图 1.23 所示。

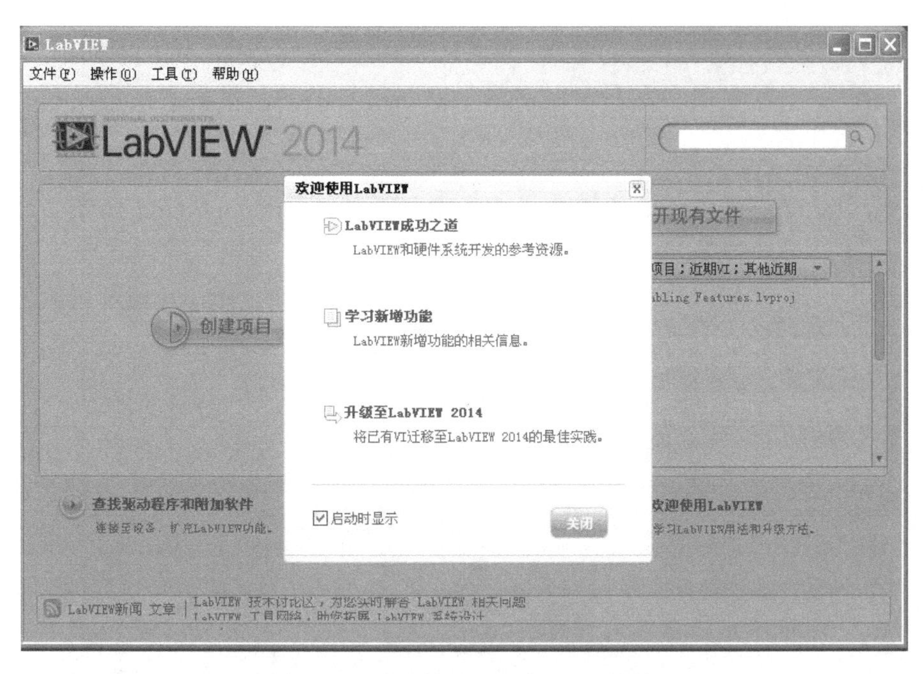

图 1.23　“欢迎使用 LabVIEW”对话框

5）启动后的界面如图 1.24 所示。

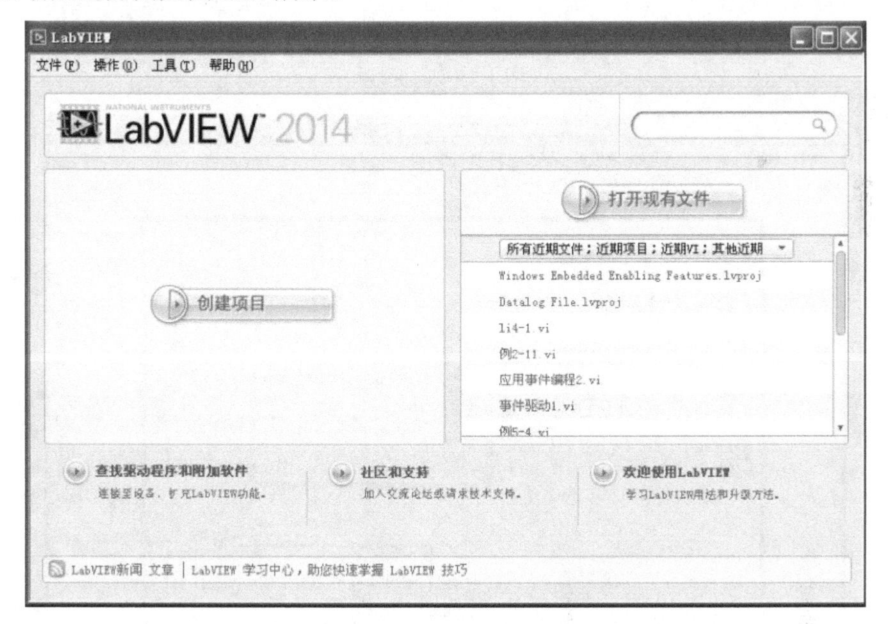

图 1.24　LabVIEW 2014 启动后的界面

1.2.3　LabVIEW 程序的基本构成

采用 LabVIEW 编程的应用程序通常被称为虚拟仪器（Virtual Instrument，VI）程序，它主要由前面板（Front Panel）（如图 1.25 所示）、程序框图（Block Diagram）（如图 1.26 所示）以及图标/连接器（Icon and Connector）（如图 1.27 所示）三部分组成。其中，前面板的外观

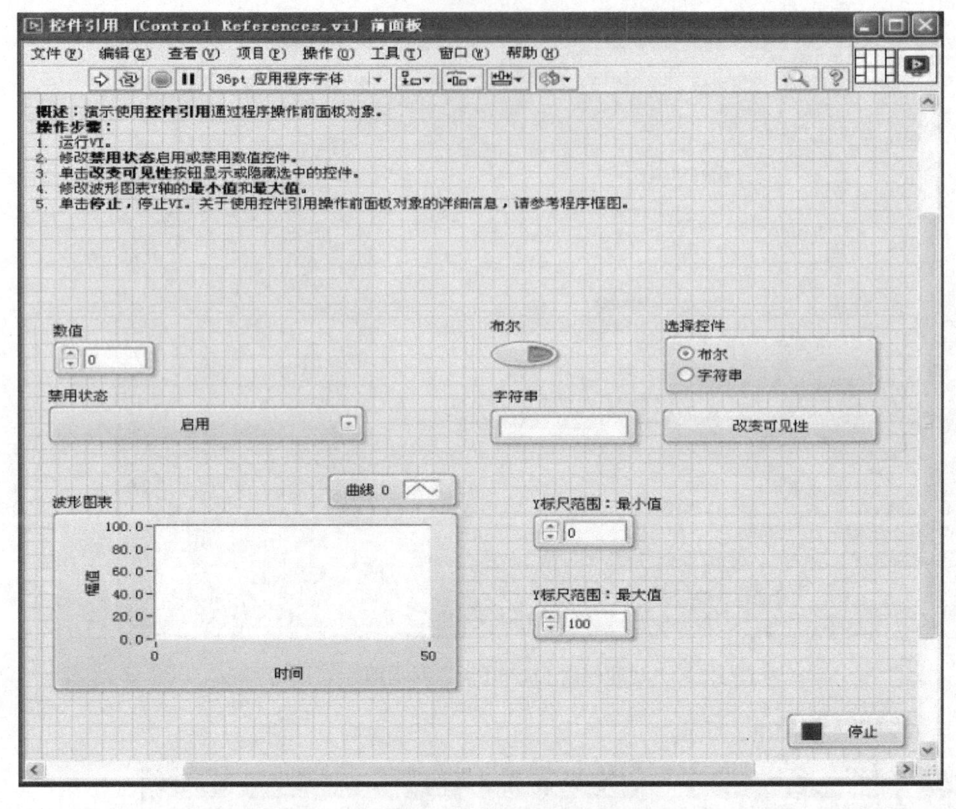

图 1.25　前面板

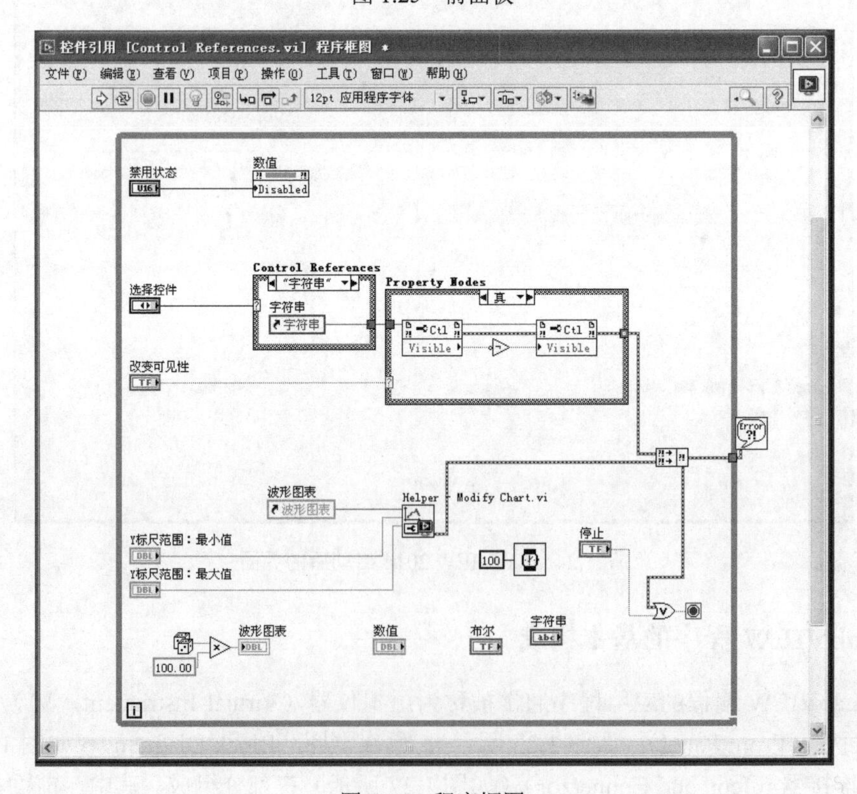

图 1.26　程序框图

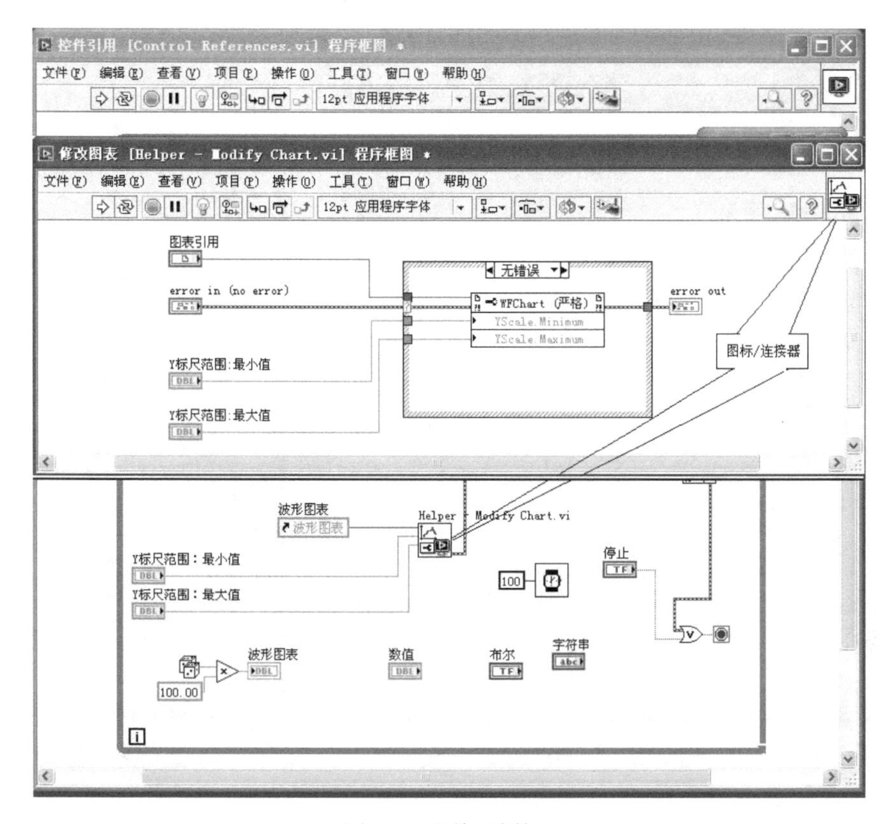

图 1.27　图标/连接器

及操作功能与传统仪器的面板类似，而程序框图则是使用功能函数对通过用户界面输入的数据或其他源数据进行处理，并将信息在显示对象上显示，或将信息保存到文件或其他计算机中。VI 程序具有层次化和结构化特征。一个 VI 程序可以作为其他程序的子程序被调用，称为子 VI，图标/连接器相当于图形化的子程序及其调用参数列表。

1.2.4　LabVIEW 选项板

选项板是一种图形面板，用于创建和操作 VI 的各种工具及对象。LabVIEW 有三个选项板：控件选板、函数选板、工具选板。

1．控件选板

如图 1.28 所示，使用控件选板的输入控件和显示控件创建用于 LabVIEW VI 的前面板。输入控件和显示控件提供了向程序框图发送输入数据和接收输出数据的途径。新建或打开 VI 程序前面板时，一般控件选板是显示的。如果没有显示控件选板，有两种方法可以显示：第一种方法是选择“查看”→“控件选板”命令，如图 1.28 所示；第二种方法是用鼠标右键单击前面板工作区，在弹出的快捷菜单中选择“控件选板”命令。

控件选板包含新式、银色、系统、经典、Express、控制和仿真、.NET 与 ActiveX 等用户控件，如图 1.29 所示。

新式控件主要包含以下控件。

1）数值 ：用于创建数字式、指针式显示表盘等。

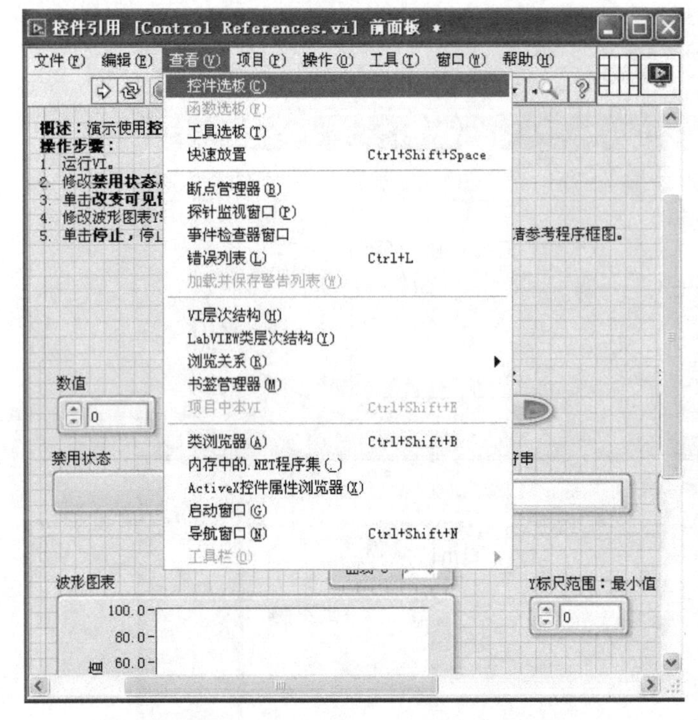

图 1.28 选择“查看”→“控件选板”命令

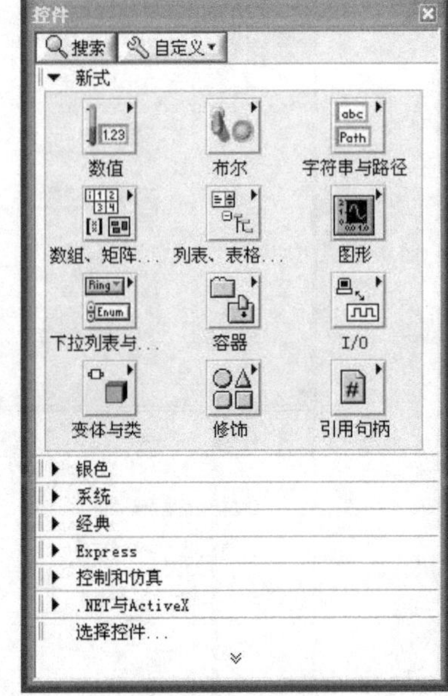

图 1.29 控件选板

2）布尔 ：用于创建各种布尔开关、按钮及指示灯等。

3）字符串与路径 ：用于字符串与路径的输入与显示。

4）数组、矩阵与簇 ：用于数组、矩阵与簇的输入与显示。

5）列表、表格和树 ：用于列表、表格和树的输入与显示。

6）图形 ：以曲线、平面图、三维图等图形显示数据。

7）下拉列表与枚举 ：用来创建可循环浏览的字符串列表。

2．函数选板

在 LabVIEW 中，函数选板是创建流程图程序的工具，该模板上的每一个顶层图标都表示一个子模板。程序框图打开时，函数选板默认是显示状态。如果没有显示，则可以按照控件选板的打开方式打开，函数选板。如图 1.30 所示。

函数选板主要包含以下控件。

1）结构 ：包括程序控制结构命令，如循环控制等，以及全局变量和局部变量。

2）数值 ：包括各种常用的数值运算，还包括数制转换、三角函数、对数、复数等运算，以及各种数值常数。

3）布尔 ：包括各种逻辑运算符及布尔常数。

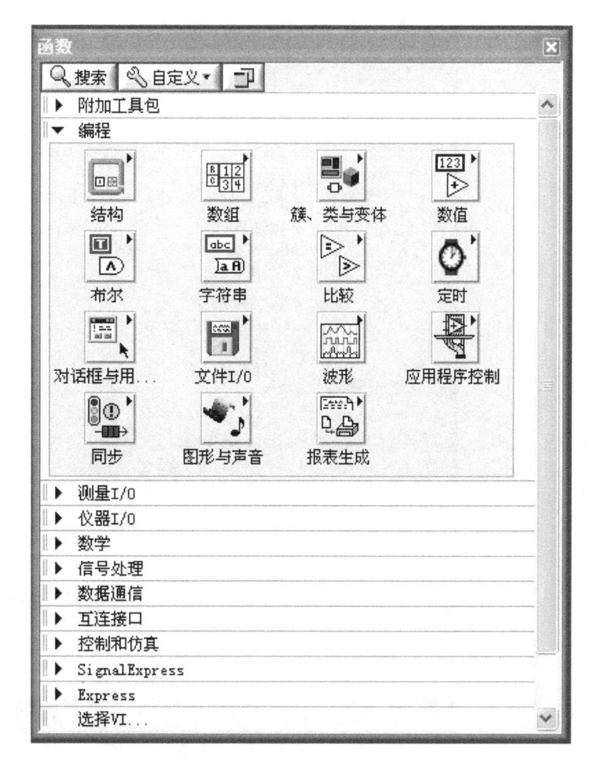

图 1.30　函数选板

4）字符串 ：包含各种字符串操作函数、数值与字符串之间的转换函数，以及字符（串）常数等。

5）数组 ：包括数组运算函数、数组转换函数，以及常数数组等。

6）簇、类与变体 ：包括簇的处理函数，数据类型与类和变体变换。

7）比较 ：包括各种比较运算函数，如大于、小于、等于等函数。

8）定时 ：用于控制运算的执行速度，并获取基于计算机时钟的时间和日期。

9）文件 I/O ：包括处理文件输入/输出的程序和函数。

10）对话框与用户界面 ：用于创建提示用户操作的对话框。

11）波形 ：包括各种波形处理工具。

12）应用程序控制 ：包括动态调用 VI、标准可执行程序的功能函数。

13）同步 ：用于同步并行执行的任务，并在并行任务间传递数据。

14）报表生成 ：用于 LabVIEW 应用程序中报表的创建及相关操作，也可使用该选板中的 VI 在书签位置插入文本、标签和图形。

3. 工具选板

使用工具选板选择一个特定工具，可对前面板或程序框图的对象进行操作或修改。对前面板设计及修改时打开工具选板方法如下。

在前面板中选择“查看”→“工具选板”命令，如图 1.31 所示。打开的工具选板如图 1.32 所示。

对程序框图设计及修改时打开工具选板的方法与在前面板中打开的方法类似：在程序框图中选择“查看”→“工具选板”命令，即可显示工具选板。

下面对工具选板中的工具进行介绍。

1）自动工具选择 ：如果已启用自动工具选择功能，将鼠标指针移到前面板或程序框图的对象上时，LabVIEW 将从工具选板中自动选择相应的工具。另外，也可禁用自动工具选择，手动选择工具。

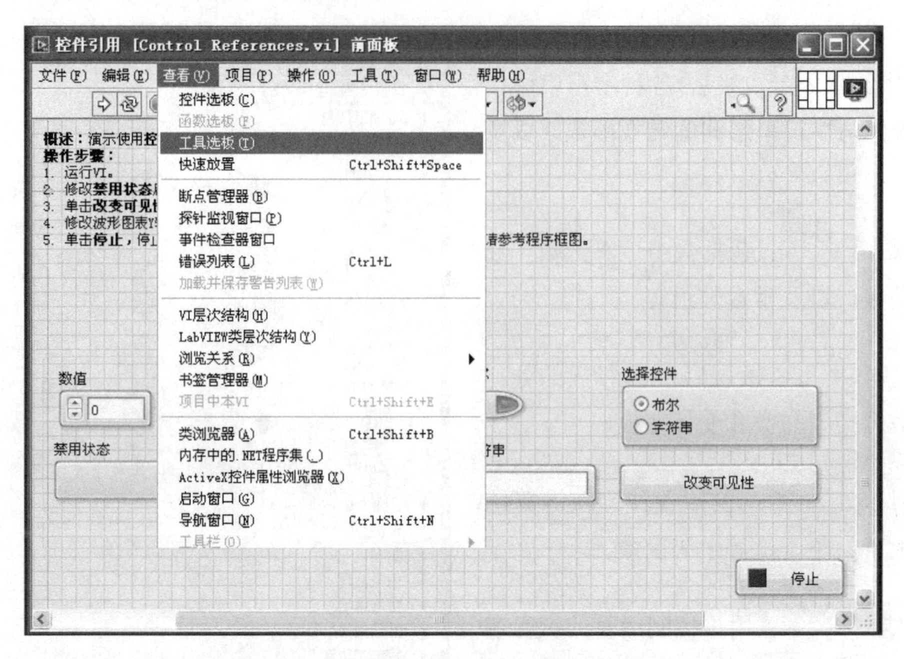

图 1.31　选择“查看”→“工具选板”命令

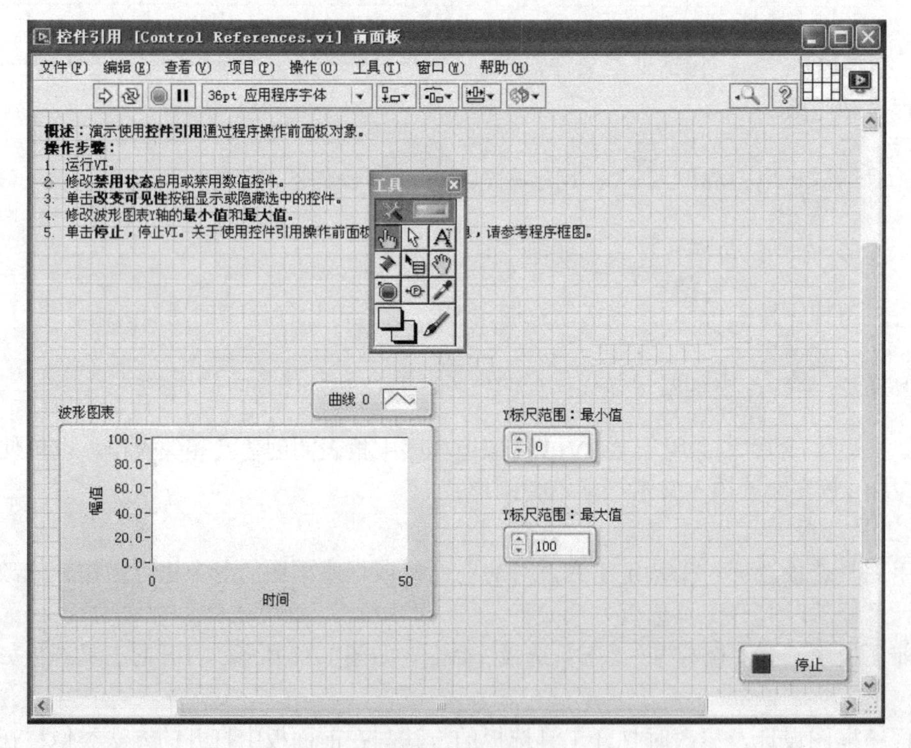

图 1.32　工具选板

2）操作工具 ：改变控件的值。

3）定位工具 ：定位、选择、改变对象大小。

4）标签工具 ：创建自由标签和标题，编辑已有标签和标题或在控件中选择文本。

5）连线工具 ：在程序框图中为对象连线。

6）对象快捷菜单工具 ：打开对象的快捷菜单。

7）滚动工具 ：在不使用滚动条的情况下滚动窗口。

8）断点工具 ：在 VI、函数、节点、连线、结构上设置断点，使程序在断点处停止。

9）探针工具 ：在连线上创建探针。使用探针工具可查看产生问题或意外结果的 VI 中的即时值。

10）获取颜色工具 ：通过着色工具复制用于粘贴的颜色。

11）着色工具 ：设置前景色和背景色。

1.2.5 LabVIEW 菜单栏及工具条

LabVIEW 菜单是将系统可以执行的命令以层次的方式显示出来的一个界面。应用程序能使用的所有命令几乎都能放入。

1．LabVIEW 菜单栏

如图 1.33 所示，LabVIEW 菜单栏包含文件、编辑、查看、项目、操作、工具、窗口、帮助共八个菜单项。

文件(F) 编辑(E) 查看(V) 项目(P) 操作(O) 工具(T) 窗口(W) 帮助(H)

图 1.33 菜单栏

（1）文件菜单

文件菜单主要包含与文件操作有关的命令，如新建文件、打开文件、保存文件、关闭文件等。

（2）编辑菜单

编辑菜单主要包含用于修改 VI 程序的命令，如撤销操作、恢复操作、剪切、复制、粘贴等。

（3）查看菜单

查看菜单主要包含控件选板、函数选板、工具选板的打开命令，浏览及访问 VI 的层次关系命令，定位到程序的某个层次命令。

（4）项目菜单

项目菜单主要包含创建项目、打开项目、保存项目、关闭项目、筛选视图等命令。创建和保存项目时，LabVIEW 将创建一个项目文件（.lvproj），其中包括项目文件引用、配置信息、部署信息、程序生成信息等。

（5）操作菜单

操作菜单主要包含启动 VI 执行、停止 VI 执行、单步运行等命令。

（6）工具菜单

工具菜单中的命令主要用于配置 LabVIEW、项目或 VI。

（7）窗口菜单

窗口菜单中的命令主要用于前面板窗口和框图程序窗口的切换、两个窗口的排列、打开的 VI 之间的切换等。

（8）帮助菜单

帮助菜单包含对 LabVIEW 功能和组件的介绍、全部的 LabVIEW 文档命令，以及 VI 技术支持网站链接的命令。

2. LabVIEW 工具条

LabVIEW 工具条按钮用于运行、中断、终止、调试 VI、修改字体、对齐、组合、分布对象。前面板工具条如图 1.34 所示。程序框图工具条如图 1.35 所示。

36pt 应用程序字体

图 1.34 前面板工具条

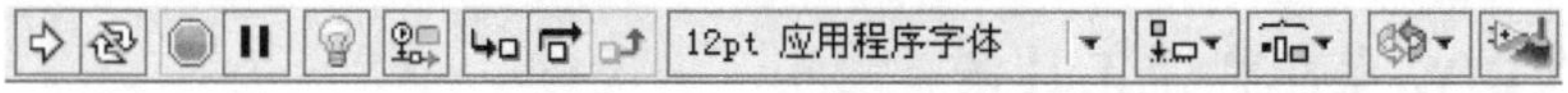

12pt 应用程序字体

图 1.35 程序框图工具条

主要按钮功能介绍如下。

1）运行按钮：VI 程序可以运行一次。

2）连续运行按钮：VI 程序反复运行。

3）终止执行按钮：停止 VI 程序运行。

4）暂停按钮：VI 程序暂停运行。

5）高亮显示执行过程按钮：可以看到沿连线移动的圆点显示数据在程序框图上从一个节点移动到另一个节点的过程。

6）单步调试按钮：分别是进入节点、跳过节点、从节点中跳出按钮，初学者可以通过单步执行 VI 来查看运行时程序框图上的每个执行步骤。

7）文本设置按钮 12pt 应用程序字体：用于改变文本的字体、大小、颜色等属性。

8）对齐对象按钮：利用此按钮可以让不同的对象以其上边缘、下边缘或中心点为轴进行水平对齐，也可以其左边缘、右边缘或中心点为轴进行垂直对齐。

9）分布对象按钮：利用此按钮可以让不同的对象以其上边缘、下边缘或中心点为轴进行水平平均分布，也可以其左边缘、右边缘或中心点为轴进行垂直平均分布。

10）重新排序按钮：利用此按钮可重新排列对象的层次顺序。

1.2.6 LabVIEW 帮助

LabVIEW 为用户提供了非常全面的帮助信息。有效地利用帮助信息是快速掌握 LabVIEW 的一条捷径。

LabVIEW 提供了各种获取帮助信息的方法，包括即时帮助（Show Context Help）、联机帮助、LabVIEW 范例查找器（Find Examples）、网络资源（Web Resources）等。

1. “即时帮助”窗口

选择菜单栏中“帮助”→“即时帮助”命令或按下 Ctrl+H 组合键，就会弹出“即时帮助”窗口。

当鼠标指针移到某个对象或函数上时，“即时帮助”窗口就会显示相应的帮助信息，如图 1.36 所示。

2. 联机帮助文档

当单击“即时帮助”窗口中的“详细帮助信息”链接会弹出相应的完整帮助信息。图 1.37

所示是一个 Windows 标准风格的帮助窗口，包含了 LabVIEW 全部的帮助信息；也可以选择主菜单“帮助”→“LabVIEW 帮助”选项打开它。

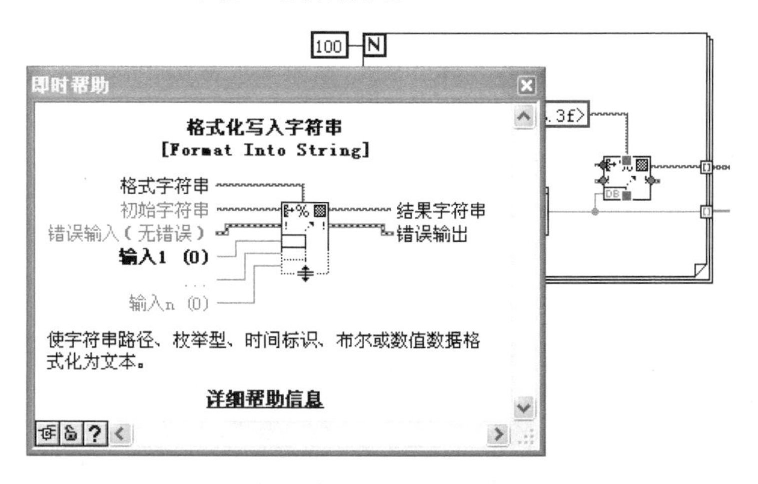

图 1.36　数组大小函数的“即时帮助”窗口

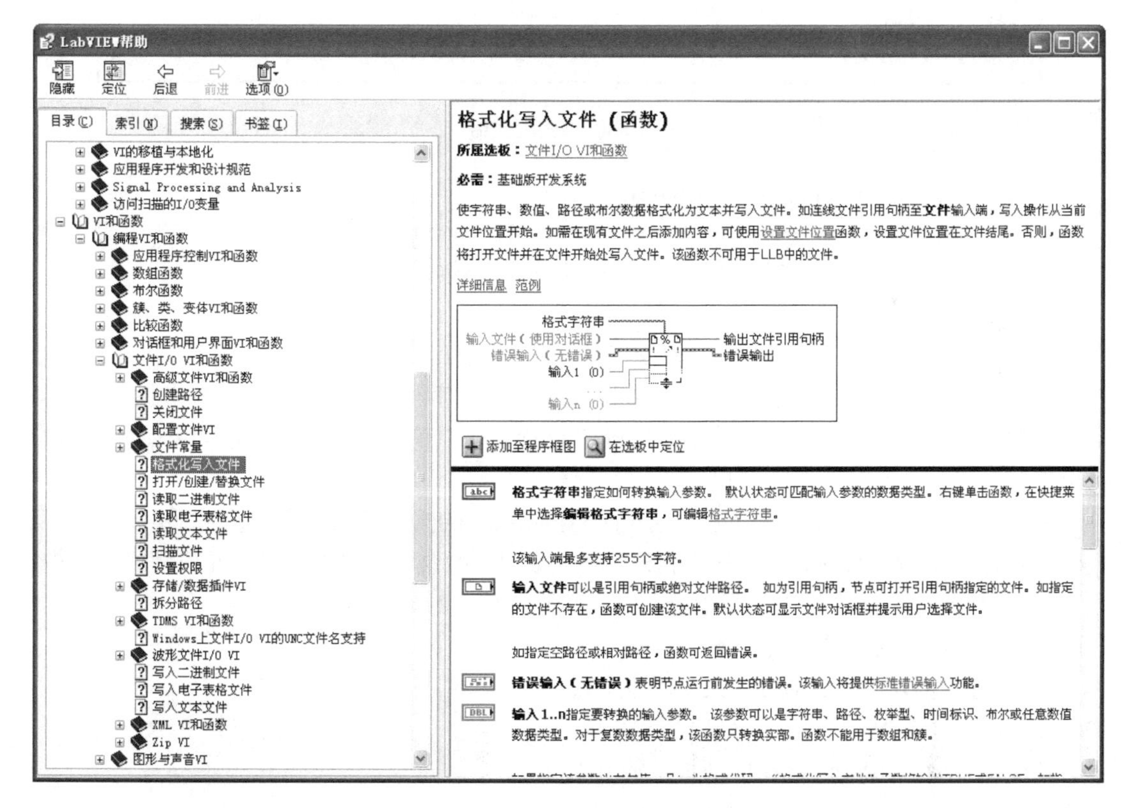

图 1.37　联机帮助

3．范例查找器

LabVIEW 提供了大量的范例，这些范例几乎包含了 LabVIEW 所有功能的应用实例，并提供了大量的综合应用实例。

在菜单栏中选择“帮助”→“查找范例”命令可以打开范例查找器，如图 1.38 所示。

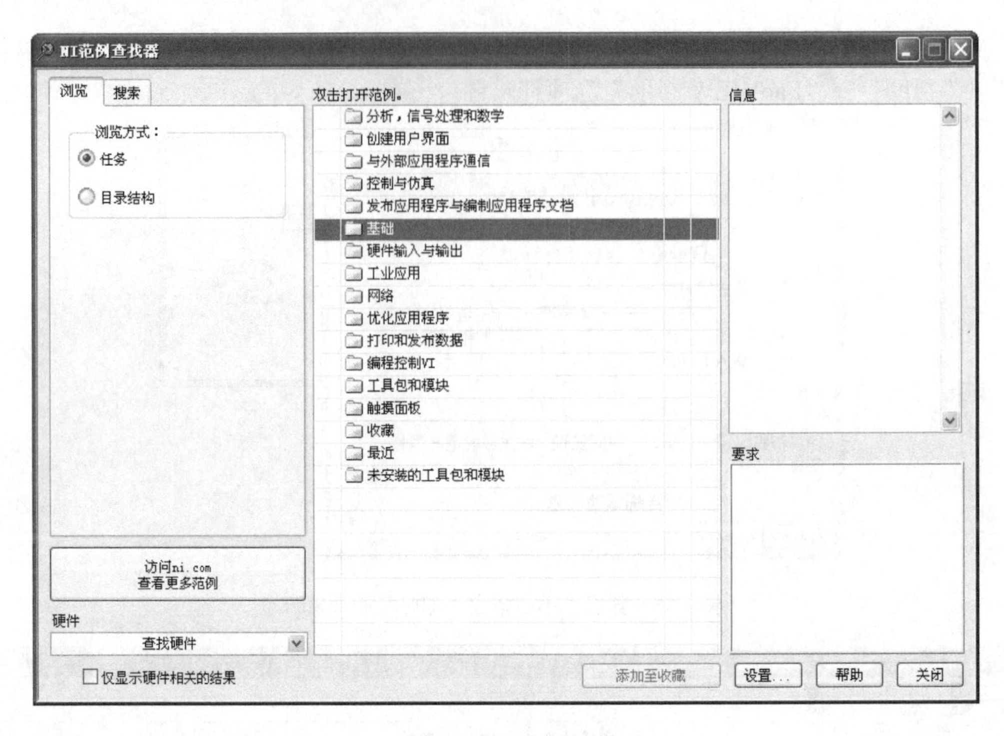

图 1.38　范例查找器

1.2.7　LabVIEW 虚拟仪器设计流程

通过建立一个测量温度和容积的 VI 来熟悉虚拟仪器设计流程。

1．前面板设计

1）选择“文件”→“新建 VI”命令，打开一个新的前面板窗口。

2）从“控制面板”→“新式”→“数值”命令下选择液罐，并放到前面板中。注意：如果前面板中没有控制面板，可在菜单栏选择“查看”→“控制面板”命令，即可打开，或直接单击鼠标右键，通过在快捷菜单中选择命令来打开。

3）在液罐文本框中输入“容积”，然后在前面板中的其他任何位置单击一下。

4）同样的，从“控制面板”→“新式”→“数值”命令下选择温度计，并放到前面板中。

5）在标签文本框中输入“温度计”，然后在前面板中的其他任何位置单击一下。

6）把容器显示对象的显示范围设置为 0.0～1000.0。双击容器坐标的 10.0 标度，使它高亮显示。在坐标中输入 1000，再在前面板中的其他任何地方单击一下。这时 0.0～1000.0 之间的增量将被自动显示。

7）在容器旁添加数据显示。将鼠标指针移到容器上，单击鼠标右键，在出现的快速菜单中选择“显示项”→“数字显示”命令即可。温度和容积测量前面板如图 1.39 所示。

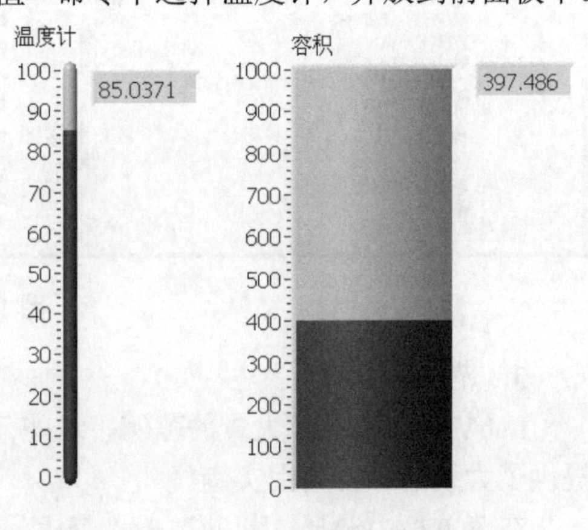

图 1.39　温度和容积测量前面板

2．程序框图设计

如图1.40所示，该程序框图有两个乘法器、两个数值常数、两个随机数发生器、一个延时函数，以及一个While循环、一个布尔常量、温度和容积对象。其中，温度和容积对象是由前面板的设置自动带出来的。

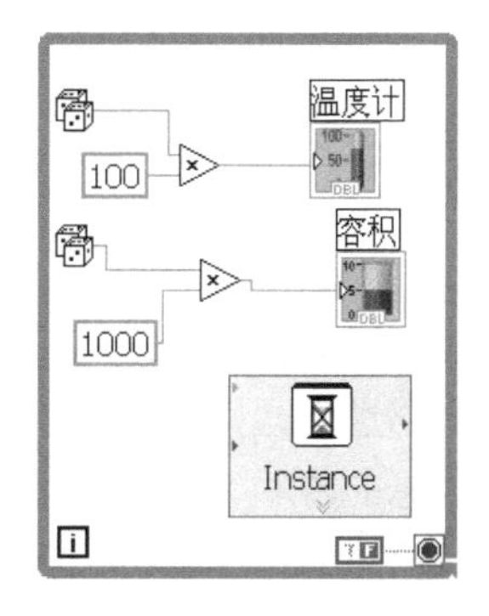

图1.40 温度和容积测量程序框图

1）乘法器（Multiply）、随机数发生器（Random Number (0–1)）和数值常数（Numberic Constant）从“函数选板”→“编程”→“数值”命令中拖出。注意：如果面板中没有函数选板，可以从菜单栏中选择“查看”→“函数选板”→“编程”命令或单击鼠标右键，通过从快捷菜单中选择命令来打开。

2）延时（Time Delay）函数可以从“函数选板”→“编程”→“定时”→“时间延迟”命令中拖出，在自动弹出的对话框中输入要延时的时间（比如0.5s）。

3）创建连线。把鼠标指针移到函数端子上，当鼠标指针自动变为连线模式并一闪一闪时，单击一下，然后找到要连接的函数端子，当鼠标指针一闪一闪时，再次单击鼠标左键，这时就把两个函数连接起来了。

4）最后选“函数选板”→“编程”→“结构”→“While循环”命令，在已编好的程序左上角单击，然后移动鼠标指针，直到出现的虚线把程序全部包含起来再单击，就创建了一个While循环。在右下角条件端子上单击鼠标右键，在弹出的快捷菜单里选择“创建变量”命令即可，目的是让循环能够维持下去。

3．运行测试

1）在前面板中单击运行（Run）按钮，运行该VI。

2）在后面板的工具栏中单击类似灯泡状的按钮，就可以看到程序中各个数据流的走向。

3）选择“文件”→“保存”命令，把该VI保存到任意目录下。

4）选择“文件”→“关闭”命令，关闭该VI。

思考题

1．简述虚拟仪器的概念。

2．虚拟仪器由哪些部分组成？

3．虚拟仪器编程语言有哪些？

4．LabVIEW语言和其他语言相比有什么特点？

5．LabVIEW前面板在系统设计中的作用是什么？

6．LabVIEW程序框图在系统设计中的作用是什么？

7．LabVIEW控件选板的作用是什么？主要有哪些控件类型？

8．LabVIEW函数选板的作用是什么？主要有哪些函数类型？

9．LabVIEW工具选板的作用是什么？

10．LabVIEW软件设计流程有哪些环节？

第 2 章　数据类型

数据分类就是把具有某种共同属性或特征的数据归并在一起，通过其类别的属性或特征来对数据进行区别。为了实现数据共享和提高处理效率，必须遵循约定的分类原则和方法，按照信息的内涵、性质及管理的要求，将系统内的所有信息按一定的结构体系分为不同的集合，从而使得每个信息在相应的分类体系中都有对应位置。换句话说，就是将相同内容、相同性质的信息以及要求统一管理的信息集合在一起，而把相异的和需要分别管理的信息区分开来。数据操作是程序设计语言的最基本操作。LabVIEW 数据类型有数值型、布尔型、字符串、数组、簇和波形等。

2.1　数值型

数值型是 LabVIEW 中一种基本的数据类型，可以分为浮点型、整型数和复数型三种基本形式。数值型数据包括前面板上数值输入控件和数值显示控件、程序框图上的数值常量。

2.1.1　前面板控件

前面板的数值选板中有多种不同形式的控件和指示器，包括数值控件、滚动条、旋钮、颜色盒等。

对前面板或程序框图中的数值型数据，可通过在右键快捷菜单中选择“表示法”命令将其更改为程序需要的具体数据类型，或通过在右键快捷菜单中选择“属性”命令，在属性对话框中更改数据类型，如图 2.1 所示。

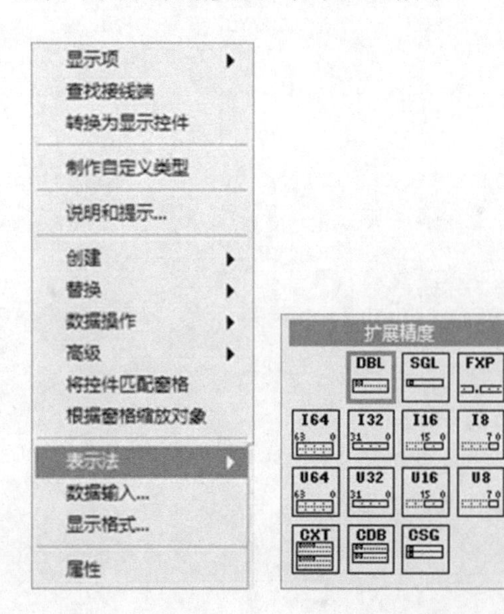

图 2.1　数据型控件属性设置

数值型数据属性对话框中选项卡的基本设置如下。

1）“外观”选项卡：可设置数值控件的外观属性，包括标签、启用状态、显示基数和显示增量/减量按钮等。

2）“数据类型”选项卡：可设置数据类型和范围等。用户应当注意的是，在设定最大值和最小值时，不能超出该数字类型的数据范围，否则设定值无效。

3）“数据输入”选项卡：用于为数值对象或输出设置数据范围，包括最大值和最小值的设定，增量用于设置强制增量。

4）“显示格式”选项卡：可设置数值格式与精度。

注意：不同数值型控件的属性对话框不尽相同，主要由控件的功能和外观决定。

2.1.2 数值常用函数

数值函数可创建和执行算术及复杂的数学运算，或将数据从一种数据类型转换为另一种数据类型。常用函数有以下几种。

乘法函数：返回输入值的乘积。

除法函数：计算输入值的商。

倒数函数：用 1 除以输入值。

符号函数：返回数值的符号。

复合运算函数：对一个或多个数值、数组、簇或布尔输入执行算术运算。

加法函数：计算输入值的和。

减法函数：计算输入值的差。

绝对值函数：返回输入值的绝对值。

平方函数：计算输入值的平方。

平方根函数：计算输入值的平方根。

取负数：对输入值取负数。

商与余数函数：计算输入值的整数商和余数。此函数可把 floor(x/y)舍入为负无穷大的整数值。

随机数(0–1)函数：产生 0～1 之间的双精度浮点数。产生的数字大于等于 0，小于 1，呈均匀分布。

2.2 布尔型

布尔型数据的值为 1 或者 0，即真（TRUE）或者假（FALSE）。通常情况下，布尔型即为逻辑型，因此在程序框图中可进行与、或、非、异或等布尔运算。

2.2.1 前面板控件

布尔型数据包括前面板上的数值输入控件和数值显示控件中的数据，以及程序框图中的布尔常量。前面板窗口中有多种形式的控件和指示器，包括开关按钮、翘板开关、摇杆开关、指示灯、单选按钮等控件，如图 2.2 所示。

布尔控件的一个重要属性是机械动作，使用该属性可以模拟真实开关的动作特性。在布尔控件上单击鼠标右键，在弹出的快捷菜单中选择“机械动作”命令可以设定机械动作。布尔控件共有六种机械动作，其含义如下。

1）单击时转换：这种机械动作相当于机械开关，单击后立即改变状态，并保持改变的状态，改变的时刻是鼠标单击的时刻；再次单击后恢复原来的状态，与 VI 是否读取控件无关。

2）释放时转换：当鼠标左键释放后，立即改变状态。改变的时刻是鼠标左键释放的时刻；再次单击并释放鼠标左键时恢复原来的状态，与 VI 是否读取控件无关。

3）单击时转换保持到鼠标释放：这种机械动作相当于机械按钮。单击时控件状态立即改变，鼠标左键释放后立即恢复，保持时间取决于单击和释放之间的时间间隔。

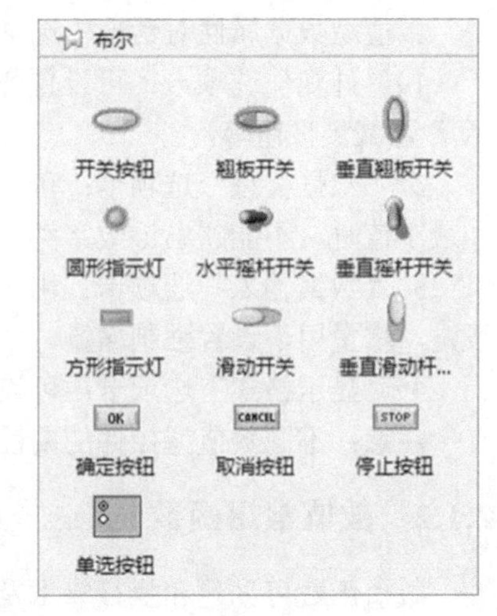

图 2.2　布尔控件

4）单击时触发：单击控件时改变控件值，保留该控件值直到 VI 读取该控件。此时，即使长按鼠标左键，控件也将返回至其默认值。该动作与断路器相似，适用于停止 While 循环或令 VI 在每次用户设置控件时只执行一次。单按钮控件不可选择该动作。

5）释放时触发：仅当在控件的图片边界内单击一次后释放鼠标左键时，控件值改变。VI 读取该动作一次，则控件返回至其默认值。该动作与对话框按钮和系统按钮的动作相似。单按钮控件不可选择该动作。

6）保持触发直到鼠标释放：单击控件时改变控件值，保留该控件值直到 VI 读取该值一次或用户释放鼠标左键，具体取决于两者发生的先后。单按钮控件不可选择该动作。

2.2.2　布尔常用函数

布尔函数用于对单个布尔值或布尔数组进行逻辑操作。布尔常用函数有以下几种。

1）布尔数组至数值转换函数：将数组表示为二进制数值，转换布尔数组为整数或定点数。如果数值有符号，则 LabVIEW 可使数组作为数字的补码表示。数组的第一个元素与数值的最低有效位相对应。

2）布尔值至(0,1)转换函数：使布尔值 FALSE 或 TRUE 分别转换为十六位整数 0 或 1。

3）非函数：计算输入的逻辑非。如果 x 为 FALSE，则函数返回 TRUE；如果 x 为 TRUE，则函数返回 FALSE。

4）或函数：计算输入的逻辑或。两个输入必须为布尔值、数值或错误簇。如果两个输入都为 FALSE，则函数返回 FALSE，否则返回 TRUE。

5）或非函数：计算输入的逻辑或非。两个输入必须为布尔值、数值或错误簇。如果两个输入都为 FALSE，则函数返回 TRUE，否则返回 FALSE。

6）同或函数：计算输入的逻辑异或（XOR）的非。两个输入必须为布尔值、数值或错误簇。如果两个输入都为 TRUE 或都为 FALSE，则函数返回 TRUE，否则返回 FALSE。

7）异或函数：计算输入的逻辑异或（XOR）。两个输入必须为布尔值、数值或错误簇。如果两个输入都为 TRUE 或都为 FALSE，则函数返回 FALSE，否则返回 TRUE。

8）与函数：计算输入的逻辑与。两个输入必须为布尔值、数值或错误簇。如果两个输入都为 TRUE，则函数返回 TRUE，否则返回 FALSE。

9）与非函数：计算输入的逻辑与非。两个输入必须为布尔值、数值或错误簇。如果两个输入都为 TRUE，则函数返回 FALSE，否则返回 TRUE。

2.3 字符串

字符串是由数字、字母、下划线组成的一串字符。它是编程语言中表示文本的数据类型。在程序设计中，字符串为符号或数值的一个连续序列，如符号串（一串字符）或二进制数字串（一串二进制数字）。

字符串通常以串的整体作为操作对象，例如，在串中查找某个子串、求取一个子串、在串的某个位置上插入一个子串以及删除一个子串等。两个字符串相等的充要条件是长度相等，并且各个对应位置上的字符都相等。设 p、q 是两个串，求 q 在 p 中首次出现的位置的运算称为模式匹配。

2.3.1 前面板控件

字符串控件的创建方法和其他控件类似，使用定位选择工具将图标放置在前面板上就可创建一个字符串控件。使用操作工具或标签工具可输入或修改字符串控件中的文本。使用定位工具拖动控件一角可缩放字符串控件大小。字符串控件如图 2.3 所示。

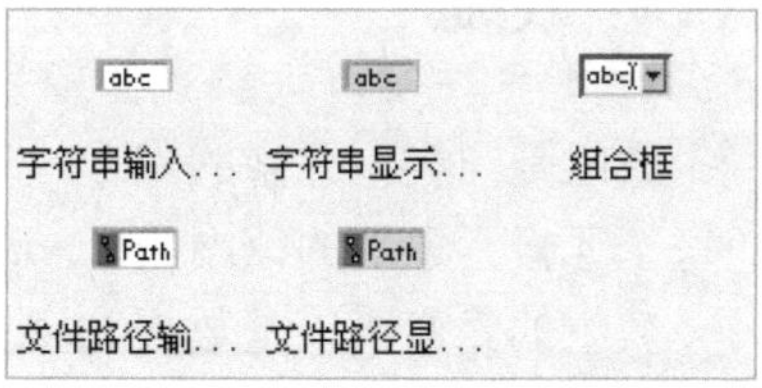

图 2.3 字符串控件

字符串有 4 种显示模式。

1）正常显示模式：这是 LabVIEW 默认的显示模式。

2）密码显示模式：在这种模式下，用户输入的字符串均显示为星号（*）。

3）十六进制显示模式：这种模式下，字符以与其对应的十六进制 ASCII 码的形式显示，尤其在程序调试和 VI 通信时比较有用。

4）反斜杠代码显示模式：用户可使用该模式查看正常显示模式下不可显示的字符代码。

2.3.2 字符串常用函数

字符串函数用于合并两个或两个以上的字符串、从字符串中提取子字符串、将数据转换为字符串、将字符串格式化以用于文字处理或电子表格应用程序。字符串常用函数有以下几种。

1）电子表格字符串至数组转换函数：使电子表格字符串转换为数组，维度和表示法与数组类型一致。该函数适用于字符串数组和数值数组。

2）格式化日期/时间字符串函数：通过时间格式代码指定格式，按照该格式使时间标识的值或数值显示为时间。

3）格式化写入字符串函数：使字符串路径、枚举型数据、时间标识、布尔或数值数据格式化为文本。

4）截取字符串函数：返回输入字符串的子字符串，从偏移量位置开始截取字符。

5）连接字符串函数：连接输入字符串和一维字符串数组作为输出字符串。对于数组输入，该函数连接数组中的每个元素。

6）匹配模式函数：在从偏移量起始的字符串中搜索正则表达式。如果函数查找到匹配，则它将字符串分隔为 3 个子字符串。正则表达式为特定字符的组合，用于模式匹配。该函数虽然只提供较少的字符串匹配选项，但执行速度比匹配正则表达式函数快。

7）扫描字符串函数：扫描输入字符串，然后依据格式字符串进行转换。

8）数组至电子表格字符串转换函数：使任何维数的数组转换为字符串形式的表格（包括制表位分隔的列元素、独立于操作系统的 EOL 符号分隔的行），对于三维或更多维数的数组，还包括表头分隔的页。

9）搜索替换字符串函数：使一个或所有子字符串替换为另一子字符串。如果需包括多行布尔输入，则可使用鼠标右键单击函数，并选择正则表达式。

10）替换子字符串函数：插入、删除或替换子字符串，偏移量在字符串中指定。

11）转换为大写字母函数：使字符串中的所有字母字符转换为大写字母，使字符串中的所有数字作为 ASCII 字符编码处理。该函数不影响非字母表中的字符。

12）转换为小写字母函数：使字符串中的所有字母字符转换为小写字母，使字符串中的所有数字作为 ASCII 字符编码处理。该函数不影响非字母表中的字符。

2.4 数组

数组是同类型元素的集合。一个数组可以为一维或者多维。可以通过数组索引访问其中的每个元素。索引的范围是 0～n–1，其中，n 是数组中元素的个数。

数组的元素可以是数据、字符串等，但所有元素的数据类型必须一致。在前面板和程序框图中可以创建数值、布尔、字符串、波形和簇等数据类型的数组。数组由元素和维度组成。

2.4.1 前面板控件

1．数组控件创建

（1）创建数组壳

在前面板中从控件模板、“数组、矩阵与簇”子模板中选择数组壳（Array Shell），即可创建数组壳，如图 2.4 所示。

（2）创建数组

把一个数据对象拖入数组壳，或者从控件模板中添加一个数据对象到数组壳中，这样就可以创建一个数组，如图 2.5 所示。

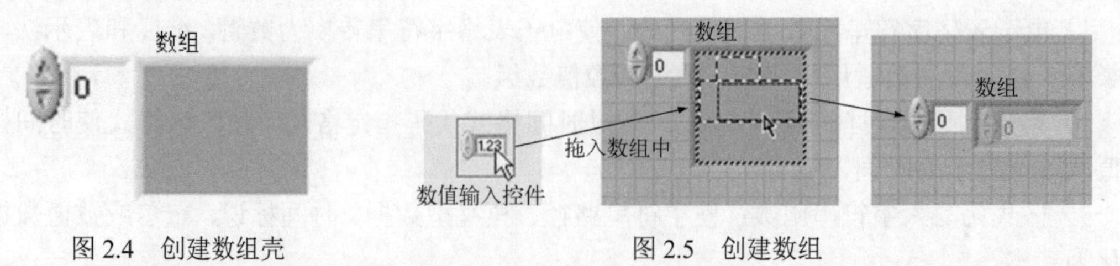

图 2.4 创建数组壳　　图 2.5 创建数组

2．数组控件操作与设置

（1）增加数组元素

数组创建后只有一个元素，添加元素的方法为：将鼠标指针移动到数组边框或边角上，当其变成双向箭头或拖曳图标后，直接横向或纵向拖动鼠标即可，如图 2.6 所示。

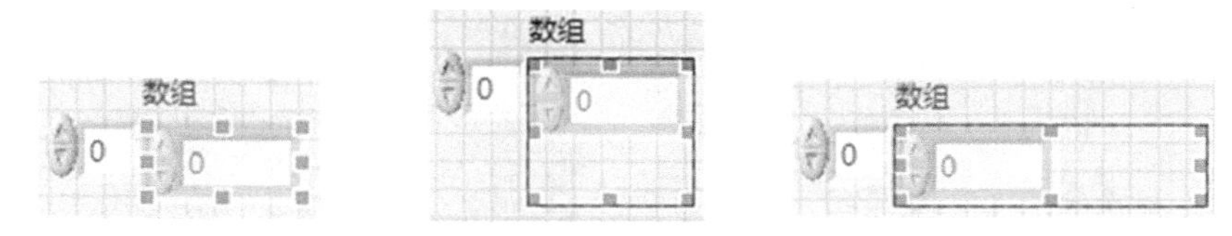

图 2.6　拖曳增加数组元素

（2）数组赋值

数组通过拖曳添加元素后，元素背景默认为灰色，表示数组元素无效，赋值后数组才会有效。数组赋值后可以直接编辑元素值，如图 2.7 所示。第三个元素（索引值为 2）赋值后，数组赋值完成。此时，索引为 2 的元素及其之前元素的背景被点亮，但其之后的元素背景仍为灰色，这表示获得了一个数组长度为 3 的数组[0　0　2]。

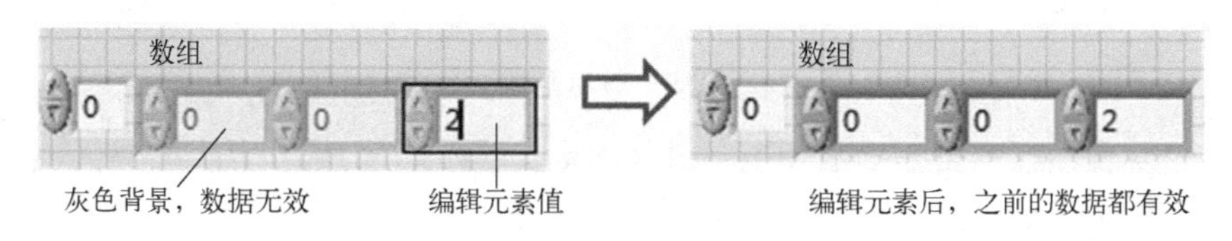

图 2.7　直接编辑数组元素值

（3）数组维度设置

如果要创建二维或高维数组，则将鼠标指针放置在数组索引框上，出现控制点后在控制点上向下拖动可增加维度（对于二维数组，仅需要拖出另一个索引），然后按照添加元素的方法拖动（横向+加纵向拖动）数组边框，如图 2.8 所示。

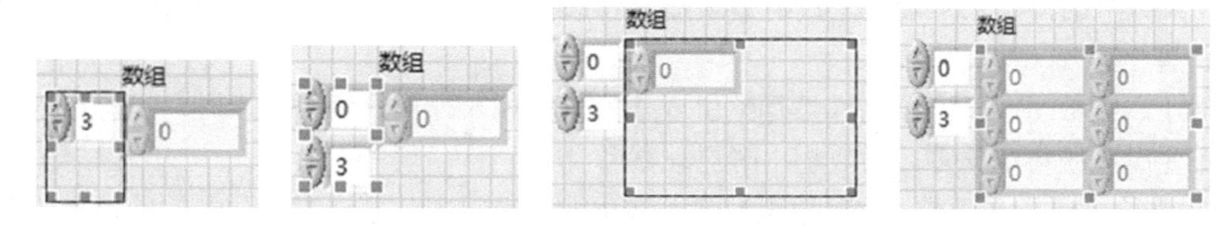

图 2.8　添加数组维度纬度和数组元素

2.4.2　数组常用函数

数组函数用于对一个数组进行操作，主要包括求数组的长度、替换数组中的元素、取出数组中的元素、对数组排序或初始化数组等各种运算的函数。LabVIEW 的数组选板中有丰富的数组函数，可以实现对数组的各种操作。

数组函数位于函数选板中“编程”子选板下的“数组”选板内，如图 2.9 所示。

1）数组大小函数：数组大小函数会返回输入数组的元素的个数。如果输入数组为 N 维的多维数组，则该函数就会返回具有 N 个元素的一维数组，数组的每个元素按顺序对应每维中的元素。

2）索引数组函数：索引数组函数可以用来访问数组中的某个（某些）特定元素。

对于一维数组，只要输入要访问的元素的索引，就可以在对应的输出得到该元素的值。

对于二维数组，通过输入特定元素的行号、列号就可以访问该元素的值。如果要获得某行或某列的全部值，那么在输入端只输入行号或列号即可。

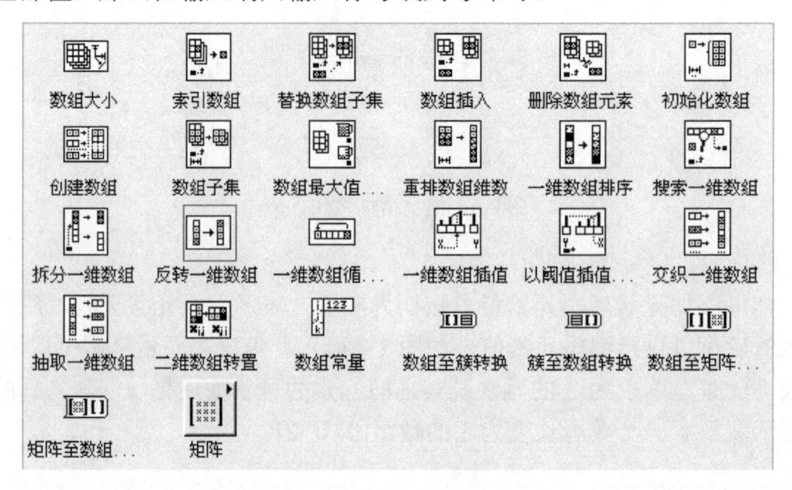

图 2.9 数组函数

索引数组函数图标会自动调整大小，以适应输入数组的维数。二维数组输入时，索引数组函数会有一个索引端子组，包括行索引端子和列索引端子。

3）替换数组子集函数：其功能是从索引中指定的位置开始替换数组的某个元素或子数组。拖动替换数组子集函数图标下边框可以增加新的替换索引组，从而利用一个替换数组子集函数完成多次替换操作，替换次序按图标索引组从上到下执行。

4）数组插入函数：其功能是向数组插入新的元素或子数组，插入位置由行索引或列索引给出。

N 维数组的待插入元素或子数组必须是 *N* 维或 *N*–1 维，且每次仅允许按数组某一个维度的索引进行插入。

对于二维数组，每次仅允许按行索引或按列索引插入。按行索引插入时，当待插入数据列数不足时系统自动补零，列数超出时自动截断。

5）删除数组元素函数：删除数组元素函数可删除数组中从某一索引号开始的设定长度的部分，返回删除该部分后的数组以及被删除的部分数组。

6）创建数组函数：在程序框图上放置该函数时，只有一个输入端可用。创建数组函数增加输入端方法：用鼠标右键单击图标，在快捷菜单中选择“添加输入”命令。

7）数组子集函数：数组子集函数返回从指定索引处开始的，某一指定长度的数组的一部分。连线数组至该函数时，函数可自动调整大小，显示数组各个维度的索引。

2.5 簇

簇是一种数据结构，一个簇就是一个由若干不同数据类型的元素组成的集合体，类似于 C 语言中的结构体。可以把簇想象成一束电缆，电缆中的每一根导线就是簇中的一个数据元素。

簇成员可以是任意的数据类型，但和数组类似，必须同时都是控制件或同时都是指示件。簇成员有一种逻辑上的顺序，这是由它们放进簇的先后顺序决定的，与它们在簇中的摆放位置无关。

2.5.1　前面板控件

前面板簇控件位于控件选板的“数组、矩阵与簇”控件中，如图 2.10 所示。

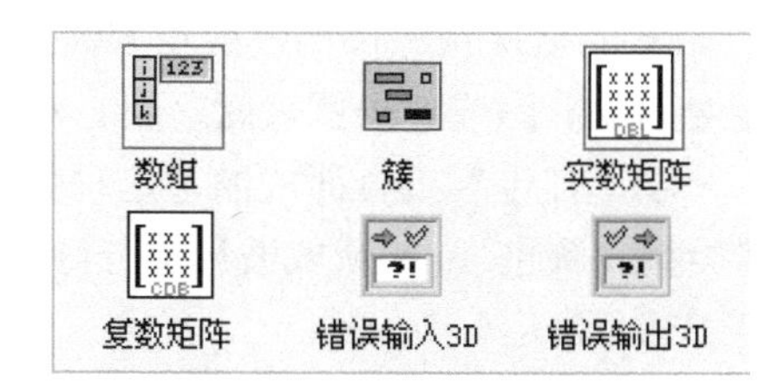

图 2.10　前面板簇控件

簇控件创建步骤如下。

1）创建簇壳：在前面板中，从控件选板的“数组、矩阵与簇”控件中选择簇。

2）建立数据对象：把一个数据对象拖入簇壳，或者从控件选板中选择一个数据对象到数组壳中，就可以创建一个簇，如图 2.11 所示。

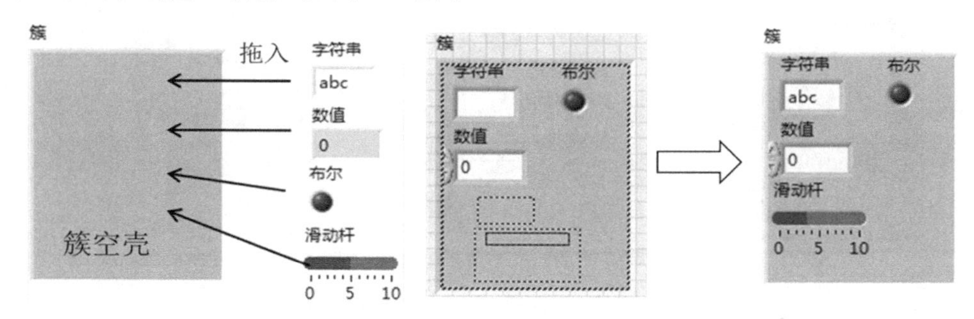

图 2.11　簇的创建过程

2.5.2　簇常用函数

1）解除捆绑函数：解除捆绑函数用于从簇中提取单个元素值，输出元素按在簇中的编号顺序从上到下依次排列。

2）捆绑函数：可将不同数据类型的数据组成一个簇，也可修改给定簇中的某一个元素值。

捆绑函数中的元素端口可以添加或者删除，用定位工具向下拖动节点一角或在节点左侧弹出的菜单中选择“添加输入”或“删除输入”命令即可，但端口的个数必须与簇中元素的个数一致。

3）按名称解除捆绑函数与按名称捆绑函数：如果仅需对簇中的个别元素进行操作，可以使用按名称解除捆绑函数（解除捆绑时）或按名称捆绑函数（捆绑时）。函数允许根据元素的名称（而不是其位置）来查询元素。

2.6　波形

LabVIEW 有一些特殊的数据类型可以用来帮助用户以曲线的形式分析或展示这些数据。这些特殊的数据类型就是时标、波形和动态数据。

2.6.1 波形数据

波形类型不能算是一种普遍意义上的数据类型，但可理解为簇类型的一种变形。许多用于数据采集和波形分析的 VI、函数的默认状态都接收或返回波形数据类型。

当将一个波形数据类型连接到波形图或波形图表时，会自动画出相应的曲线。波形数据类型是根据原有的数据类型进一步“打包”组合而成的，这种打包也不可避免地带来一些副作用，有时还需要对波形数据类型“解包”，如获取波形成分函数。

波形数据包含以下几个组成部分：

1）起始时间 t0，为时间标识类型。

2）时间间隔 dt，为双精度浮点类型。

3）波形数值 Y，为双精度浮点数组。

另外还有一个隐藏的波形属性，为变量类型，在波形数据上单击鼠标右键，在弹出的快捷菜单中选择“显示项”→“属性”命令，即可显示，如图 2.12 所示。

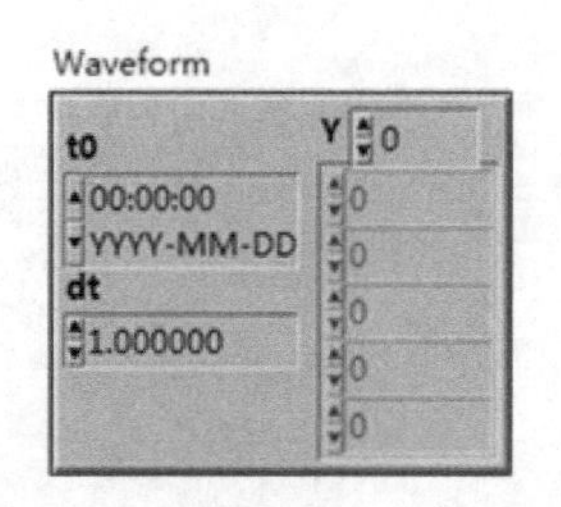

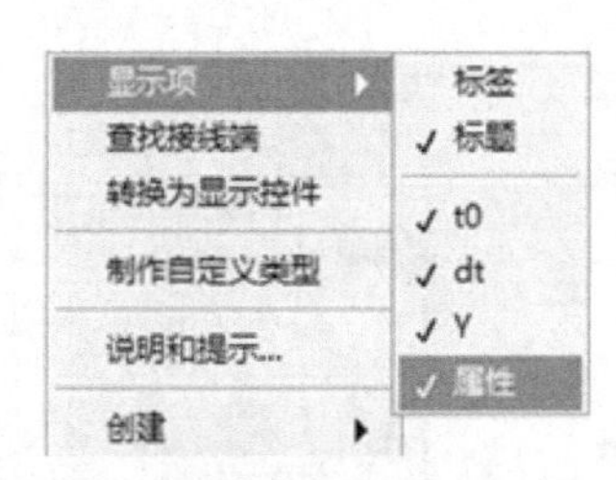

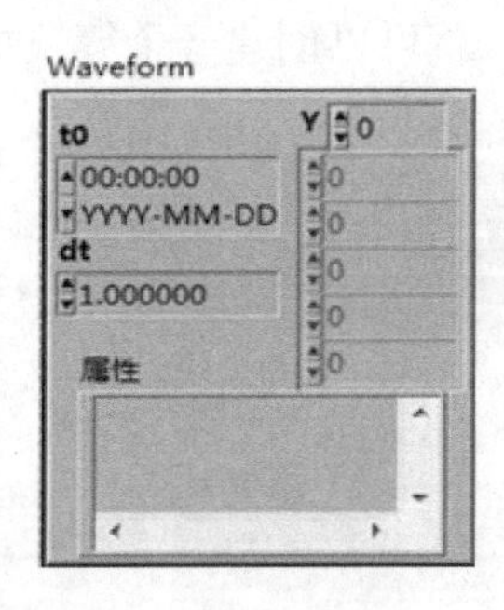

图 2.12 波形数据组成及隐藏的波形属性

波形数据在模拟信号采集中经常被用到。在很多情况下，可将波形想象为一维数组，在这个一维数组中除了保存数据外，还附加了一些关于数据点的时间以及采样时间的信息。实际上也可单独使用数组来保存采样数据。波形数据与数组数据相比有以下优势：

1）t0 标识，即提供了数据现实采集的日期/时间。

2）更易绘图，即波形数据简化了曲线的绘制。

3）更简单的多曲线图，即波形数据也简化了多曲线绘制，只需要将多个波形数据用数组绑定即可。

2.6.2 波形常用函数

波形函数包括用于生成波形值、通道、定时的函数，以及设置和获取波形的属性及成分的函数。

1）创建波形函数：创建波形函数包括三个输入端。t0 指定波形的起始时间；dt 指定波形中数据点间的时间间隔，以 s（秒）为单位；Y 指定波形的数据值，以一维数组显示输入。隐藏的属性端口设置所有波形属性的名称和值，也可通过设置波形属性函数来设置单个属性的名称和值。

2）获取波形成分函数：返回指定的模拟波形。单击输出接线端的中部，可选择并指定所需的波形成分。

思考题

1．数据在程序设计中的作用是什么？

2．LabVIEW 语言主要有哪些数据类型？

3．数值型控件主要有哪些？数值型函数主要有哪些？

4．设计一 VI 程序，实现数值型变量 X、Y 的相减和相除，在前面板显示结果。

5．布尔型控件主要有哪些？布尔函数主要有哪些？

6．设计一 VI 程序，实现当两个数值同时小于某个数值时，指示灯颜色由绿色变成红色。

7．字符串控件主要有哪些？字符串函数主要有哪些？

8．设计一 VI 程序，实现从原字符串中指定的位置开始将指定长度的子字符串替换掉。

9．简述数组控件的创建过程和数组函数种类。

10．设计一 VI 程序，实现把 3×3 数组的第 2 列元素用 8 进行替换，并在前面板中显示替换前后的数组。

11．简述簇控件的创建过程和簇函数的种类。

12．设计一 VI 程序，实现把数值型、字符串数据合成一个簇数据。

13．波形数据包含哪几个部分？波形函数主要有哪些？

14．设计一 VI 程序，实现创建周期为 2s、起始时间为 0、时间间隔为 0.02s 的正弦波波形数据，并用波形图显示。

第3章　程序结构

软件设计时采用自顶向下、逐步求精及模块化的程序设计方法，使用顺序、分支、循环三种基本控制结构设计程序。LabVIEW 采用结构化编程的同时，也具有事件等程序控制的结构框图。

3.1　顺序结构

在 LabVIEW 中，利用数据流机制可以实现很多顺序执行的功能，但是在某些复杂的情况下，只有数据流控制的顺序执行机制是不够的，所以 LabVIEW 也引入了顺序结构，其框图结构具有平铺式和层叠式两种。

3.1.1　平铺式顺序结构

在文本代码式编程语言中，顺序结构是最简单的程序结构，也是最常用的程序结构，只要按照解决问题的顺序写出相应的语句即可。它按自上而下的执行顺序依次执行。LabVIEW 语言中的平铺式顺序结构是指每个子程序框图帧按照从左到右的顺序执行。每帧执行完毕后，将数据传递至下一帧，即一个帧的输入可能取决于另一个帧的输出。

1．平铺式顺序结构创建

顺序结构位于程序框图窗口的函数选板→编程→结构下，分为平铺式顺序结构和层叠式顺序结构，默认为平铺式顺序结构，如图 3.1 所示。单击平铺式顺序图标，然后移动鼠标指针到程序框图的合适位置，按下鼠标左键进行拖曳到合适大小，释放鼠标左键，这时具有一个帧的顺序结构就建立了。将鼠标指针指向顺序图标帧的右边框上，单击鼠标右键，在弹出的快捷菜单中选择“在后面添加帧”命令，将在这一帧右边添加一个空白帧，新添加的帧宽度比较小，可以拖曳帧右边框的左右箭头进行帧宽度调节，如图 3.2 所示。

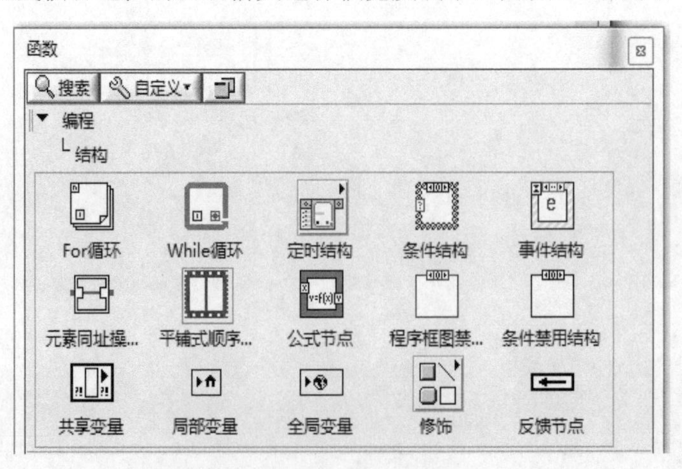

图 3.1　平铺式顺序结构的选板位置

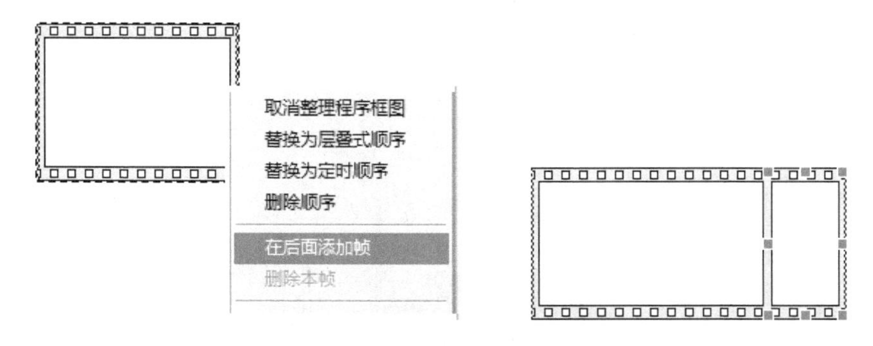

图 3.2 多帧的平铺式顺序结构创建

2．平铺式顺序结构实例

[例 3-1] 利用平铺式顺序结构实现数据采集超高报警，数据源采用随机函数产生，并放大 1000 倍。如果温度小于 800℃，就显示“正常”，否则就显示“温度超过 800 度!”。本例程序框图和运行结果如图 3.3 所示。

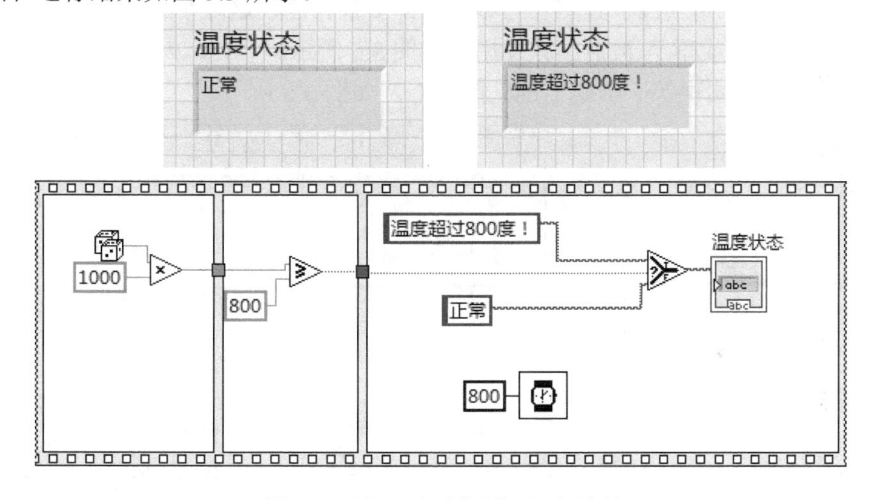

图 3.3 例 3-1 程序框图和运行结果

3.1.2 层叠式顺序结构

1．层叠式顺序结构创建

在程序框图上创建平铺式顺序结构，右键单击该结构并选择“替换为层叠式顺序”命令，然后按照平铺式顺序结构创建方式添加帧，程序框图结构看上去像是电影胶片，如图 3.4 所示。

2．层叠式顺序结构实例

[例 3-2] 利用层叠式顺序结构实现程序运行时间的计算。

1）新建一个 VI，在前面板上放置一个数值输入控件“给定数据”和两个数值显示控件“执行次数”“所需时间”。

2）在程序框图上放置一个层叠式顺序结构，右击结构边框，在弹出的快捷菜单中执行两次“在后面添加帧”命令，创建帧 1 和帧 2。

3）选取第 0 帧，记录程序运行初始时间。

右击顺序结构框图的边框，在弹出的快捷菜单中执行“添加顺序局部变量”命令，这时在第 0 帧的下边框出现一个黄色小方框，这就是顺序局部变量，它可以在同一个顺序结构中的各帧之间传递数据。

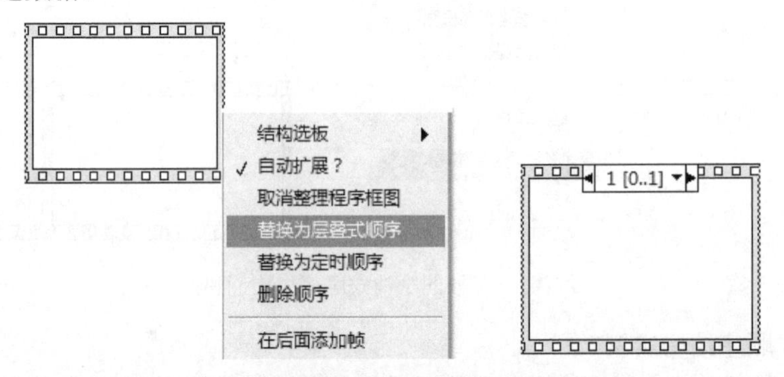

图 3.4 多帧的层叠式顺序结构的创建

放置一个时间计数器到顺序结构内，它位于函数→编程→定时下，返回毫秒定时器的值，用于计算占用的时间。用连线工具将它与顺序局部变量相连，这时小方框里会出现一个指向顺序结构外部的箭头，数值可被后续帧使用，如图 3.5 所示。

4）选取第 1 帧，实现等于给定值的匹配运算，如图 3.6 所示。

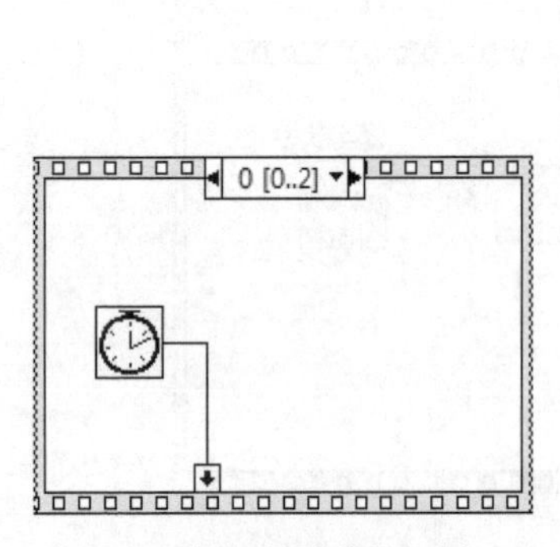

图 3.5 第 0 帧结构的创建

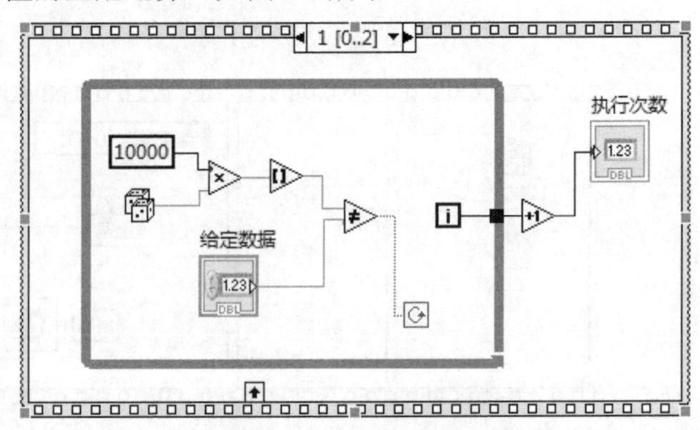

图 3.6 第 1 帧结构的创建

5）选取第 2 帧，同样放置一个时间计数器函数以用于返回当前时间，将它减去顺序局部变量传递过来的第 1 帧初始时间后就可以得到花费的时间，如图 3.7 所示，运行结果如图 3.8 所示。

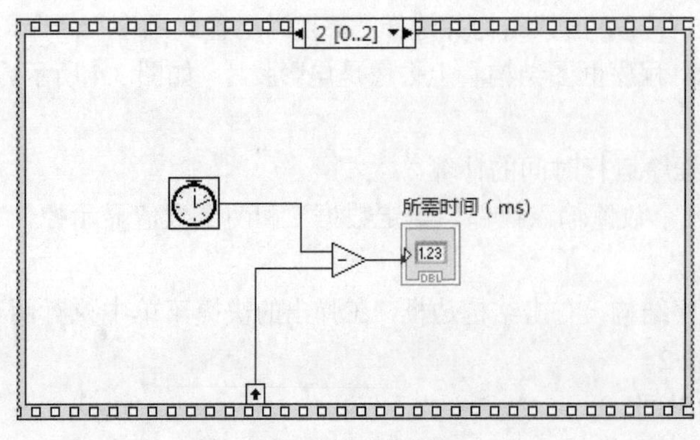

图 3.7 第 2 帧结构的创建

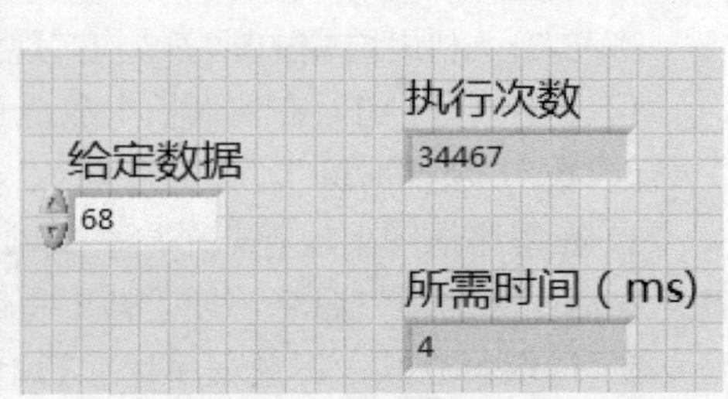

图 3.8 运行结果

3.2　分支结构

顺序结构的程序虽然能解决计算、输出等问题，但不能先判断再选择。对于要先判断再选择的问题，就要使用分支结构。分支结构的执行是依据一定的条件选择执行路径，而不是严格按照语句出现的物理顺序。分支结构的程序设计方法的关键在于构造合适的分支条件和分析程序流程，根据不同的程序流程选择适当的分支语句。

条件结构位于程序框图中的函数→编程→结构下。创建的初始条件结构如图 3.9a 所示。分支结构左边框上有一个输入端子，该端子中心有一个问号的代表选择器端子，上边框中间是分支选择器标签，结构边框内区域属于子程序框图。

Case 结构含有两个或者更多的子程序（Case），执行哪一个取决于与选择端子或者选择对象的外部接口相连接的某个整数、布尔数、字符串或者标识的值，如图 3.9b 所示。

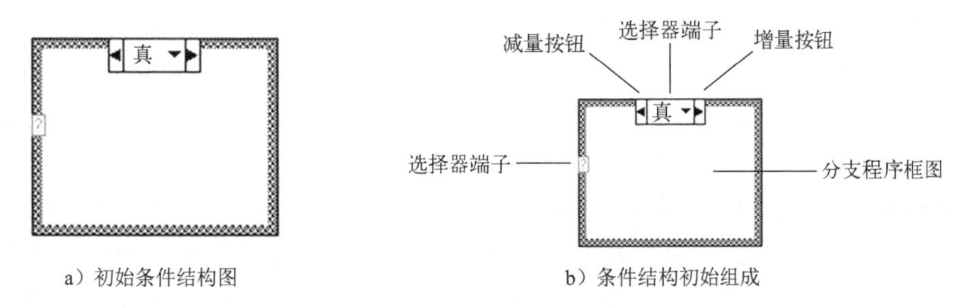

a）初始条件结构图　　b）条件结构初始组成

图 3.9　条件结构

3.2.1　双分支结构

双分支结构是一种最基本、最简单的分支结构，相当于 C 语言的 if ... else ... 结构，初始创建的分支结构就是一个双分支结构，两个分支默认为真和假，如图 3.10 所示。

[例 3-3]　创建一个 VI 以检查一个数值是否为正数。如果它是正的，VI 就计算它的平方根，反之则显示出错。

1）打开一个新的前面板，并按照图 3.11 所示创建对象。控制对象用于输入数值，显示对象用于显示该数值的平方根。

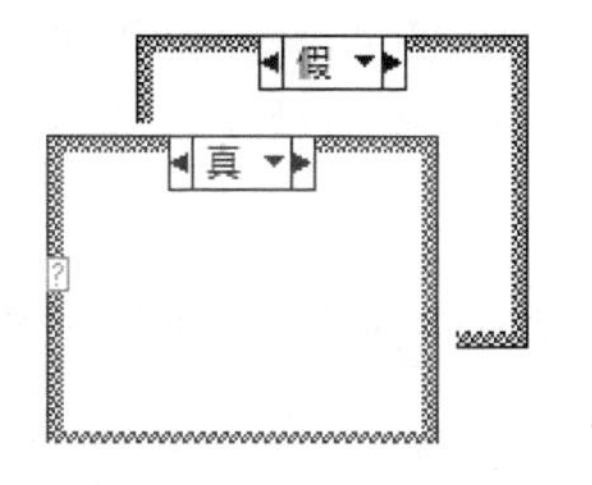

图 3.10　双分支结构

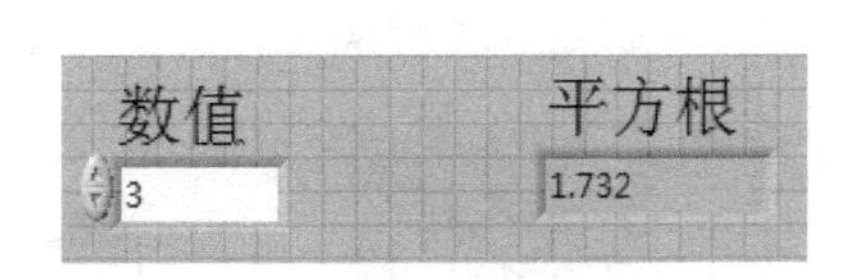

图 3.11　双分支前面板

2）按照图 3.12 所示创建程序框图。

3）程序框图创建过程。

① 双分支结构的创建：从编程→结构中选择条件结构，并放置在程序框图，拖曳到合适大小。先来构造 TURE 的情况，参照流程图上半部分构造。

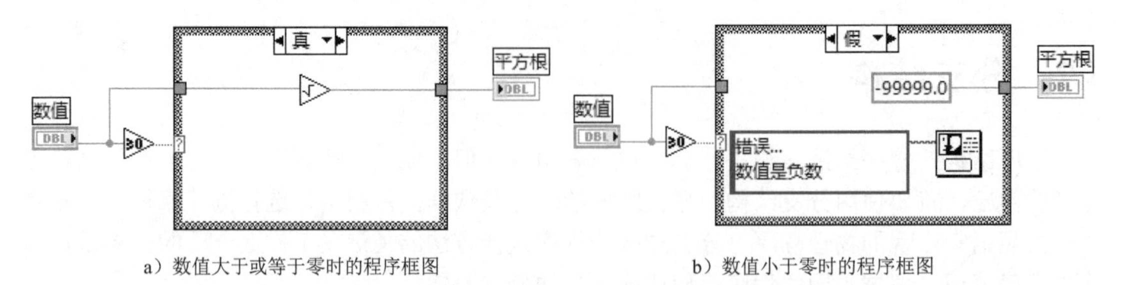

a）数值大于或等于零时的程序框图　　b）数值小于零时的程序框图

图 3.12　双分支程序框图

② 大于等于 0 函数的创建：在编程→比较中选择大于等于 0 函数。

③ 平方根函数的创建：在编程→数值中选择平方根函数。

④ 根据图 3.12a 连好线。

⑤ 单击分支结构选择器端子，选择假情况编程。

⑥ 创建数值常数：在编程→数值中选择 DBL 数值常量，并用工具选板中的操作值工具将数值改为-99999.00。

⑦ 单按钮对话函数的创建：在编程→对话框与用户界面选择单按钮对话函数，放在分支结构中的合适位置。

⑧ 字符串长量的创建：在编程→字符串中选择字符串常量函数，放在分支结构中的合适位置，并用工具选板中的操作值工具在字符串常量中输入字符串“错误……数值是负数”。

该 VI 在 TRUE 或者 FALSE 的情况下都会执行。如果输入的数值大于等于 0，VI 会执行 TRUE Case，返回该数的平方根，否则将会输出–99999.00，并显示一个对话框，内容为 Error。

⑨ 根据图 3.12b 连线。

⑩ 返回前面板，运行该 VI。修改标签为数字式控制对象的数值，分别尝试一个正数和负数。

4）保存该 VI。

3.2.2　多分支结构

多分支结构相当于 C 语言的 switch case 结构，多分支是在双分支的基础上通过添加更多分支来实现的。下面通过例 3-4 说明具体创建过程。

[例 3-4]　用多分支结构编程实现选择计算机不同的组成部件，输出不同的信息提示。

1）打开一个新的前面板，并按照图 3.13 所示创建对象。控制对象用于选择部件类型。

2）按照图 3.14 创建程序框图。

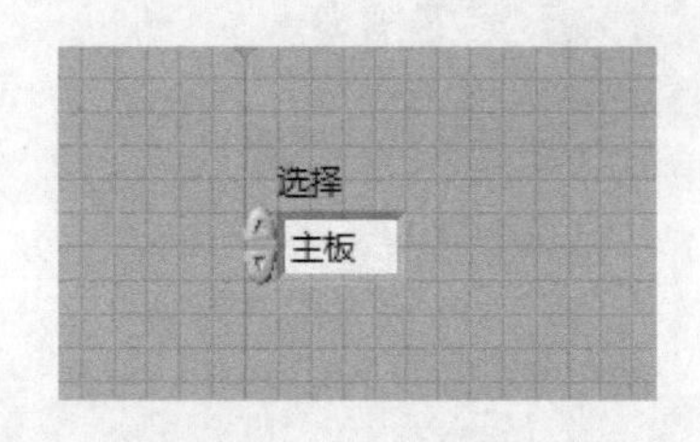

图 3.13　多分支前面板

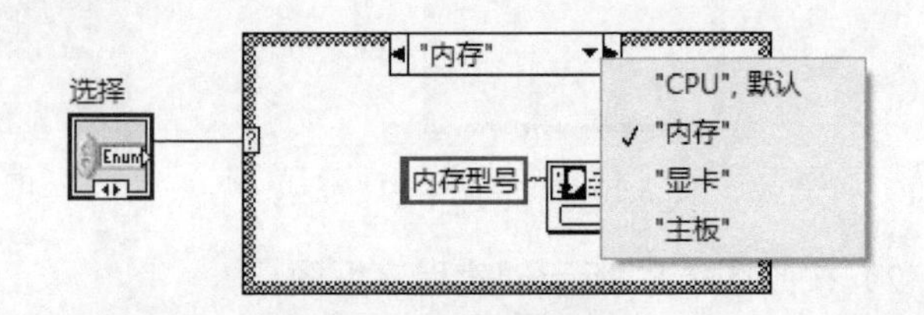

图 3.14　多分支程序框图

3）程序框图创建过程。

① 双分支结构的创建：从编程→结构中选择条件结构，并放置在程序框图，拖曳到合适大小，鼠标指针指向双分支结构左边框，单击鼠标右键，在弹出的菜单中选中“在后面添加分支”命令两次。利用工具选板中的编辑文本工具在选择结构的当前空白选择器端子中输入显卡，使用同样的方式在第二个空白选择器端子中输入主板，然后分别选中选择器的假、真分支结构，利用工具选板的编辑文本结构分别将其修改为 CPU 和内存，结果如图 3.15 所示。

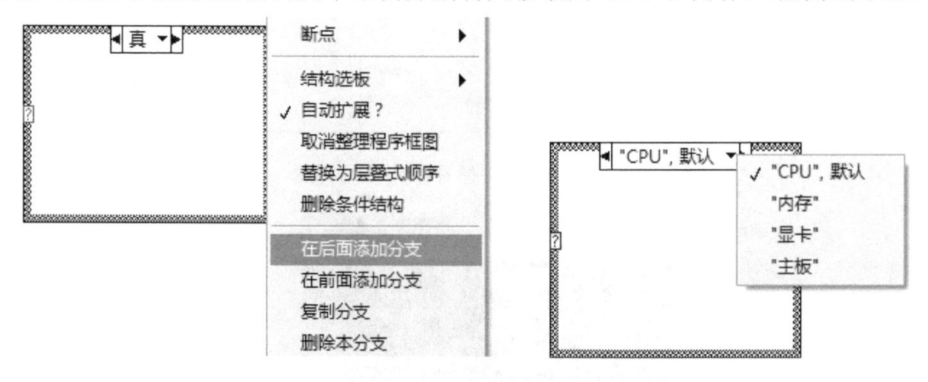

图 3.15　多分支程序框图创建

② 单按钮对话框函数的创建：在编程→对话框与用户界面中选择单按钮对话框函数，并拖放到程序框图的合适位置。

③ 字符常量的创建：在编程→字符串类函数中选择字符串常量函数，并拖放到程序框图的合适位置，输入相关字符串。

④ 根据图 3.14 连线。

4）保存并运行该 VI。

3.3　循环结构

循环结构是指在程序中需要反复执行某个功能而设置的一种程序结构。它根据循环体中的条件判断继续执行某个功能还是退出循环。循环结构可以减少源程序重复书写的工作量，用来描述重复执行某段算法的问题。

3.3.1　While 循环结构

While 是计算机的一种基本循环模式。当满足条件时进入循环，进入循环后，当条件不满足时跳出循环。

LabVIEW 的 While 循环是一个大小可变的方框，初始界面如图 3.16 所示，方框中的程序可被反复循环执行。

该循环有如下特点：

1）计数从 0 开始（i=0）；先执行循环体，而后 i+1。

2）如果循环只执行一次，那么循环输出值 i=0。

3）循环至少要运行一次。

[例 3-5]　利用 While 循环实现余弦波形产生。

1）打开一个新的前面板，并按照图 3.17 所示创建对象。波形图表显示波形，停止按钮用于结束循环。

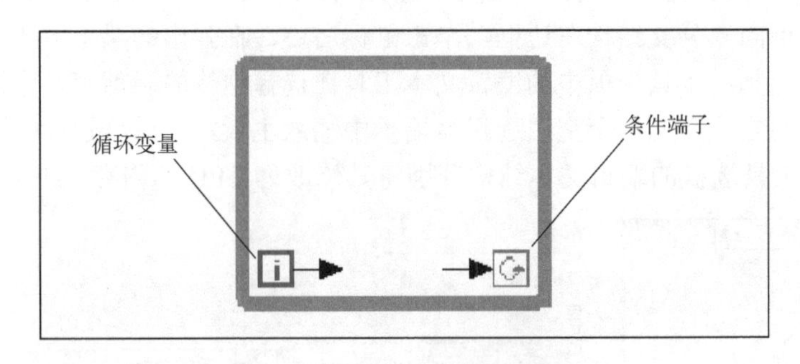

图 3.16 While 循环结构初始界面

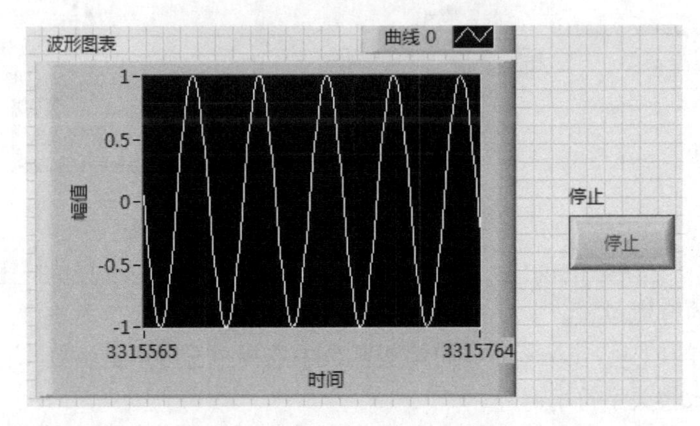

图 3.17 前面板

2）按照图 3.18 创建程序框图。

3）程序框图创建过程

① While 结构的创建：从编程→结构中选择 While 结构，并放置在程序框图，拖曳到合适大小。

② 余弦函数的创建：从数学→初等与特殊函数→三角函数中选择余弦函数并拖放到 While 框中的合适位置。

③ 除法函数的创建：从编程→数值中选择除法函数并拖放到 While 框中的合适位置。

④ 数值常量 2π 的创建：从编程→数值→数学与科学常量中选择常量 2π 并拖放到 While 框中的合适位置。

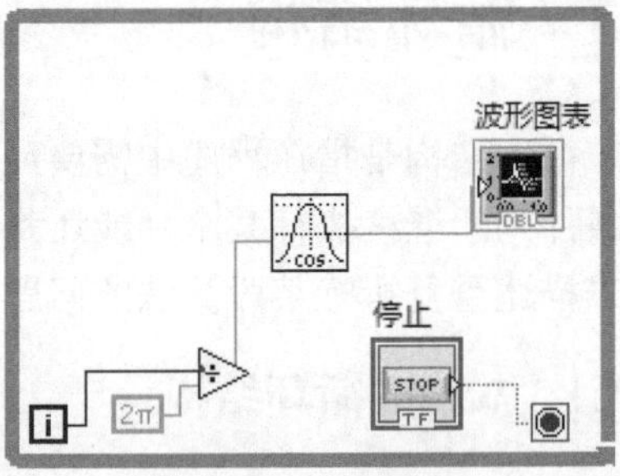

图 3.18 程序框图

⑤ 根据图 3.18 连线。

4）保存该 VI，进行程序测试。

3.3.2 For 循环结构

LabVIEW 不但提供了 While 循环结构，也提供了 For 循环结构，For 循环一般用于循环次数已经确定的情况。

LabVIEW 的 For 循环是一个大小可变的方框，如图 3.19 所示，方框中的程序可被反复循环执行。

总数接线端指定 For 循环内部代码执行的次数；计数接线端表示完成的循环次数。第一次循环的计数为 0。

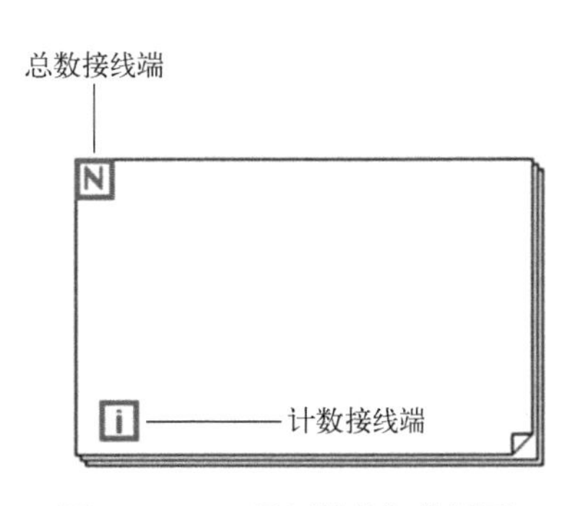

图 3.19　For 循环结构初始界面

该循环有如下特点：

1）计数从 0 开始（i=0）；先执行循环体，而后 i+1；

2）当 i 为 $N-1$ 时循环结束，退出循环。

[例 3-6]　利用 For 循环结构实现 1+2+3+⋯+N。

1）打开一个新的前面板，按照图 3.20 所示创建对象。波形图表显示波形，停止按钮用于结束循环。

2）按照图 3.21 创建程序框图。

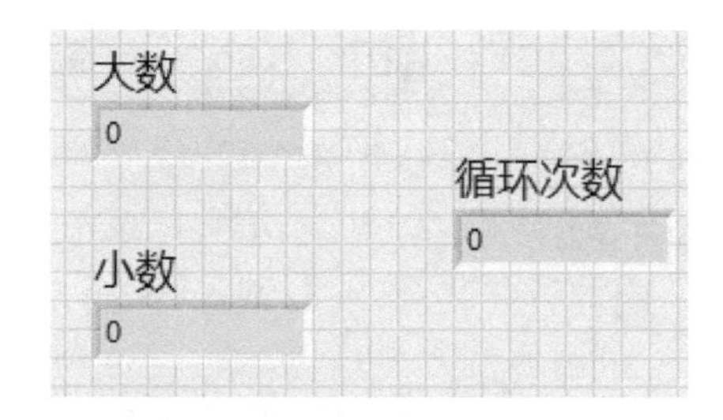

图 3.20　前面板

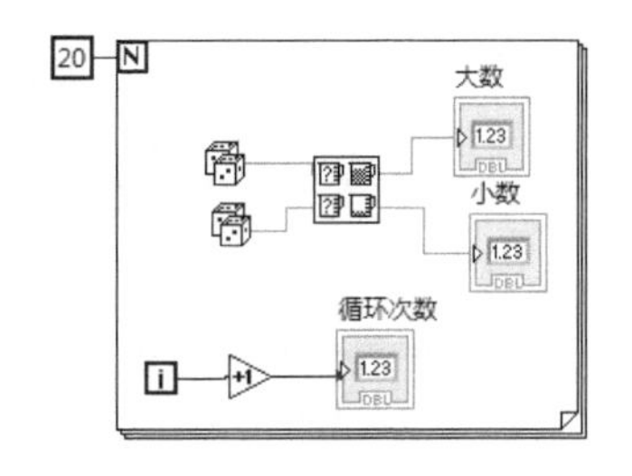

图 3.21　程序框图

3）程序框图创建过程。

① For 结构的创建：从编程→结构中选择 For 结构，并放置在程序框图，拖曳到合适大小。

② 随机数（0-1）函数的创建：从编程→数值函数中选择随机数（0-1）函数并拖放到 For 框中的合适位置。

③ 最大值与最小值函数的创建：从编程→比较函数中选择最大值与最小值函数并拖放到 For 框中的合适位置。

④ 加 1 函数的创建：从编程→数值函数中选择加 1 函数并拖放到 For 框中的合适位置。

⑤ 根据图 3.21 连线。

4）保存该 VI，进行程序测试。

3.3.3　移位寄存器与反馈节点

移位寄存器可用于将上一次循环的值传递至下一次循环。移位寄存器以一对接线端的形式出现，分别位于循环两侧的边框上，位置相对。反馈节点可保存上一次执行或循环的结果。

1．移位寄存器

创建移位寄存器的方法是，用鼠标右键单击循环的左边或者右边，在快捷菜单中选择“添加移位寄存器”命令，如图 3.22a 所示。

移位寄存器在程序框图中用循环边框上相应的一对端子来表示，如图 3.22b 所示。右边的端子中存储了一个周期完成后的数据，这些数据在这个周期完成之后将被转移到左边的端子，赋给下一个周期。移位寄存器可以转移各种类型的数据——数值、布尔数、数组、字符串等。它会自动适应与它连接的第一个对象的数据类型。可以令移位寄存器记忆前面的多个周期的数值，这个功能对于计算数据均值非常有用。还可以创建其他的端子来访问先前周期的数据，方法是用鼠标右键单击左边或者右边的端子，在快捷菜单中选择“添加元素”命令，如图 3.23 所示。例如，如果某个移位寄存器左边的端口含有三个元素，那么就可以访问前三个周期的数据。

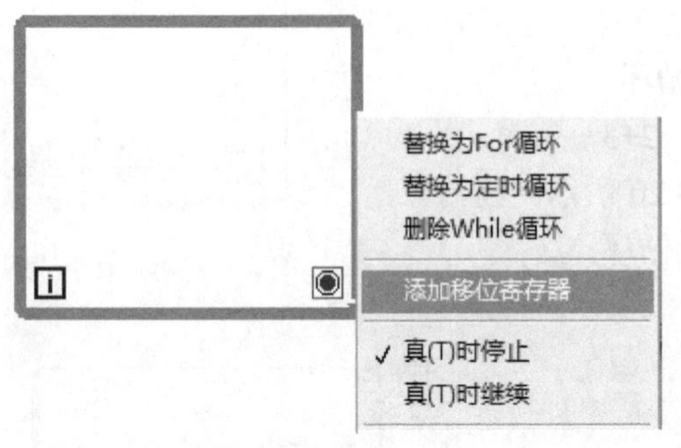

a）利用快捷菜单给 While 循环添加移位寄存器

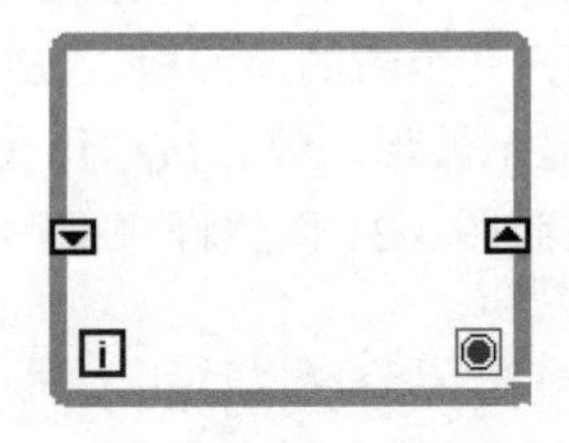

b）移位寄存器创建后的初始图

图 3.22　移位寄存器创建

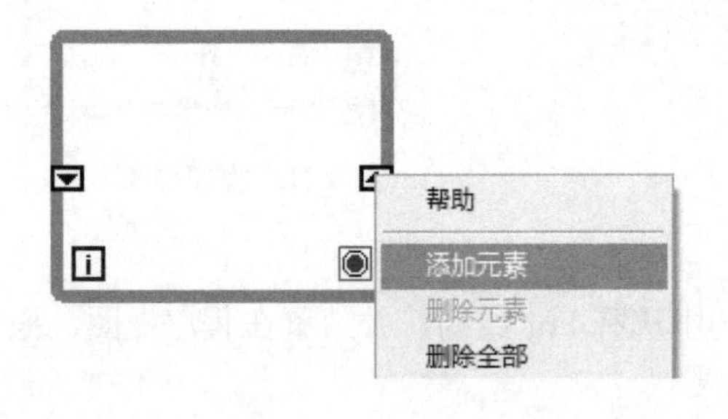

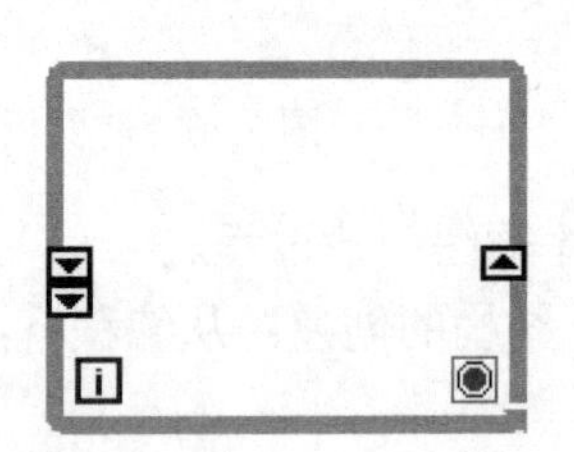

图 3.23　多个移位元素创建

[例 3-7]　用移位寄存器求 n!。

1）打开一个新的前面板，并按照图 3.24 创建对象。

2）按照图 3.25 创建程序框图。

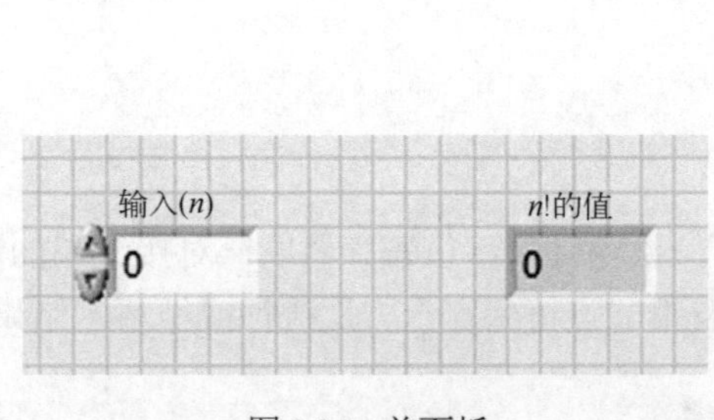

图 3.24　前面板

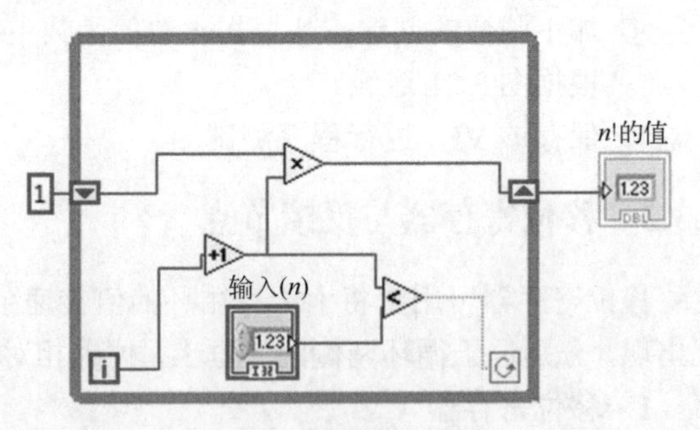

图 3.25　程序框图

3）程序框图创建过程。

① While 结构、乘法函数、加 1 函数、移位寄存器的创建参考前面案例，不再赘述。

② 小于函数的创建：从编程→比较函数中选择小于函数，并拖放到 While 框中的合适位置。

③ 根据图 3.25 连线。

4）保存该VI，进行程序测试。

2．反馈节点

与移位寄存器相似，利用反馈节点也可以将数据从一次循环传递到下一次循环。当LabVEW的For循环或者While循环的框架比较大的时候，使用移位寄存器就会造成过长的连线，使程序的解读存在相当大的麻烦，这时当把一个节点的输出连到它的输入时，连线中就会自动插入一个反馈节点，同时会创建一个初始化端口。循环中，一旦连线构成反馈，就会自动出现反馈节点和初始化端子，如图3.26所示。

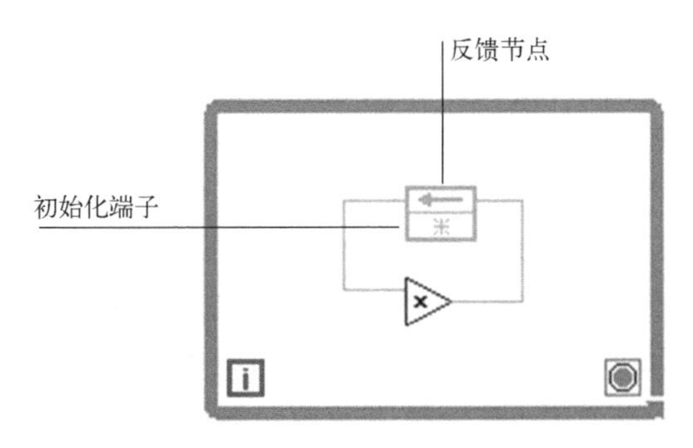

图3.26　反馈节点初始界面

[例3-8]　用反馈节点求n!。

1）打开一个新的前面板，按照图3.27创建对象。

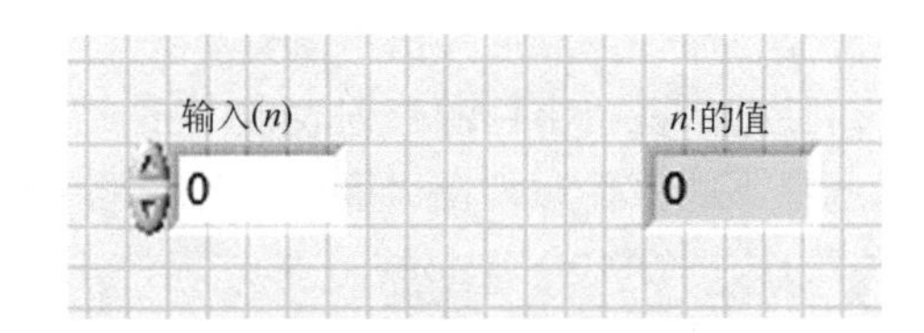

图3.27　前面板

2）按照图3.28创建程序框图。

3）程序框图创建过程。

① While结构、乘法函数、加1函数的创建参考前面案例，不再赘述。

② 反馈节点的创建：用连线工具将乘法函数的输出端子与一个输入连接，产生反馈节点，用鼠标可把初始化端子移到循环左边框的合适位置。

③ 根据图3.28连线。

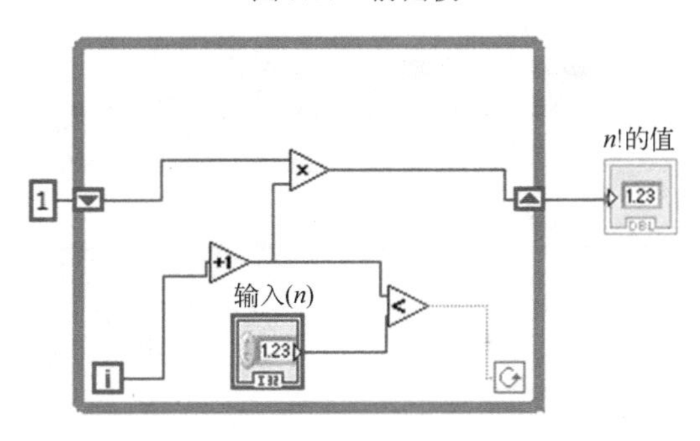

图3.28　程序框图

4）保存该VI，进行程序测试。

3.4　事件结构

LabVIEW按照数据流模式运行VI。当具备了所有必需的输入时，程序框图节点将运行。节点在运行时产生输出数据并将该数据传送给数据流路径中的下一个节点。数据流经节点的动作决定了程序框图上VI和函数的执行顺序。

编程的主要目的是实现用户的某种功能。用户通过鼠标、键盘等触发某种程序动作，从而达到某种结果，这些操作都被称为事件。我们在编程的时候可以设置某些事件来对数据流进行干预。LabVIEW具有事件结构，利用其可以进行事件运行模式编程。

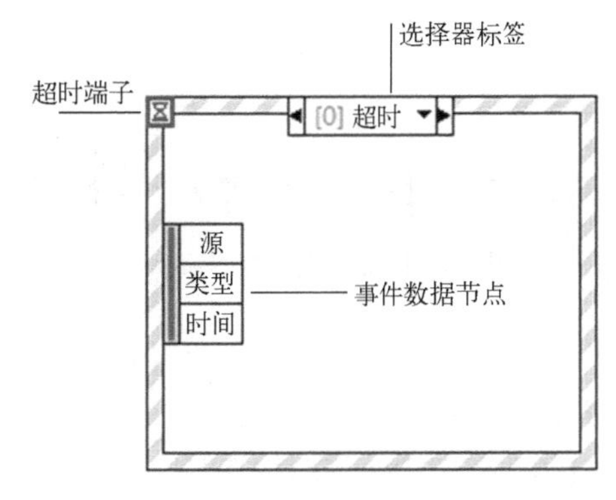

图3.29　事件结构初始界面

事件结构初始界面如图3.29所示。事件选择器标签指定当前显示的分支执行的事件；事件数据节点用于访问事件的数据值，可以纵向拖曳调整节点显示项，进行选择访问哪个事件数据的成员；超时端子用于连接一个数值指定等待事件的毫秒数，如果超过设定的时间没有发生事件的话，程序就会产生一个超时事件。

事件结构创建时只有一个超时子框图，如果有多个事件需要处理，就需要添加及编辑事件分支。如图 3.30 所示，在事件结构边框上单击鼠标右键，在弹出的快捷菜单中选中“添加事件分支”命令，然后弹出“编辑事件”对话框，在“事件源”列表框中可以选择不同事件源，在“事件”列表框中可选择具体事件，如图 3.31 所示。

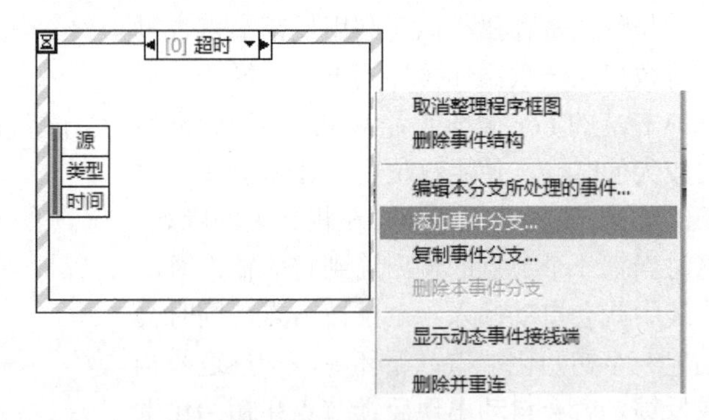

图 3.30　添加事件分支

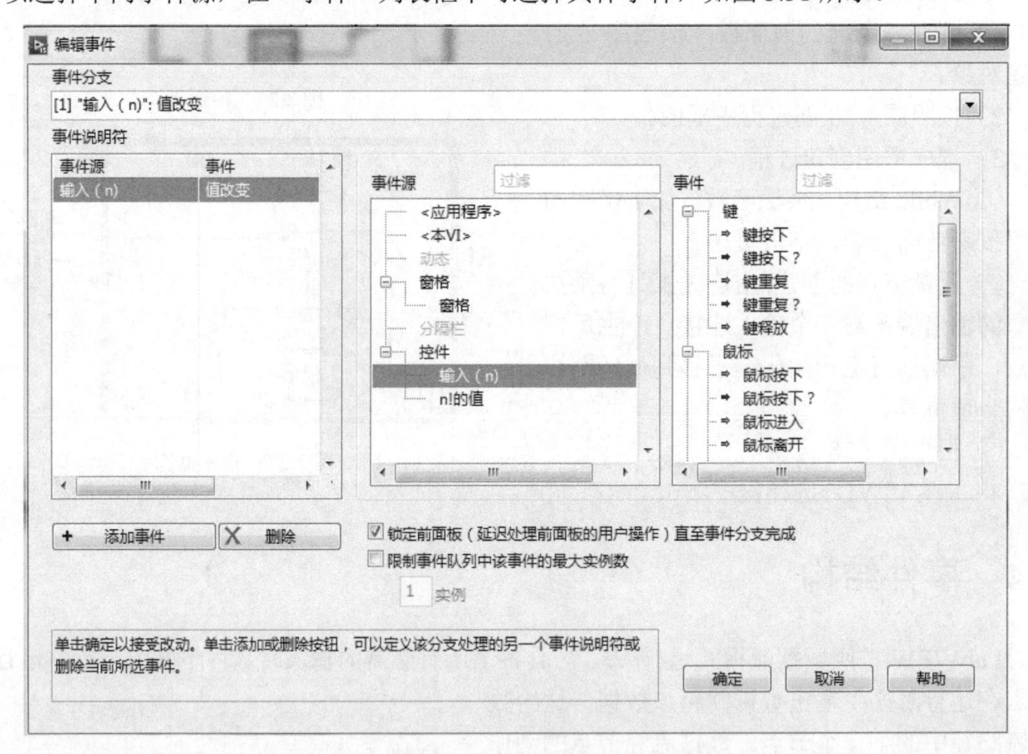

图 3.31　编辑事件

LabVIEW 将用户界面事件分为两类：通知型事件和过滤型事件。

3.4.1　通知型事件结构

某个用户操作（如用户改变了控件的值等）已经发生后，发出一个“值改变”的通知型事件，告诉事件结构控件的值发生了改变，事件结构中处理该对应事件的分支程序会被执行。

[例 3-9]　用事件结构编写一个对前面板数值控件、仪表控件、停止按钮响应的通知型事件程序。

1）打开一个新的前面板，按照图 3.32 创建对象。

2）按照图 3.33 创建程序框图。

3）程序框图创建要点。

① 创建 While 结构。

② 创建事件结构。

③ 在事件结构的框图上单击鼠标右键，从弹出的快捷菜单中选择“编辑本分支所处理的事件”命令，弹出图 3.34 所示的“编辑事件”对话框。

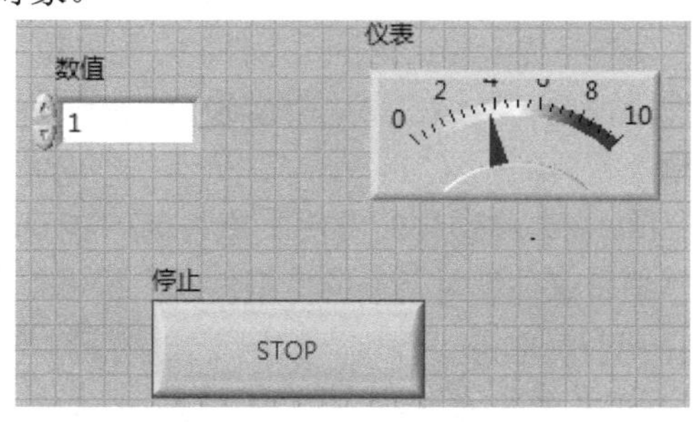

图 3.32　前面板

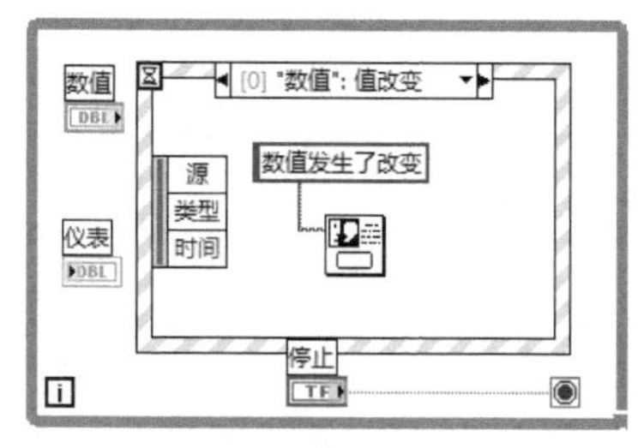

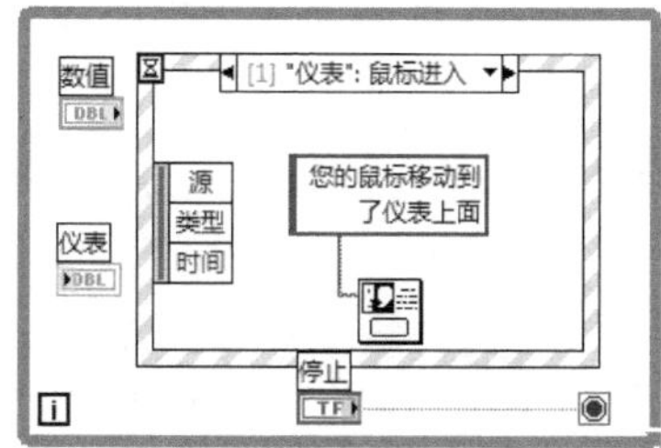

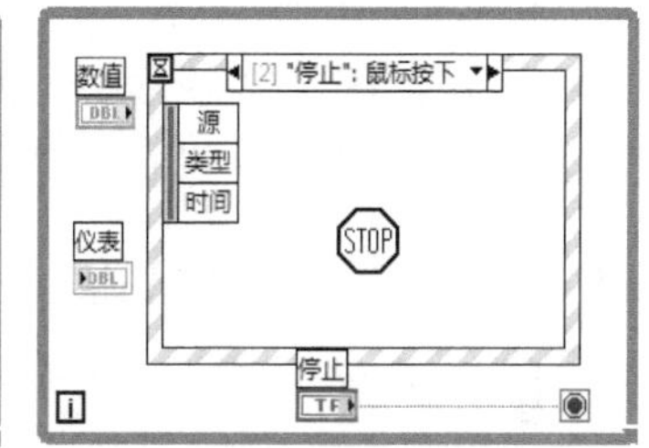

图 3.33　程序框图

图 3.34　“编辑事件”对话框

单击“删除”按钮，删除超时事件。在“事件源”列表框中选择“数值”，在相应的“事件”列表框中选择“值改变”。单击“确定”按钮退出“编辑事件”对话框。

④ 在事件结构的框图上单击鼠标右键，从弹出的快捷菜单中选择“添加事件分支”命令，在“编辑事件”对话框的“事件源”列表框中选择“仪表”，相应的“事件”列表框中单击“鼠标”前面的+号，在出现的选项中选择“鼠标进入”。单击“确定”按钮退出“编辑事件”对话框。

⑤ 在事件结构的框图上单击鼠标右键，从弹出的快捷菜单中选择“添加事件分支”命令，在“编辑事件”对话框的“事件源”列表框中选择“停止”，在相应的“事件”列表框中选择“值改变”。单击“确定”按钮退出“编辑事件”对话框。

⑥ 用鼠标单击事件结构“选择器标签”来选择不同的事件，并在对应分支框中按照图3.33进行编程。

⑦ 停止事件中的停止函数创建：在函数→应用程序控制中选择停止函数。

⑧ 根据图3.33连线。

4）保存该VI，进行程序运行测试。

3.4.2 过滤型事件结构

过滤型事件表明在事件发生后，LabVIEW调用其对应的事件处理程序之前，用户截获了该事件并进行某些自定义操作。通常使用过滤型事件在LabVIEW对事件处理之前实现事件数据的验证，或完全放弃该事件以防止数据的改变影响VI的执行。例如，可在事件结构中设置“前面板关闭?”事件，以防止用户通过关闭按钮关闭VI的前面板。过滤型事件的名称以问号结束，如“前面板关闭?”，以便与通知事件区分。多数过滤事件都有与之同名的通知事件，但通知事件没有问号且在过滤事件之后才会被处理（如果在过滤事件中设置丢弃其对应的通知事件，则通知事件不会被执行）。

[例3-10] 对例3-8的停止按钮采用鼠标按下的过滤型事件编程。

1）打开一个新的前面板，按照图3.32创建对象。

2）按照图3.35创建程序框图。

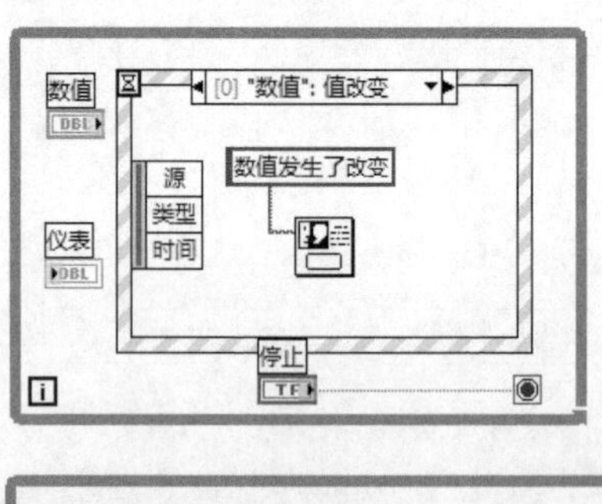

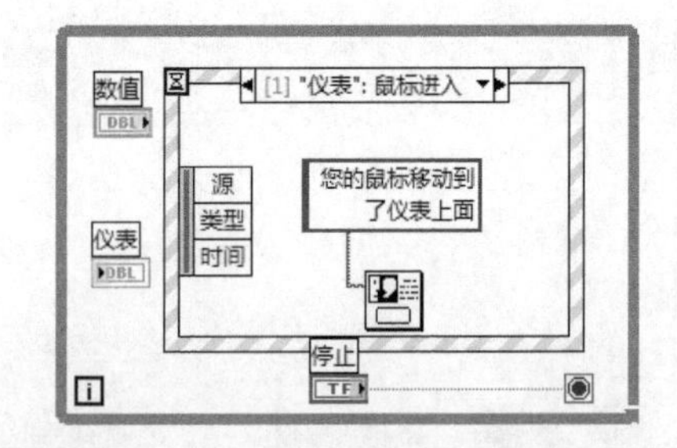

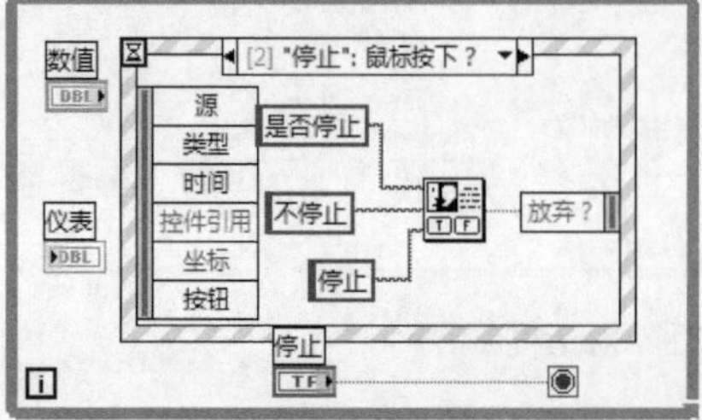

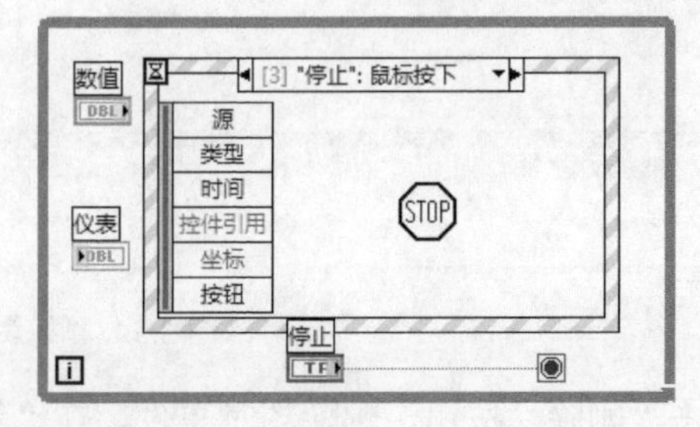

图3.35 程序框图

3）程序框图创建要点。

① 创建 While 结构。

② 创建事件结构。

③ 在事件结构的框图上单击鼠标右键，从弹出的快捷菜单中选择“编辑本分支所处理的事件”命令，弹出“编辑事件”对话框。

单击“删除”按钮，删除超时事件。在“事件源”列表框中选择“数值”，在相应的“事件”列表框中选择“值改变”。单击“确定”按钮退出“编辑事件”对话框。

④ 在事件结构的框图上单击鼠标右键，从弹出的快捷菜单中选择“添加事件分支”命令，在“事件源”列表框中选择“仪表”，相应的“事件”列表框中单击“鼠标”前面的+号，在出现的选项中选择“鼠标进入”。单击“确定”按钮退出“编辑事件”对话框。

⑤ 在事件结构的框图上单击鼠标右键，从弹出的快捷菜单中选择“添加事件分支”命令，在“事件源”列表框中选择“停止”，并在相应的“事件”列表框中单击“鼠标”前面的+号，在出现的选项中选择“鼠标按下？”。单击“确定”按钮退出“编辑事件”对话框。

⑥ 在事件结构的框图上单击鼠标右键，从弹出的快捷菜单中选择“添加事件分支”命令，在“事件源”列表框中选择“停止”，并在相应的“事件”列表框中单击“鼠标”前面的+号，在出现的选项中选择“鼠标按下”。单击“确定”按钮退出“编辑事件”对话框。

⑦ 用鼠标单击事件结构“选择器标签”，选择“‘停止’：鼠标按下？”。

⑧ 分支编程方法：使用鼠标右键单击事件结构右边框的过滤节点，在弹出的快捷菜单中选择“放弃”，并单击，在分支框内创建双按钮对话框函数（方法同单按钮对话框函数的创建）。

⑨ 根据图 3.35 连线。

4）保存该 VI，进行运行测试。

思考题

1．简述 LabVIEW 采用数据流驱动程序与顺序结构程序执行顺序的差异。

2．简述 LabVIEW 顺序结构的创建方法。

3．分别用层叠式结构和平铺式结构设计一 VI，实现数值型数据 a 和 b 先相乘再开方。

4．简述多分支结构应用程序的创建过程。

5．采用分支结构实现百分制成绩转换成五级制成绩：90～100 为优秀，80～89 为良好，70～79 为中等，60～69 为及格，60 分以下为不及格。

6．简述 While 循环结构中循环重复计数端子的作用。

7．采用 While 循环结构实现：1+3+5+7+…+50。

8．采用 For 循环结构实现：1×3×5×7×…×50。

9．利用事件结构实现一个加减法计算。要求：当“加法运算”按钮按下时，进行加法运算；当“减法运算”按钮按下时，进行减法运算。

第4章 图形显示

LabVIEW提供了丰富的图形显示控件，使得虚拟仪器前面板中的设计效果更加形象、直观，对信息的变化规律或者信息的特征能够很好地展现。

LabVIEW主要有波形图表、波形图、XY图、强度图、三维图形等控件。

4.1 波形图表

波形图表控件实时显示一个数据点或若干个数据点，而且新输入的数据点添加到已有曲线的尾部进行连续显示，这种显示方式可以直观地反映被测参数的变化趋势。

4.1.1 波形图表的初始创建外观

波形图表的初始创建外观如图4.1所示，具有标签、幅值、时间刻度和图例选项。

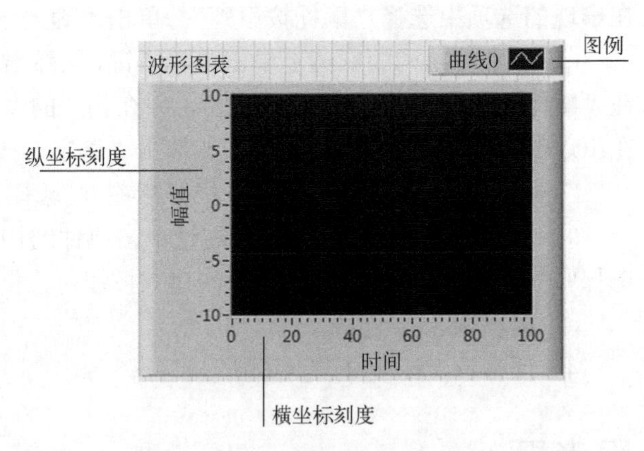

图4.1 波形图表的初始创建外观

4.1.2 波形图表个性化设置

右击波形图表，弹出快捷菜单，选择“显示项”命令，可以对所显示项目的属性进行设置和调整，如图4.2所示。

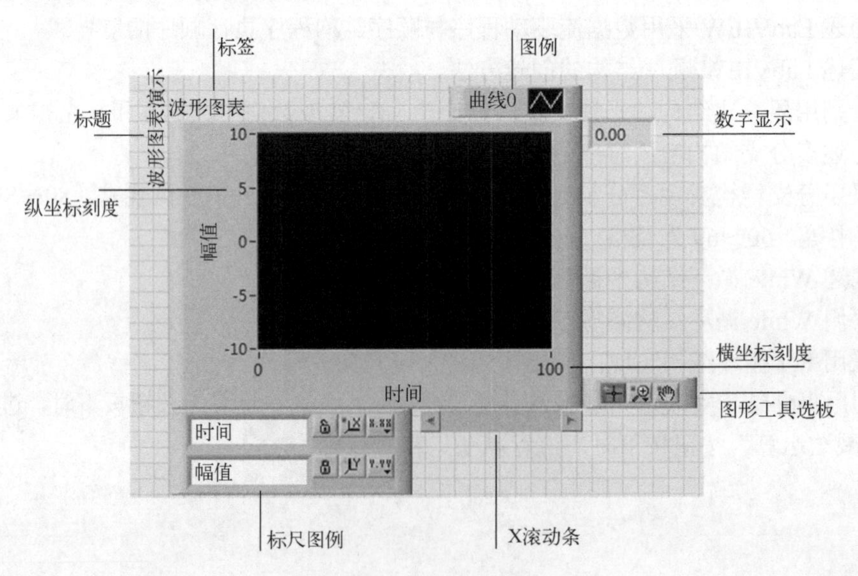

图4.2 波形图表属性

1）标签：一个对象被引用时总是通过标签与其联系的。

2）标题：通常可以被标签代替，除非需要在前面板上显示与被引用的对象不同的名称。

3）纵坐标刻度：默认的纵坐标标签是幅值。

4）横坐标刻度：默认的横坐标标签是时间。

5）标尺图例：可在波形图表中标注、配置标尺属性。是刻度锁定按钮。锁定时为自动比例状态，此时右边相邻的图标亮起一个小绿灯；再次单击后图标变为开锁的状态，表明回到固定标尺状态。在标尺图例最右边的图标上单击，通过弹出的菜单可以修改刻度格式、精度、标尺与标尺标签的可见性、网格颜色等。

6）X 滚动条：用于水平移动图线，显示窗口以外的数据。

7）图形工具选板。

：该按钮被按下时，可以移动游标。

：缩放工具，单击该按钮，出现图 4.3 所示的展开按钮，六个按钮分别可进行矩形放大、水平放大、垂直放大、取消操作、以一个点为中心缩小、以一个点为中心放大操作。

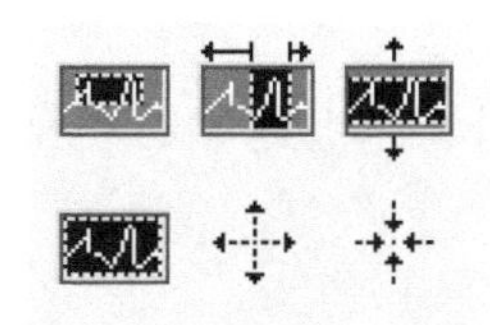

图 4.3　缩放工具的展开按钮

8）数字显示：显示图线中最新一点数据的幅值。

9）图例：图例可以显示一条或多条图线的图线名和图线样式。

[例 4-1]　用波形图表显示正弦曲线。

1）打开一个新的前面板，按照图 4.4 创建对象。

2）按照图 4.5 创建程序框图。

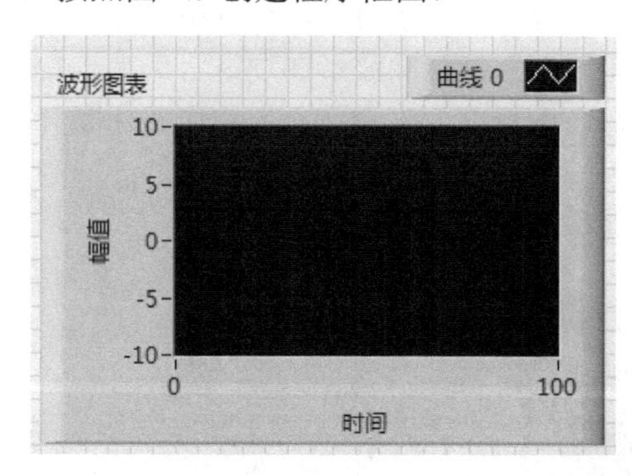

图 4.4　前面板

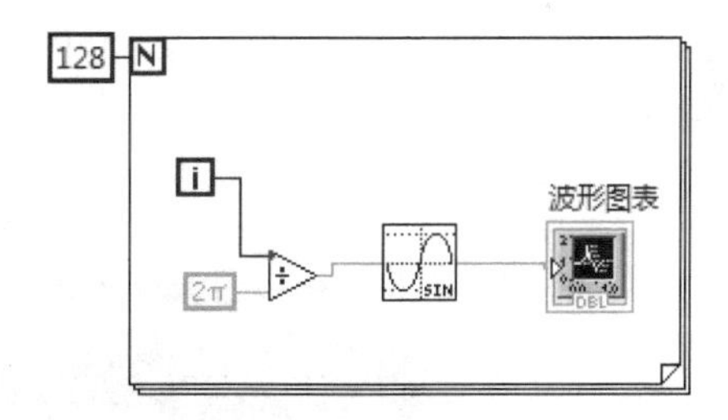

图 4.5　程序框图

3）程序框图创建过程。

① For 结构、除法函数的创建可以参考前面有关案例。

② 正弦函数创建：从数学→初等与特殊函数中选择正弦函数，拖放到 For 结构的合适位置。

4）保存该 VI，进行程序测试。

4.2　波形图

波形图和波形图表具有许多相似的性质，但波形图不具有不同的数据刷新模式。波形图控件不能接收标量数据，其基本的输入数据类型是一维 DBL 型数组，可将输入的一维数组数据一次性地显示出来，同时清除前一次显示的波形。

4.2.1 波形图的初始创建外观

波形图的初始创建外观如图 4.6 所示，与波形图表相似，只在绘图区有栅格。

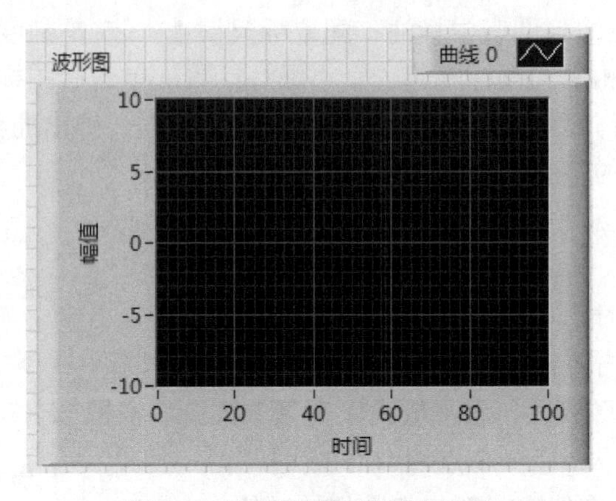

图 4.6 波形图的初始创建外观

4.2.2 波形图个性化设置

波形图和波形图表在很多方面是相同的，这里主要介绍波形图的游标。利用游标能够准确地读出曲线上任何一点的数据。波形图在默认情况下不显示游标，可以用波形图的快捷菜单创建游标。用快捷菜单创建游标的方法是，将鼠标指针指向波形图边框上，单击右键，弹出的快捷菜单如图 4.7 所示，选择“显示项”→“游标图例”命令，在空白游标图例板上右击，在弹出的快捷菜单中选择“创建游标”命令。图 4.8 所示为创建了游标的波形图。可通过波形图属性对话框的“游标”选项卡对游标进行设置，如图 4.9 所示。

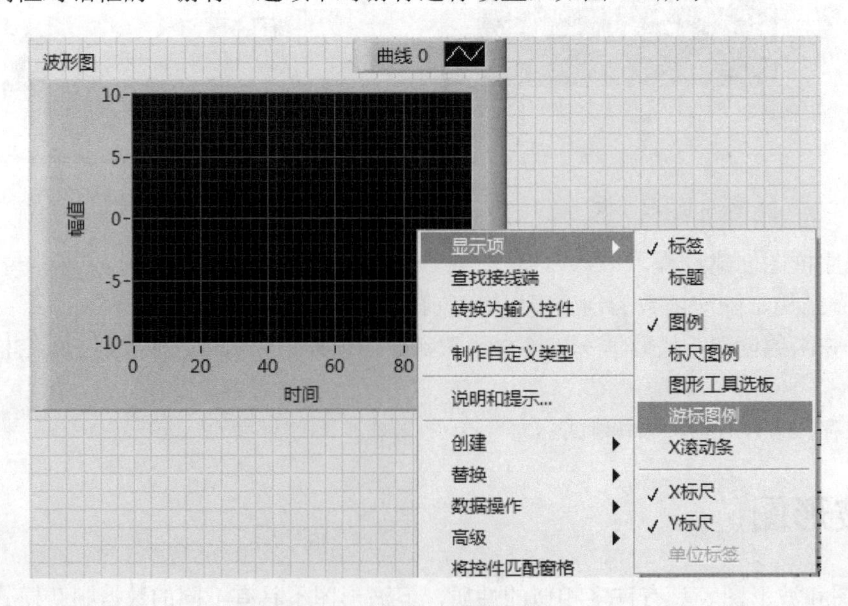

图 4.7 波形图右键快捷菜单

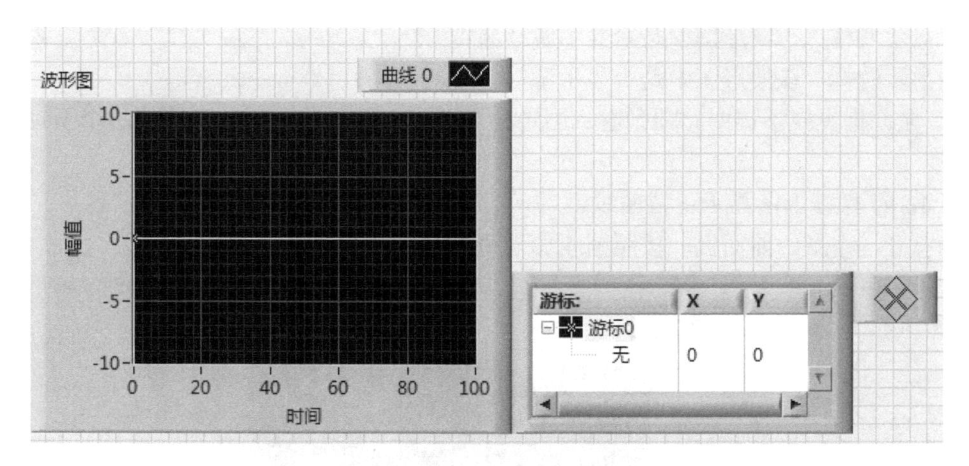

图 4.8　创建了游标的波形图

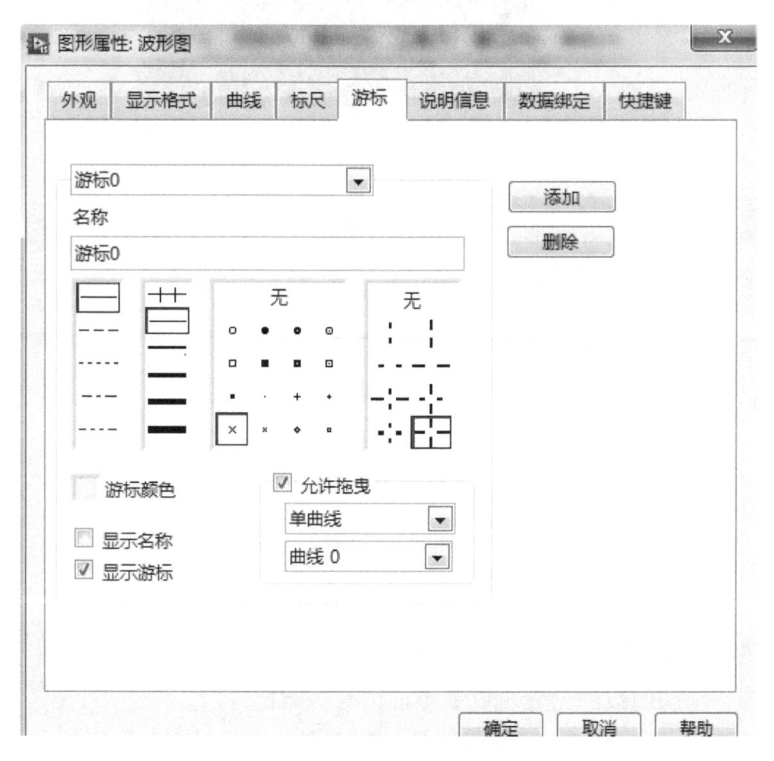

图 4.9　属性对话框的“游标”选项卡

“游标”选项卡中的游标设置项介绍如下。

1）添加：创建一个新的游标。

2）名称：输入游标名。

3）删除：删除当前游标。

4）线条样式：可选择一种线条样式。

5）线条宽度：可选择一种线宽。

6）点样式：选择游标焦点样式。

7）游标颜色：选择游标颜色。

8）显示名称：在波形图中是否显示游标名。

9）显示游标：在波形图中是否显示游标。

10）允许拖曳：不选中此项则游标固定在当前点；选中此项后，下面的两个下拉列表框可用。

[例 4-2]　用波形图显示正弦曲线。

1）打开一个新的前面板，按照图 4.10 创建对象。

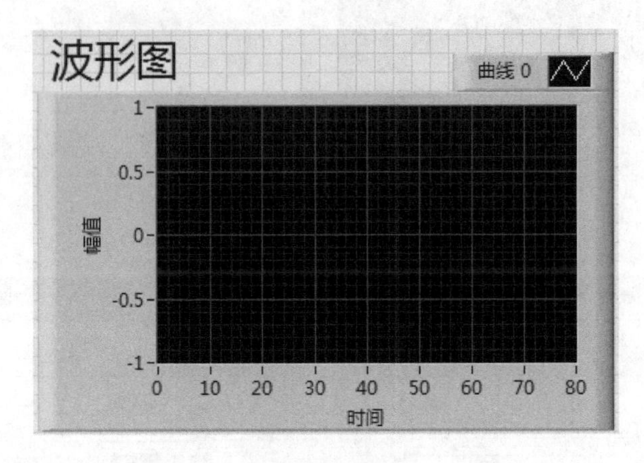

图 4.10　前面板

2）按照图 4.11 创建程序框图。

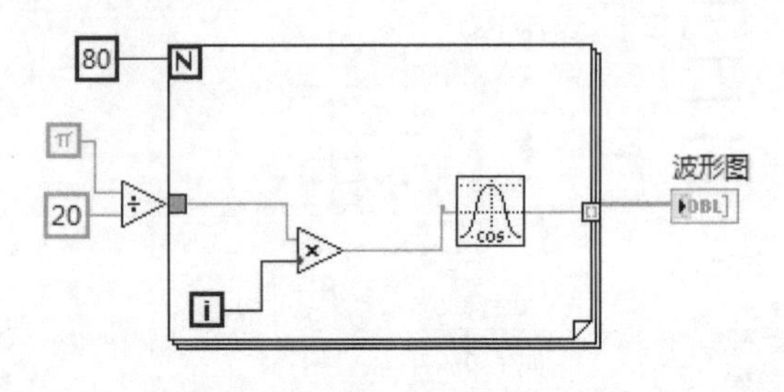

图 4.11　程序框图

3）程序框图创建过程。

① For 结构、除法函数的创建可以参考前面有关案例。

② 余函数的创建：从数学→初等与特殊函数中选择正弦函数，拖放到 For 结构的合适位置。

4）保存该 VI，进行程序测试。

4.3　XY 图和 Express XY 图

使用波形图表和波形图描绘曲线时，y 坐标值是程序其他节点提供的数值，而 x 坐标值本质上是数据点的序号，它们是单调均匀的，这样就不能描绘出非均匀采样的数据和某些平面曲线。为此 LabVIEW 提供了 XY 图显示控件。XY 图要求成对输入 x 坐标值和 y 坐标值，用这些数据来描绘曲线。

4.3.1 XY 图

[例 4-3] 将数据打包成簇，然后组成一维数组送入 XY 图。

1）打开一个新的前面板，按照图 4.12 创建对象。

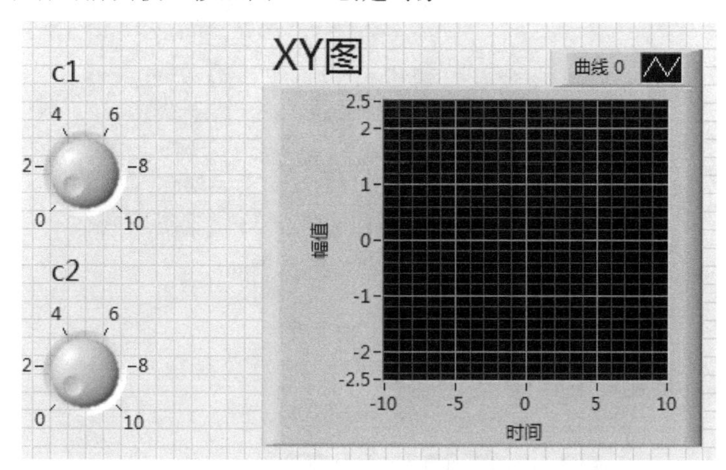

图 4.12 前面板

2）按照图 4.13 创建程序框图。

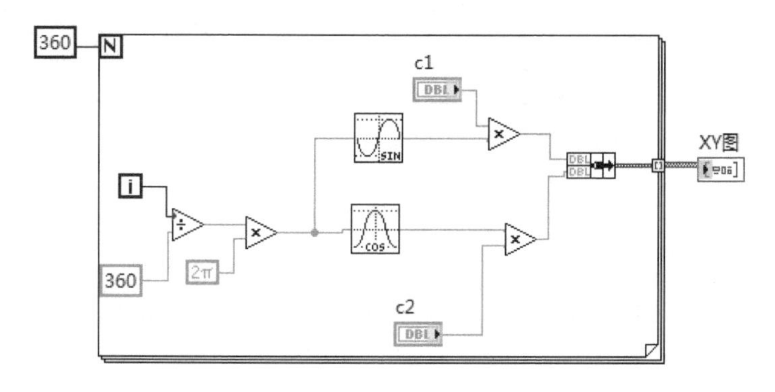

图 4.13 程序框图

3）程序框图创建过程。

For 结构、除法函数、乘法函数、捆绑函数的创建可以参考前面有关案例。

4）保存该 VI，进行程序测试。

4.3.2 Express XY 图

Express VI 是将过去的基本函数面向应用做了进一步的打包，为用户提供了更加方便、简洁的编程途径。将 Express XY 图放置在前面板上时，程序框图会自动添加一个 VI，它的 x、y 轴输入数据为动态数据类型。Express XY 图无须像 XY 图那样需要先对 x、y 轴的坐标进行捆绑再输入，这使得程序编写更加简单。

[例 4-4] 使用 Express XY 图绘制李萨如图形。

1）打开一个新的前面板，按照图 4.14 创建对象。

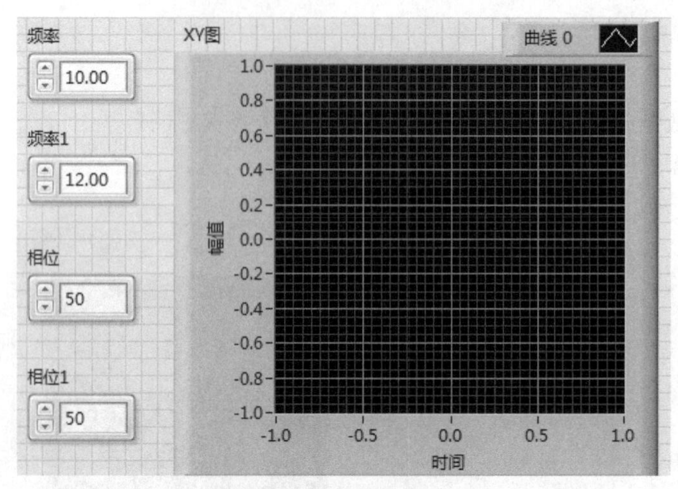

图 4.14　前面板

2）按照图 4.15 创建程序框图。

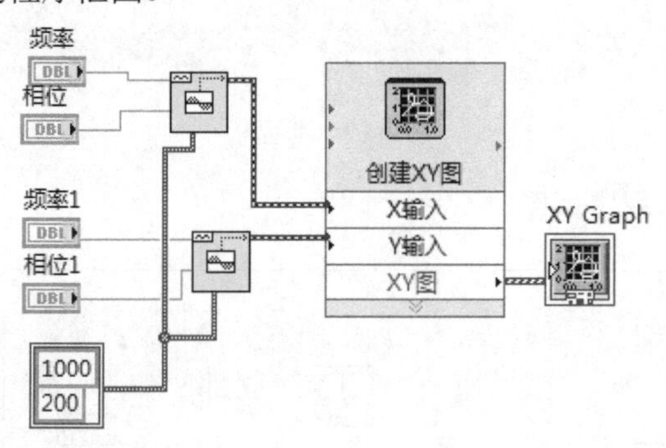

图 4.15　程序框图

3）程序框图创建过程。

① 正弦波形函数的创建：从编程→波形→模拟波形→波形生成中选择正弦波形函数，并拖曳到程序框图的合适位置。

② 按照图 4.15 连线。

4）保存该 VI，进行程序测试。

4.4　强度图和强度图表

强度图控件和强度图表控件提供了一种在二维平面上表现三维数据的机制，其基本的输入数据类型是 DBL 型的二维数组。在默认情况下，二维数组的行、列索引分别对应强度图控件 x、y 标尺的坐标，而二维数组元素的值在强度图控件上使用具有不同亮度的小方格来表示，相当于三维坐标中的 z 轴坐标。

强度图控件与强度图表控件基本相同，主要不同在于数据的刷新方式。

4.4.1　强度图

一个典型的强度图如图 4.16 所示，强度图的显示区域分为一个个的方形单元，每个单元的颜色代表该区域的强度，颜色不同，强度则不同。如果把时间和频率坐标值理解为 x 轴和 y 轴，强度图右边的标签为“幅值”的颜色控制组件就相当于 z 轴。这个颜色控制组件是颜色梯度，当强度图收到一个二维数组数据时，每个数组元素会与 z 轴刻度值对应的数据进行匹配，找到匹配数据对应的颜色并在绘图区对应区域内绘制该颜色。如果输入颜色不在刻度范围内，则默认 100 以上是白色，0 以下是黑色。

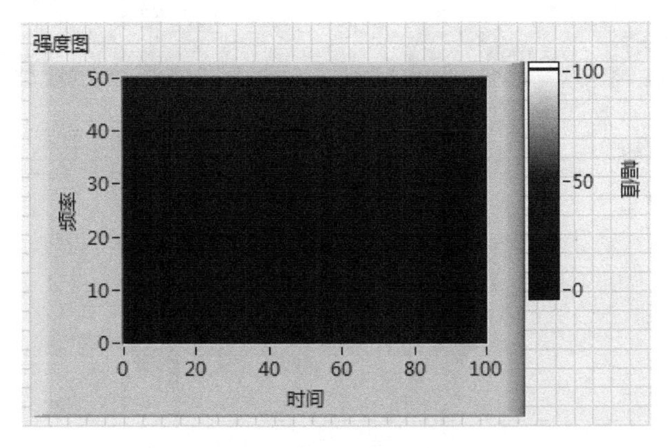

图 4.16　强度图

实际上，颜色梯度只包含五个颜色值，0 对应黑色，50 对应蓝色，100 对应白色，0～50 之间和 50～100 之间的颜色都是插值的结果。同时，每个颜色块在强度图中占边长为 1 的方块区域，原数组的第 0 行在强度图中对应最左面的一列，如图 4.17 所示。

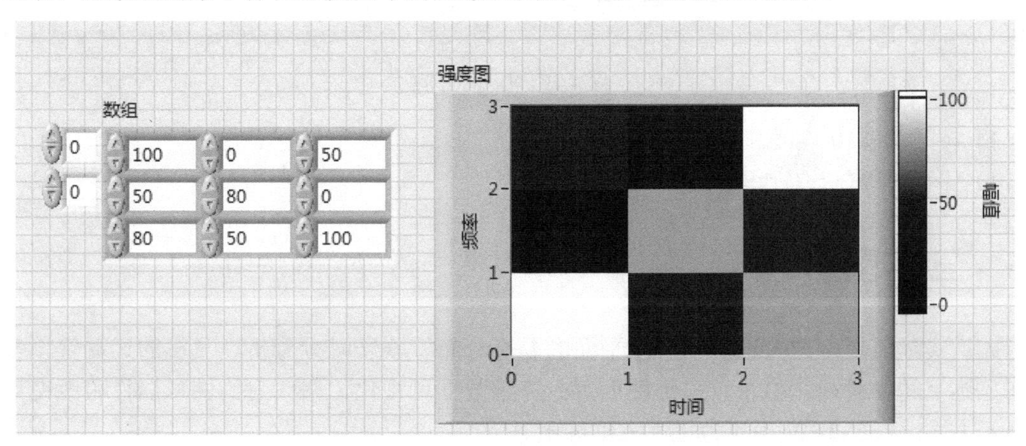

图 4.17　强度图颜色与数组的关系

4.4.2　强度图表

强度图表可以一次性显示一列或几列图像，会在屏幕及缓冲区保存一部分旧的图像和数据，每次接收到新的数据时，新的图像紧接着原有图像在其后面显示。当下一列图像超出显示区域时，将有一列或几列旧图像移出屏幕。

[例 4-5]　使用强度图和强度图表控件显示一组相同的二维数组数据，通过显示结果比较二者的差异。

1）打开一个新的前面板，按照图 4.18 创建对象。

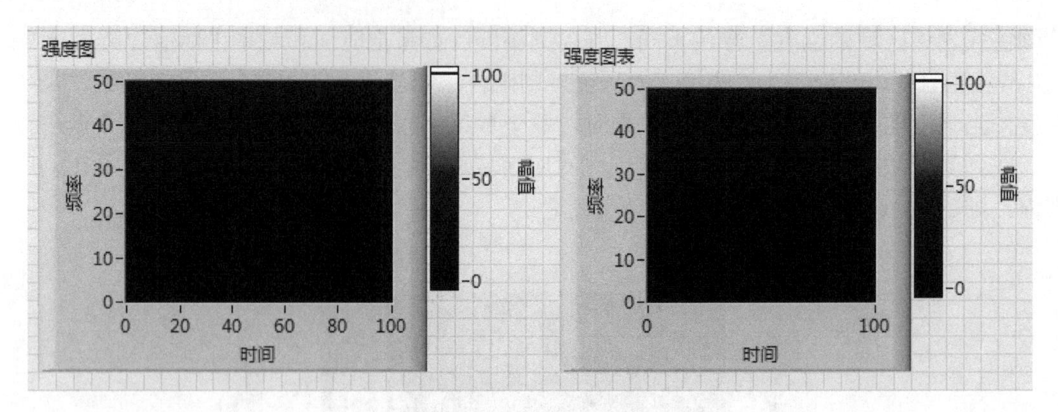

图 4.18 前面板

2）按照图 4.19 创建程序框图。

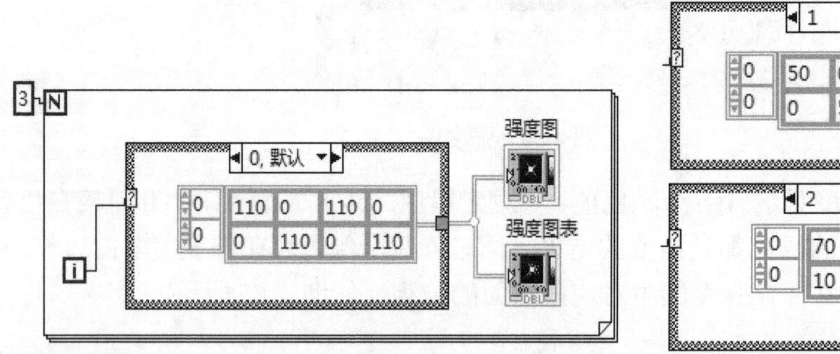

图 4.19 程序框图

3）按照图 4.19 连线。

4）保存该 VI，进行程序测试。

4.5 三维图形

大量实际应用中的数据，如某个平面的温度分布、联合时频分析、飞机的运动等，都需要在三维空间中可视化显示。三维图形可令三维数据可视化，修改三维图形属性可改变数据的显示方式。LabVIEW 中包含以下三维图形。

1）散点图：显示两组数据的统计趋势和关系。

2）杆图：显示冲激响应并按分布组织数据。

3）彗星图：创建的数据点周围有圆圈环绕的动画图。

4）曲面图：在相互连接的曲面上绘制数据。

5）等高线图：绘制等高线图。

6）网格图：绘制有开放空间的网格曲面。

7）瀑布图：绘制数据曲面和 y 轴上低于数据点的区域。

8）箭头图：生成向量图。

9）带状图：生成平行线组成的带状图。

10）条形图：生成垂直条带组成的条形图。

11）饼图：生成饼状图。

12）三维曲面图：在三维空间绘制一个曲面。

13）三维参数图：在三维空间中绘制一个参数图。

14）三维线条图：在三维空间绘制线条。

4.5.1　三维曲面图形

三维曲面图形控件用于描绘一些相对简单的三维空间表面。当把三维曲面图形放置于前面板时，在程序框图中会同时出现两个图标：Plot Surface 和 3D Graph。Plot Surface 依据 x、y 和 z 点绘制曲面，3D Graph 只是用来显示图形，如图 4.20 所示。

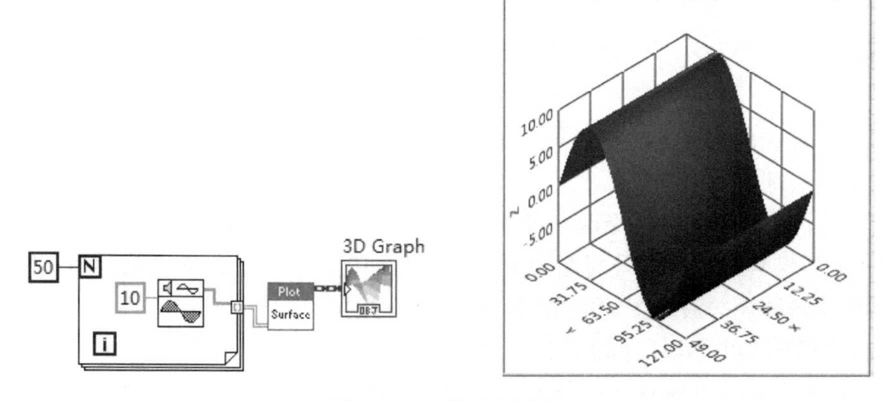

图 4.20　三维曲面图形

4.5.2　三维参数图形

三维参数图形控件用于描绘一些更复杂的三维空间图形，如图 4.21 所示。

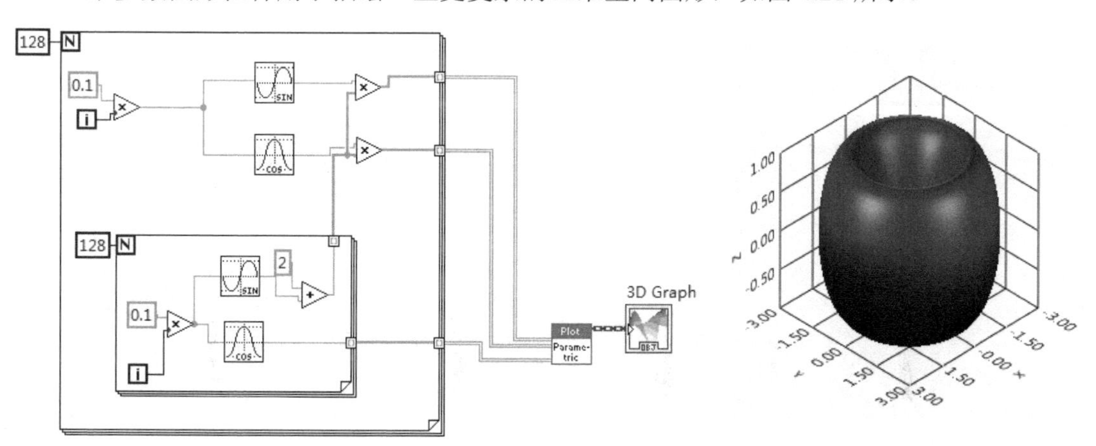

图 4.21　三维参数图形

4.5.3　三维线条图形

三维线条图形控件用于描绘三维空间曲线，如图 4.22 所示。

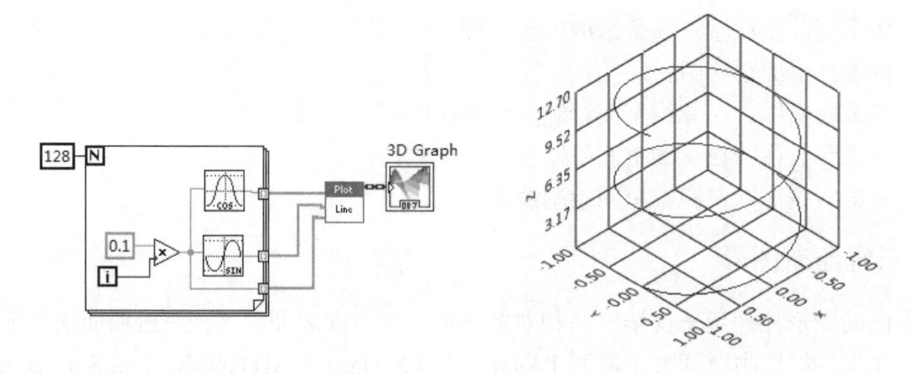

图 4.22　三维线条图形

思考题

1．图形控件在显示测试数据时有什么优点？

2．波形图有哪些显示项？

3．用波形图表显示正弦、余弦两条曲线。要求：正、余弦波形数值 y 通过数学函数中的正弦函数、余弦函数产生，信号周期为 4s，采用时间间隔 0.1s，采样点数为 40 个。

4．简述波形图表与波形图的区别和联系。

5．用波形图绘制周期为 20ms、占空比为 20%的矩形波。

6．XY 图控件用于绘制什么特点的曲线图？使用 XY 图控件绘制一个双曲线。

7．Express XY 图有什么特点？用 Express XY 绘制李萨如图形。

8．设计一个 VI，使用强度图控件显示一组二维数组数据。

9．简述三维图形显示控件的创建。

第 5 章　文件的输入/输出

在程序设计中，要用到程序文件和数据文件。程序文件一般指源程序和可执行程序；数据文件是供程序运行时读/写的数据。LabVIEW 支持多种文件类型的输入/输出，主要包括文本文件、二进制文件、电子表格文件、数据记录文件和波形文件等。

5.1　文本文件

文本文件是指以 ASCII 码方式（也称文本方式）存储的文件，确切地说，英文、数字等字符存储的是 ASCII 码，而汉字存储的是机内码。

5.1.1　文本文件的写入

利用写入文本文件函数可以把文本字符串写入一个新文件或添加到一个已存在的文件中，如果是数值型数据写入文本文件，则可以先利用格式化写入字符串函数转换为字符串形式。

[例 5-1]　将 200 个余弦数据以 4 位小数的形式写入文本文件。

1）按照图 5.1 创建程序框图。

2）程序框图创建过程。

① 格式化写入字符串的创建：从编程→字符串中选择格式化写入字符串函数，拖放到 For 结构的合适位置。

② 写入文本文件函数的创建：从编程→文件 I/O 中选择写入文本文件函数，拖放到程序框图的合适位置。

③ 其他函数和常量可以参考前面有关案例的创建。

④ 按照图 5.1 连线。

3）保存该 VI，进行程序测试。

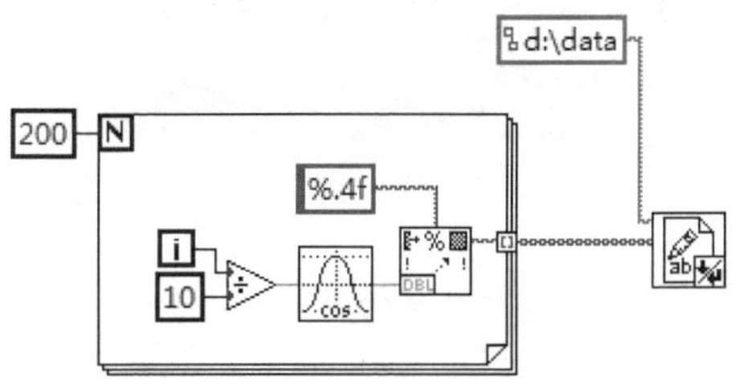

图 5.1　程序框图

5.1.2　文本文件的读取

利用读取文本文件函数可以读取已经创建的文本文件。

[例 5-2]　利用读取文本文件函数读取例 5-1 创建的文本文件。

1）打开一个新的前面板，按照图 5.2 创建对象。

2）按照图 5.3 创建程序框图。

3）程序框图创建过程。

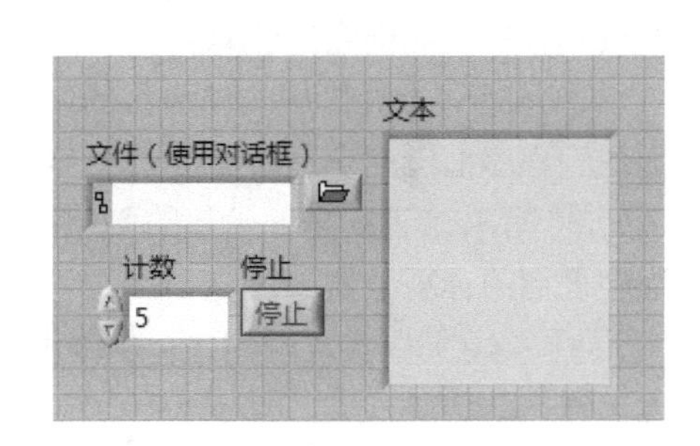

图 5.2　前面板

① 读取文本文件函数的创建：从编程→文件 I/O 中选择读取文本文件函数，拖放到程序框图的合适位置。

② 等待函数的创建：从编程→定时中选择等待函数，拖放到程序框图的合适位置。

③ 其他函数和常量可以参考前面有关案例的创建。

④ 按照图 5.3 连线。

4）保存该 VI，进行程序测试。

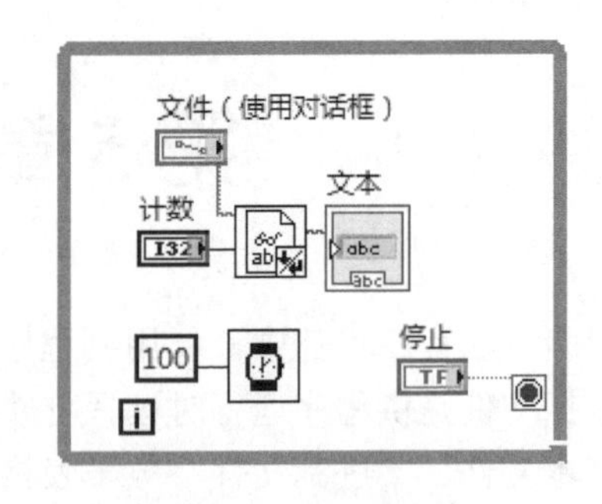

图 5.3 程序框图

5.2 二进制文件

使用二进制文件格式对测量数据进行读/写操作时不需要任何的数据转换，所以这种文件格式是一种效率很高的文件存储格式，比文本文件读/写快，并节省存储空间。

5.2.1 二进制文件的写入

[例 5-3] 将正弦波采样的数据写入二进制文件。

1）打开一个新的前面板，按照图 5.4 创建对象。

2）按照图 5.5 创建程序框图。

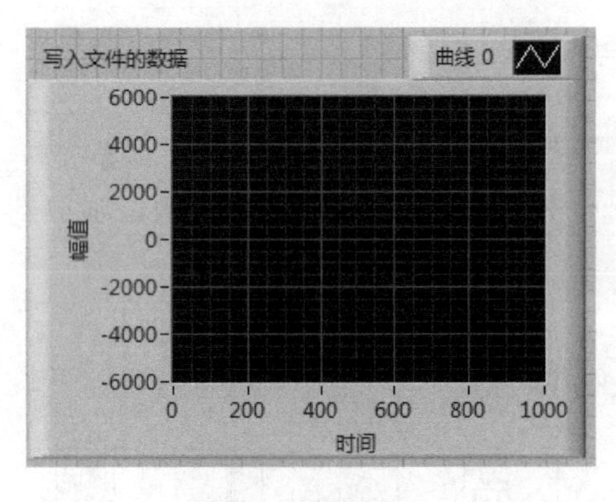

图 5.4 前面板

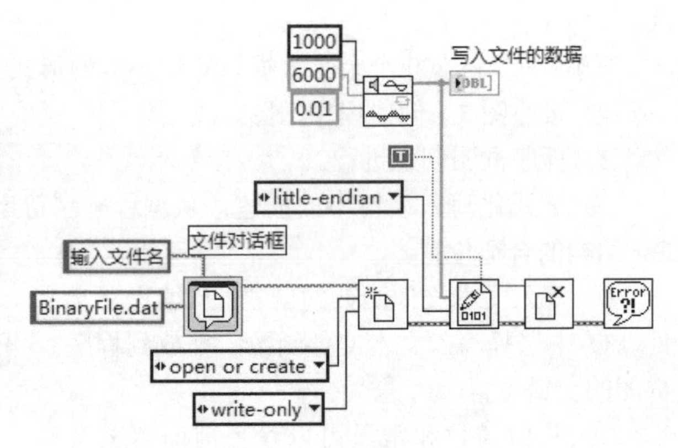

图 5.5 程序框图

3）程序框图创建过程。

① 文件对话框函数的创建：从编程→文件 I/O→高级文件函数中选择文件对话框函数，拖放到程序框图的合适位置。

② 打开/创建/替换文件函数的创建：从编程→文件 I/O 中选择打开/创建/替换文件函数，拖放到程序框图的合适位置。

③ 写入二进制文件函数的创建：从编程→文件 I/O 中选择写入二进制文件函数，拖放到程序框图的合适位置。

④ 关闭文件函数的创建：从编程→文件 I/O 中选择关闭文件函数，拖放到程序框图的合适位置。

⑤ 简易错误处理器函数的创建：从编程→对话框与用户界面中选择简易错误处理器函数，拖放到程序框图的合适位置。

⑥ 其他函数和常量可以参考前面有关案例的创建。

⑦ 按照图 5.5 连线。

4）保存该 VI，进行程序测试。

5.2.2　二进制文件的读取

[例 5-4]　读取例 5-3 的二进制文件。

1）打开一个新的前面板，按照图 5.6 创建对象。

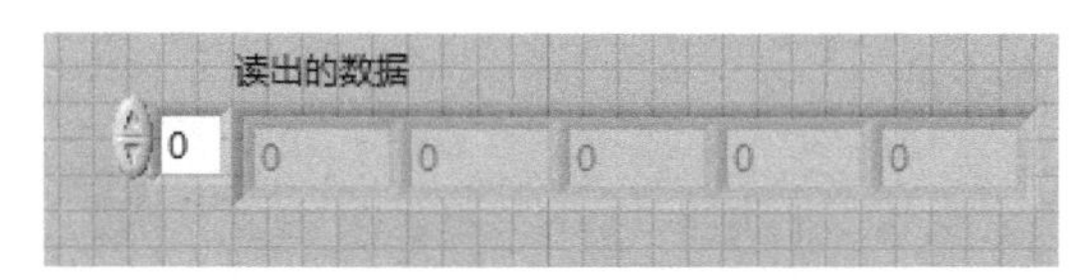

图 5.6　前面板

2）按照图 5.7 创建程序框图。

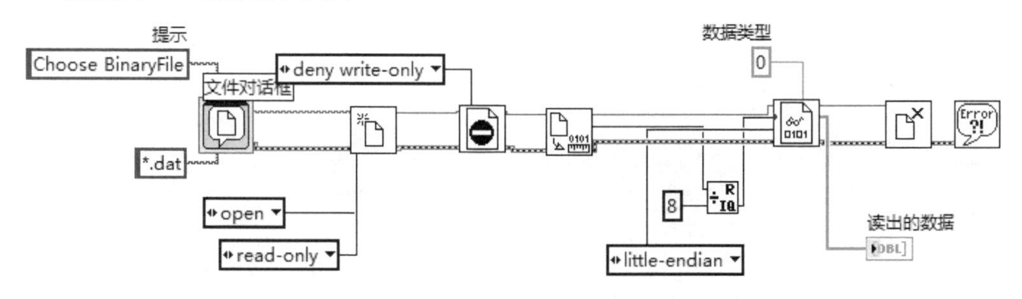

图 5.7　程序框图

3）程序框图创建过程。

① 拒绝访问函数的创建：从编程→文件 I/O→高级文件函数中选择拒绝访问函数，拖放到程序框图的合适位置。

② 读取二进制文件函数的创建：从编程→文件 I/O 中选择读取二进制文件函数，拖放到程序框图的合适位置。

③ 其他函数和常量可以参考前面有关案例的创建。

④ 按照图 5.7 连线。

4）保存该 VI，进行程序测试。

5.3　电子表格文件

电子表格文件是一种特殊的文本文件，为了便于像 Excel 这样的电子表格程序对文件进行访问，对文件格式做了一些要求：用制表符 Tab 表示列标记，用行尾符号做行标记等。

5.3.1　电子表格文件的写入

[例 5-5]　将 0～40 之间的 6 行 4 列数据保留两位小数并写入电子表格文件。

1）按照图 5.8 创建程序框图。

2）程序框图创建过程。

① 写入电子表格文件函数的创建：从编程→文件 I/O 中选择写入电子表格文件函数，拖放到程序框图的合适位置。

② 其他函数和常量可以参考前面有关案例的创建。

③ 按照图 5.8 连线。

3）保存该 VI，进行程序测试。

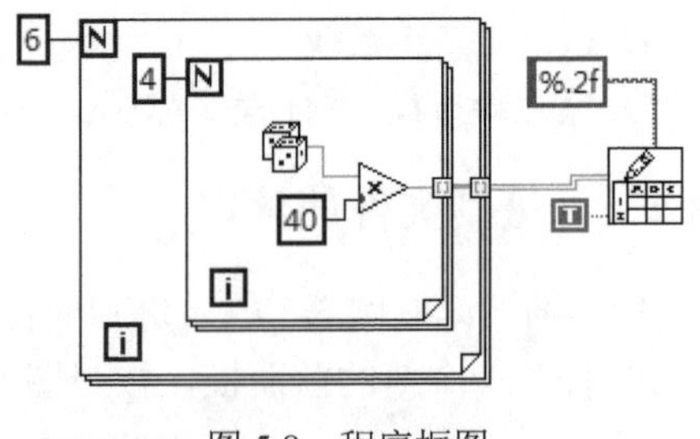

图 5.8　程序框图

5.3.2　电子表格文件的读取

[例 5-6]　利用读取电子表格文件读取例 5-5 创建的电子表格文件。

1）按照图 5.9 创建前面板。

2）按照图 5.10 创建程序框图。

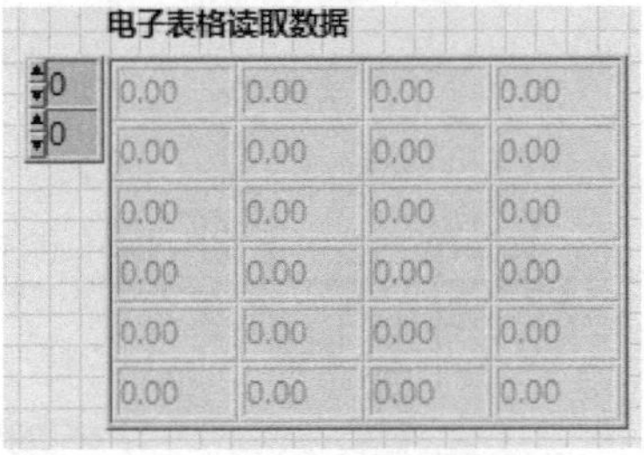

图 5.9　前面板

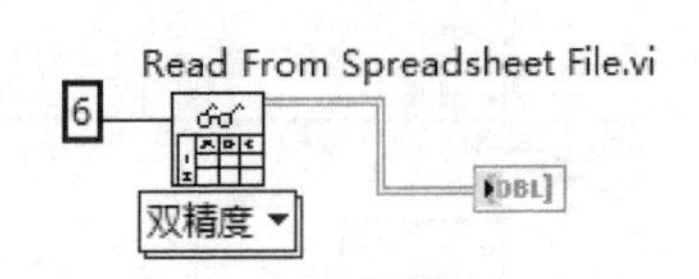

图 5.10　程序框图

3）程序框图创建过程。

① 读取电子表格文件函数的创建：从编程→文件 I/O 中选择读取电子表格文件函数，拖放到程序框图的合适位置。

② 其他函数和常量可以参考前面有关案例的创建。

③ 按照图 5.10 连线。

4）保存该 VI，进行程序测试。

5.4　数据记录文件

数据记录文件类似于数据库文件，将数据存储为记录的序列，各个记录的数据类型一致，但是每个记录都可以是任意类型数据的组合。LabVIEW 按记录在数据记录文件中索引数据，自动为每个数据记录文件保存各个记录的数据量，这样可以按原来的数据块把一个记录读取出来，而不需要知道一个记录包含多少字节的数据。

5.4.1　数据记录文件的写入

[例 5-7]　利用数据记录文件函数存储包含温度、日期、时间的记录数据。

1）按照图 5.11 创建前面板。

2）按照图 5.12 创建程序框图。

3）程序框图创建过程。

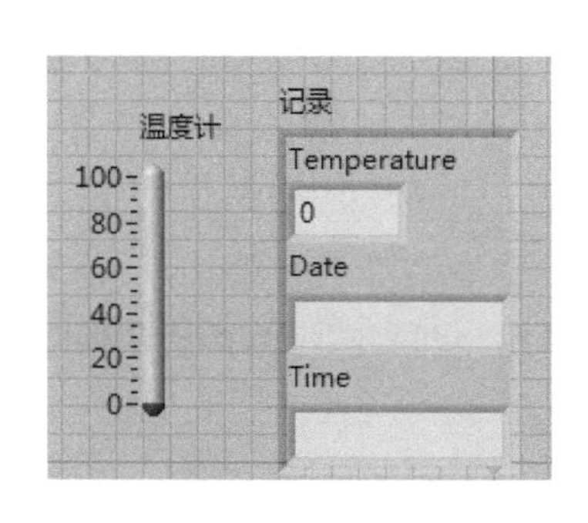

图 5.11　前面板

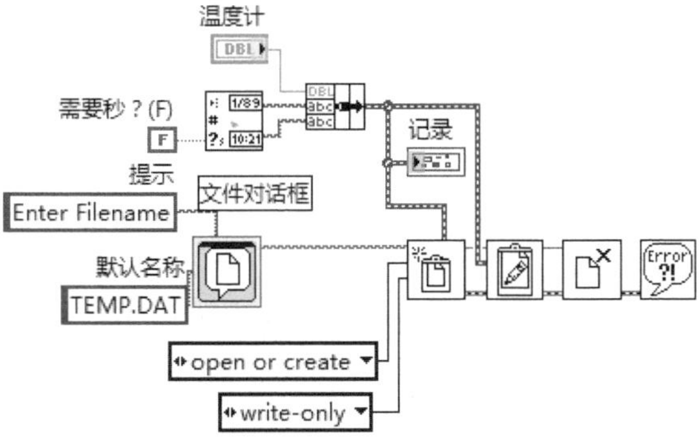

图 5.12　程序框图

① 打开/创建/替换数据记录文件函数的创建：从编程→文件 I/O→高级文件函数→数据记录中选择打开/创建/替换数据记录文件函数，拖放到程序框图的合适位置。

② 写入数据记录文件函数的创建：从编程→文件 I/O→高级文件函数→数据记录中选择写入数据记录文件函数，拖放到程序框图的合适位置。

③ 关闭文件函数的创建：从编程→文件 I/O→高级文件函数→数据记录中选择关闭文件函数，拖放到程序框图的合适位置。

④ 其他函数和常量可以参考前面有关案例的创建。

⑤ 按照图 5.12 连线。

4）保存该 VI，进行程序测试。

5.4.2　数据记录文件的读取

[例 5-8]　利用读取数据记录文件函数读取例 5-7 的数据记录文件。

1）按照图 5.13 创建前面板。

2）按照图 5.14 创建程序框图。

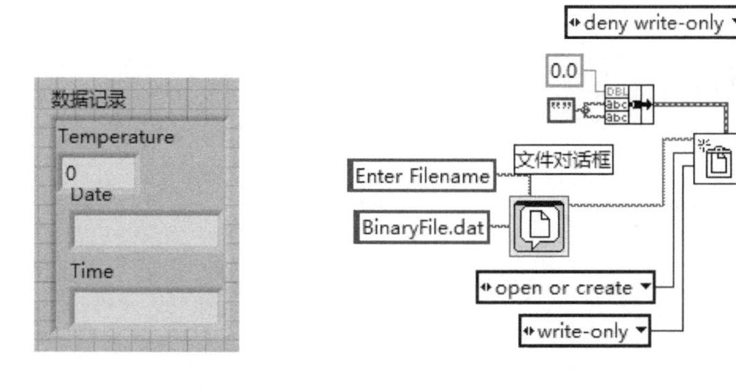

图 5.13　前面板

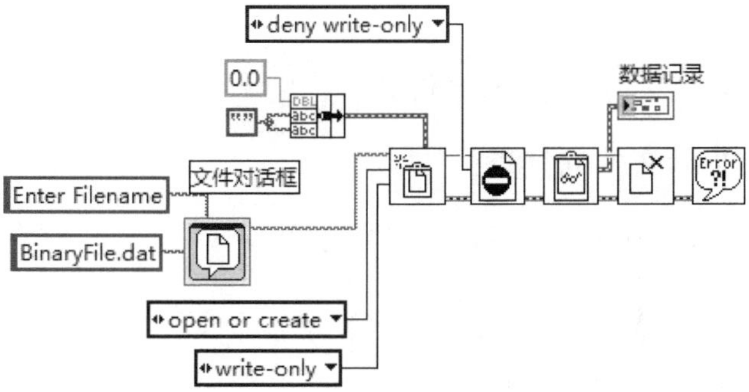

图 5.14　程序框图

3）程序框图创建过程。

① 读取数据记录文件函数的创建：从编程→文件 I/O→高级文件函数→数据记录中选择读取数据记录文件函数，拖放到程序框图的合适位置。

② 其他函数和常量可以参考前面有关案例的创建。

③ 按照图 5.14 连线。

4）保存该 VI，进行程序测试。

5.5 波形文件

波形文件是一种特殊的数据记录文件，其包含的数据有波形的起始时间 t0、间隔时间 dt 和采集的数据 Y。

5.5.1 波形文件的写入

[例 5-9] 产生波形文件，利用写入波形至文件函数进行写入。

1）按照图 5.15 创建程序框图。

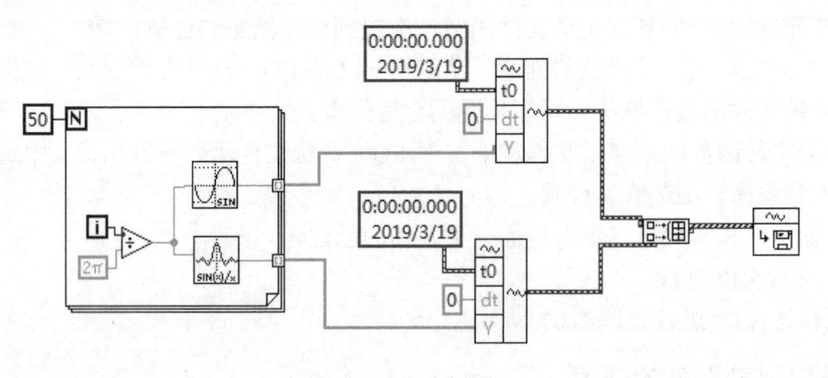

图 5.15 程序框图

2）程序框图创建过程。

① 写入波形至文件函数的创建：从编程→文件 I/O→波形文件 I/O 中选择写入波形至文件函数，拖放到程序框图的合适位置。

② 其他函数和常量可以参考前面有关案例的创建。

③ 按照图 5.15 连线。

3）保存该 VI，进行程序测试。

5.5.2 波形文件的读取

[例 5-10] 对例 5-9 的波形文件进行读取。

1）按照图 5.16 创建前面板。

2）按照图 5.17 创建程序框图。

3）程序框图创建过程。

① 从文件读取波形函数的创建：从编程→文件 I/O→波形文件 I/O 中选择从文件读取波形函数，拖放到程序框图的合适位置。

② 其他函数和常量可以参考前面有关案例的创建。

③ 按照图 5.17 连线。

4）保存该 VI，进行程序测试。

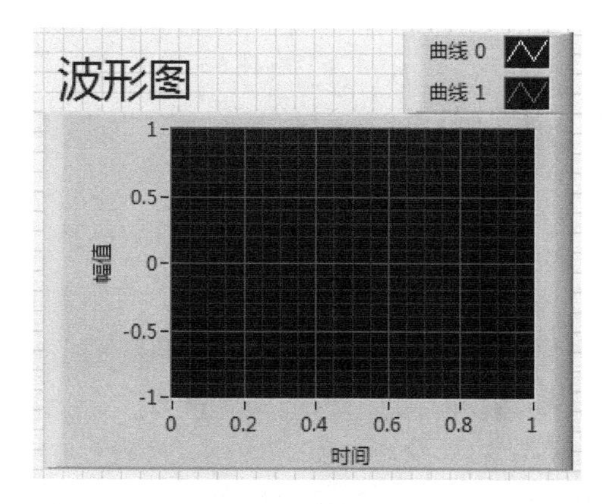

图 5.16　前面板

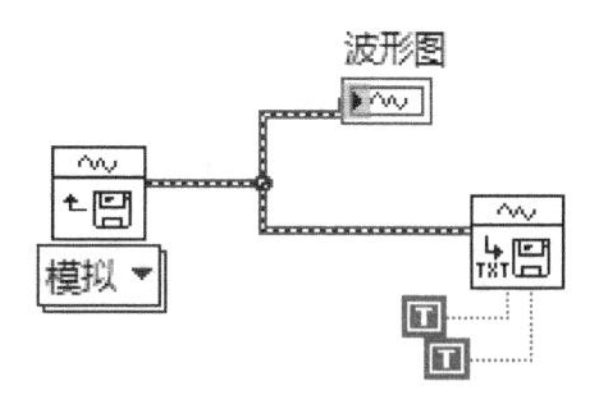

图 5.17　程序框图

思考题

1．简述 LabVIEW 支持的文件主要类型。

2．设计一个 VI，使用格式化写入文件函数将时标和余弦数值写入文本文件，余弦数据保留 2 位小数。

3．设计一个 VI，使用扫描文件函数读取第 2 题的文本文件，读取结果用数组和波形图显示。

4．设计一个 VI，利用设置文件位置函数和写入文本文件函数将 50 个余弦数据以 4 位小数的形式写入一个文本文件尾部。

5．设计一个 VI，将随机函数产生的 100 个数据写入二进制文件中。

6．设计一个 VI，利用读取二进制文件函数读取第 5 题的二进制文件，用波形图显示。

7．设计一个 VI，将 0～100 之间的 6 行 4 列随机数组保留 2 位小数并写入电子表格文件。

第6章　变量与节点

在 LabVIEW 中，通过前面板对象的程序框图接线端进行数据访问。每个前面板对象只有一个对应的程序框图接线端，但有时应用程序可能需要从多个不同位置访问该接线端中的数据。局部变量和全局变量用于应用程序中无法连线的位置间的信息传递。

在 LabVIEW 中，公式节点的使用使得数学运算及组合方式得到了灵活的运用，在公式节点内，用户可以像书写公式或者方程式那样去直接编写数学处理节点，大大提高了编程的效率。

在 LabVIEW 中编写应用软件时，可能需要在程序运行的过程中对 VI 的前面板及其包含的控件属性进行一些动态的修改，如修改当前 VI 前面板的标题名称，修改控件的值、外观颜色，或禁用某个控件等，仅仅依靠在编辑状态下完成这些功能显然是不可能的。针对这种情况，LabVIEW 语言提供了属性节点函数。借助于该函数，开发人员能以编程的方式动态控制程序运行过程，对 VI 的前面板及其包含的控件属性进行一些动态的修改，扩展了 LabVIEW 编程能力。

6.1　变量

在 LabVIEW 环境中，对象之间传递数据的基本途径是连线。但是当需要在几个同时运行的程序之间传递数据时，显然是不能通过连线的。即使在一个程序内部各部分之间传递数据时，有时也会遇到连线的困难。另外，需要在程序中的多个位置访问同一个面板对象时，甚至有些是对它写入数据，有些是由它读出数据，在这些情况下，采用变量是一种很好的方式，变量能够解决数据和对象在同一 VI 程序中的复用和在不同 VI 程序中的共享问题。

6.1.1　局部变量

局部变量用于在一个程序的不同位置访问同一个控件，实现一个程序内的数据传递。局部变量的创建有以下两种方法。

1）通过函数选板创建局部变量。打开函数选板，打开“结构”子选板，将其中的“局部变量”节点拖至程序框图中，如图 6.1 所示。此时的局部变量图标是黑色的，并且在图标中有一个问号，这是因为我们并没有将它和任何控件相关联。此时，我们可以在面板上创建控件，然后单击“局部变量”，弹出控件的列表，根据需要选择相应的控件，此时局部变量就会变成相应控件的名称，如图 6.2 所示。

2）在前面板上创建控件的变量时，先在相应的控件上单击鼠标右键，在弹出的菜单中选择“创建”→“局部变量”命令，此时再转换到程序框图上，就会出现此局部变量。前面板控件的局部变量相当于它的一个复制，它的数值与控件同步。

[例 6-1]　对例 5-9 的波形文件进行读取。

1）按照图 6.3 创建前面板。

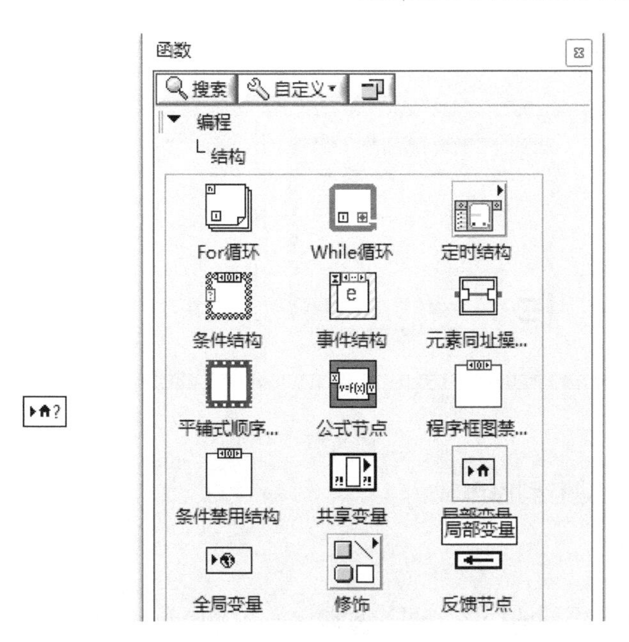

图 6.1 “局部变量”节点

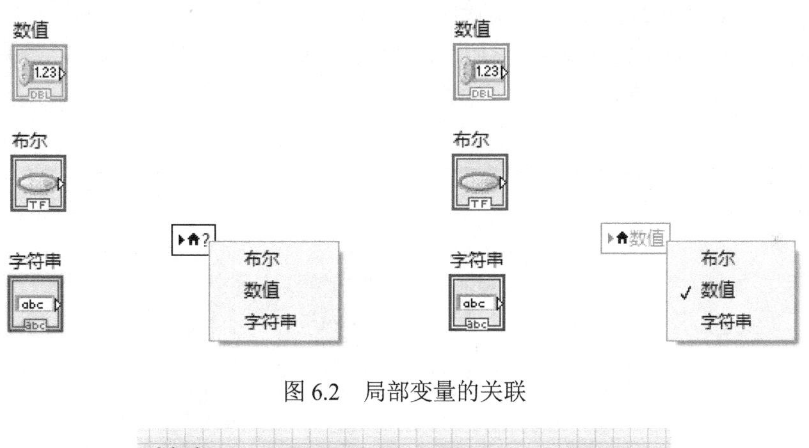

图 6.2　局部变量的关联

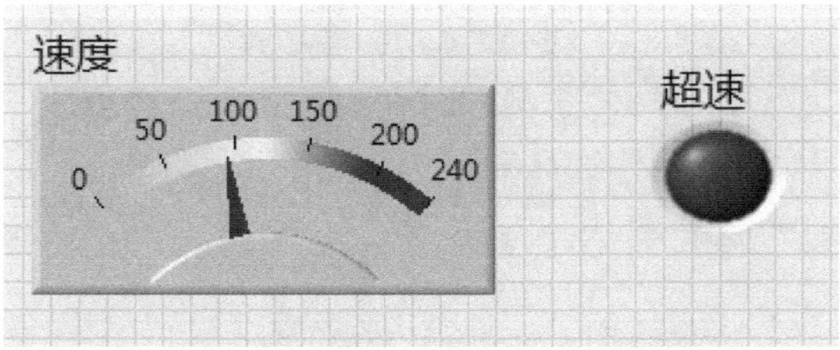

图 6.3　前面板

2）按照图 6.4 创建程序框图。

3）程序框图创建过程。

① 速度局部变量的创建：将鼠标指针指向速度控件图标，单击右键，在弹出的菜单中选择“创建”→“局部变量”命令，把创建的“局部变量”放到合适位置。

② 大于等于函数、数值至十进制数字符串转换函数、连接字符串函数和单按钮函数的创建参考前面有关案例的创建。

③ 按照图 6.4 连线。

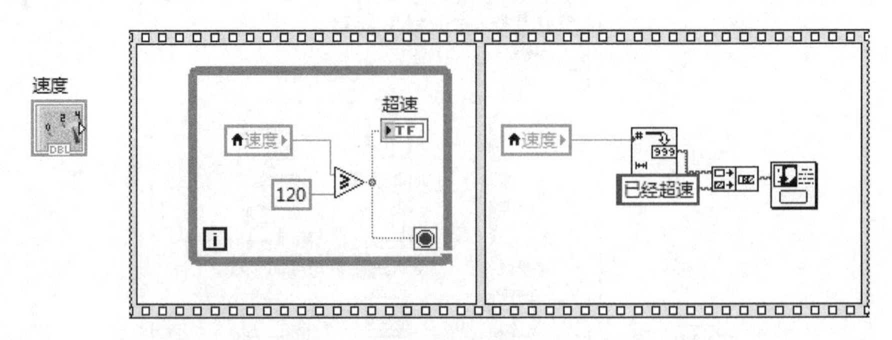

图 6.4 程序框图

4）保存该 VI，进行程序测试。

6.1.2 全局变量

全局变量可用于不同的程序之间的数据传递。全局变量的控件是独立的，专门有一个程序文件来保存全局变量的关联对象，全局变量也需要关联前面板对象，此程序只有前面板而无程序框图，前面板中可放置多个数据控制或显示对象。全局变量的创建有以下两种方法。

1）通过函数选板创建全局变量。打开函数选板，打开“结构”子选板，将其中的“全局变量”节点拖至程序框图中，如图 6.5 所示。

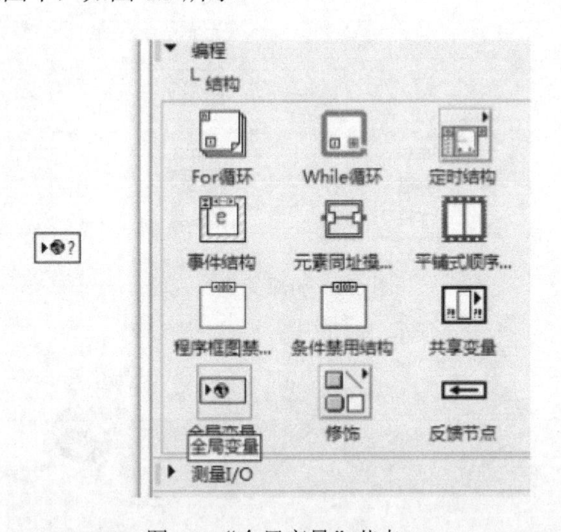

图 6.5 “全局变量”节点

此时图标中有一个问号，这是因为我们并没有将它和任何控件相关联。在全局变量图标上单击鼠标右键，选择“打开前面板”命令，打开全局变量的前面板，在前面板上按照需要的数据类型加入控件，然后将此前面板保存为一个独立的文件。在程序框图中的全局变量图标上单击鼠标右键，在弹出的菜单中选中“选择项”命令，在其下级菜单中可以选择需要的控件来完成全局变量的建立。

2）通过文件菜单创建全局变量。在文件菜单中单击“新建”菜单，在弹出的对话框中选择“全局变量”项，然后单击“确定”按钮，如图 6.6 所示，接着在弹出的前面板上按照需要的数据类型加入控件，保存此变量文件。

图 6.6　通过文件菜单创建全局变量

6.2　公式节点

6.2.1　公式节点的创建

首先创建一个公式节点，在函数选板中选择“结构”子选板，然后在子选板中选择“公式节点”，将其拖至程序框图中即可完成创建，如图 6.7 所示。

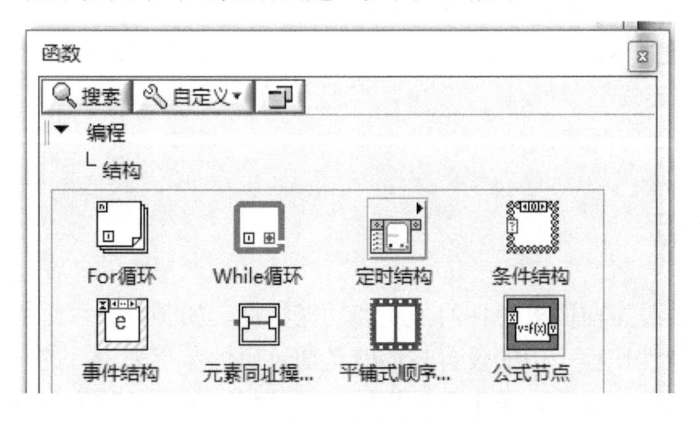

图 6.7　公式节点

在框架的左边单击鼠标右键，在弹出的菜单中选择“添加输入”命令，然后在框架的右边单击鼠标右键，在弹出的菜单中选择“添加输出”命令，最后在输入和输出端口图标中输入变量名称，即可完成输入/输出端口的创建，如图 6.8 所示。

在公式节点的框架中输入所需要的公式，用连线工具将输入/输出变量和相关控件连接，如图 6.9 所示。

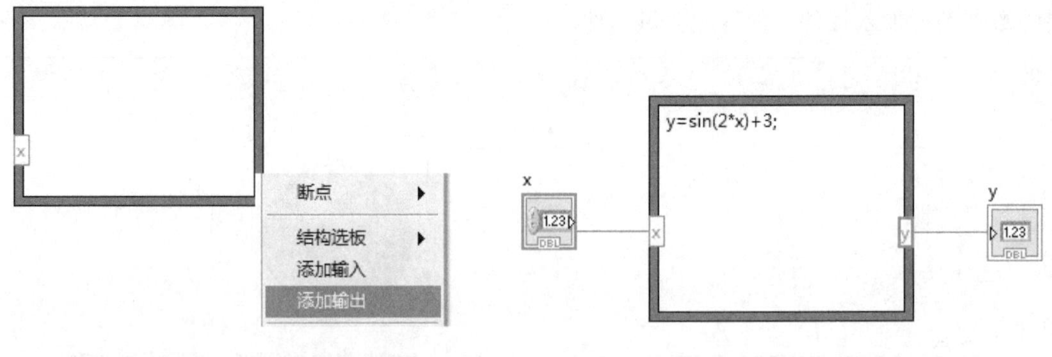

图 6.8 公式节点输入/输出的创建　　　　图 6.9 输入/输出连接

6.2.2 公式节点实例

[例 6-2] 利用公式节点计算 y=2sin3x+5。

1）按照图 6.10 创建前面板。

2）按照图 6.11 创建程序框图。

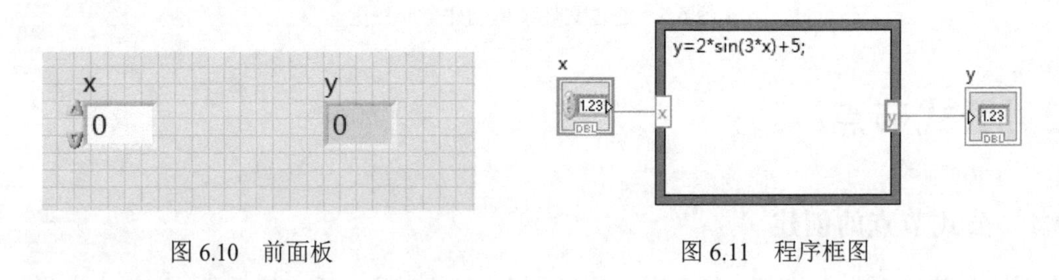

图 6.10 前面板　　　　图 6.11 程序框图

3）程序框图创建过程。

① 公式节点按照前面的相关创建过程创建。

② 公式节点中的公式按照 C 语言中有关表达式的语法进行输入。

③ 按照图 6.11 连线。

4）保存该 VI，进行程序测试。

6.3 属性节点

前面板对象属性是指前面板控件的外观和功能特征，如颜色、可见性、闪烁、位置、刻度等。前面板对象属性在程序中的设置与读取是通过属性节点来进行的。属性节点可以实时改变前面板对象的颜色、大小、是否可见等属性，从而达到最佳的人机交互效果。通过改变前面板对象的属性值，可以在程序运动中动态地改变前面板对象的属性。

6.3.1 属性节点的创建

创建属性节点的简便方法是，在前面板对象或它的程序框图接线端上右击，弹出快捷菜单，选择“创建”→“属性节点”命令，出现的下一级菜单中是该控件的全部属性，可以选择其中一个需要的属性，如图 6.12 所示。

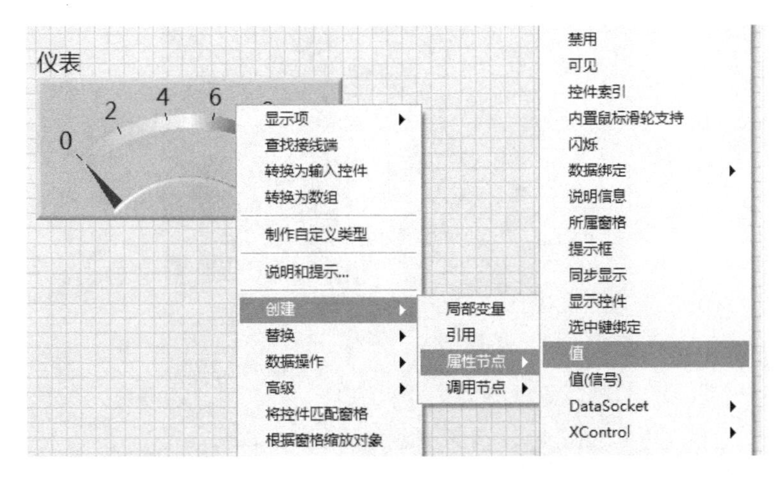

图 6.12　属性节点的创建

创建后的属性节点如图 6.13 所示，它的标签与创建它的前面板对象相联系。初始创建的属性节点有一个属性项，属性名称是创建属性节点时选择的名称。用定位工具拖动属性节点上边框或下边框可缩放属性节点，还可创建多个属性节点。属性节点有读/写两种属性，右键单击属性节点的某一端口，弹出快捷菜单，选择“转换为读取/转换为写入”命令可改变该端口的读/写特性。

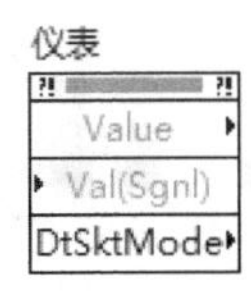

图 6.13　属性节点

6.3.2　常用属性运用

1）可见属性：该属性为布尔类型，能进行读/写操作。当作为写端子时，“真”值表示将控件设为可见；“假”值表示将控件设为不可见。

2）禁用属性：该属性为整数类型，能进行读/写操作。当作为写端子时，“0”值表示控件可用；“1”值表示控件禁用，但控件外观和可用时相同；“2”表示控件禁用，同时控件加灰。

3）键选中（Key Focus）：该属性为布尔类型，能进行读/写操作。当作为写端子时，“真”值使控件获得键选中；“假”值表示取消控件的键选中。

4）闪烁属性（Blinking）：该属性为布尔类型，能进行读/写操作。当作为写端子时，“真”值表示控件开始闪烁；“假”值表示控件停止闪烁。

5）位置属性（Position）：该属性是由两个整数型数值组成的簇，可读也可写，单位是像素。写入该属性时，两个簇元素分别指定控件边界的左上角在前面板窗口上的水平和垂直坐标。

6）边界属性（Bounds）：该属性是由两个整数型数值组成的簇，可读不可写，单位是像素。写入该属性时，两个簇元素分别指定控件边框的宽度和高度。

[例 6-3]　利用可见属性实现液灌的可见或不可见。

1）按照图 6.14 创建前面板。

2）按照图 6.15 创建程序框图。

3）程序框图创建过程。

① 循环结构、分支结构、控件的创建参考第 2 章、第 3 章的相关内容。

② 液灌控件的可见与不可见属性的创建参照 6.3.1 小节的相关内容。

③ 按照图 6.15 连线。

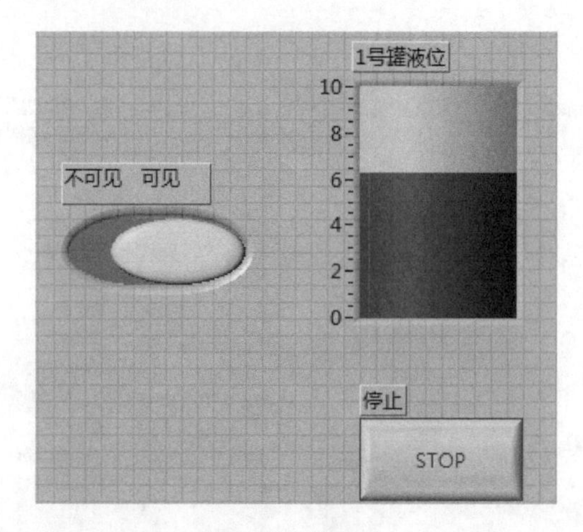

图 6.14 前面板

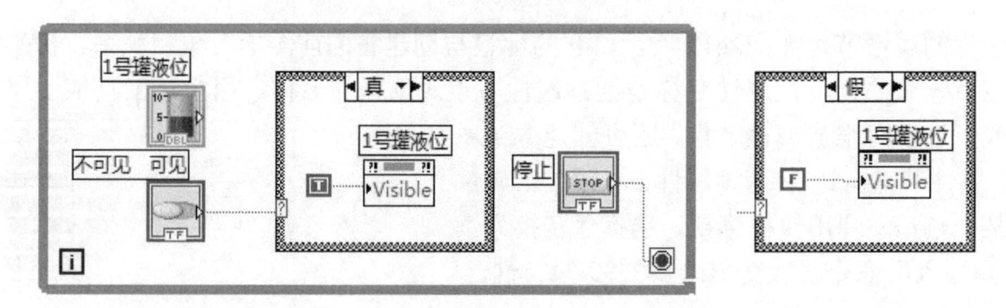

图 6.15 程序框图

4）保存该 VI，进行程序测试。

[例 6-4] 利用可见属性实现液灌的可见或不可见。

1）按照图 6.16 创建前面板。

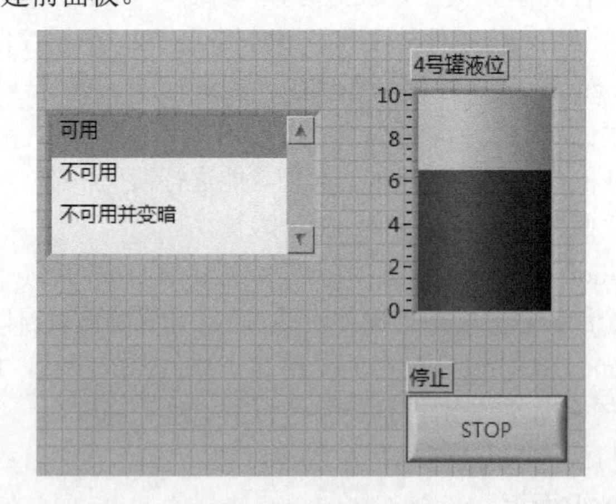

图 6.16 前面板

2）按照图 6.17 创建程序框图。

3）程序框图创建过程。

① 循环结构、分支结构、控件的创建参考第 2 章、第 3 章的相关内容。

② 液灌控件的可见与不可见属性的创建参照第 6.3.1 小节相关内容。

③ 按照图 6.17 连线。

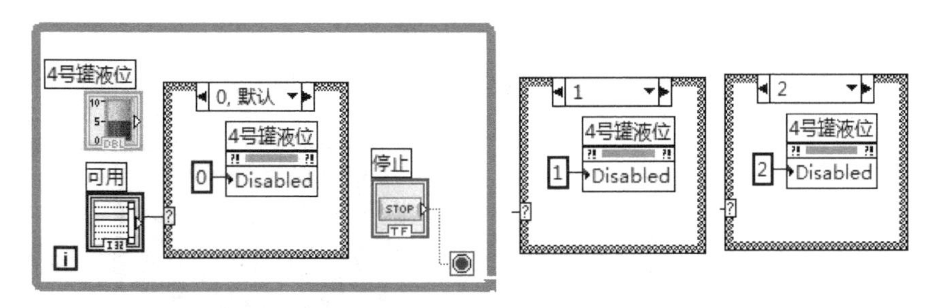

图 6.17　程序框图

4）保存该 VI，进行程序测试。

6.4　子 VI

LabVIEW 中的子 VI（SubVI）类似于文本编程语言中的函数。一般来说，如果在 LabVIEW 中不使用子 VI 就如同在编程语言中不使用函数一样，是不可能构建大的程序的。子 VI 是供其他 VI 使用的 VI，与子程序类似。子 VI 是层次化和模块化 VI 的关键组件，它能使 VI 易于调试和维护。使用子 VI 是一种有效的编程技术，因为它允许在不同的场合重复使用相同的代码。G 编程语言的分层特性就是在一个子 VI 中能够调用另一个子 VI。

通过构建和使用子 VI 能方便地实现 LabVIEW 的层次化和模块化编程，把复杂的编程问题划分为多个简单的任务，使程序结构变得更加清晰、层次更加分明、程序更加易读、调试更加方便。

6.4.1　子 VI 的创建

子 VI（SubVI）相当于普通编程语言中的子程序，可以将任何一个定义了图标和连接器的 VI 作为另一个 VI 的子程序。构造一个子 VI，主要的工作就是定义它的图标和连接器。

每个 VI 在前面板和流程图窗口的右上角都会显示一个默认的图标，如图 6.18 所示。启动图标编辑器的方法是，用鼠标右键单击面板窗口右上角的默认图标，在弹出菜单中选择“编辑图标”命令，打开图标编辑器，如图 6.19 所示。

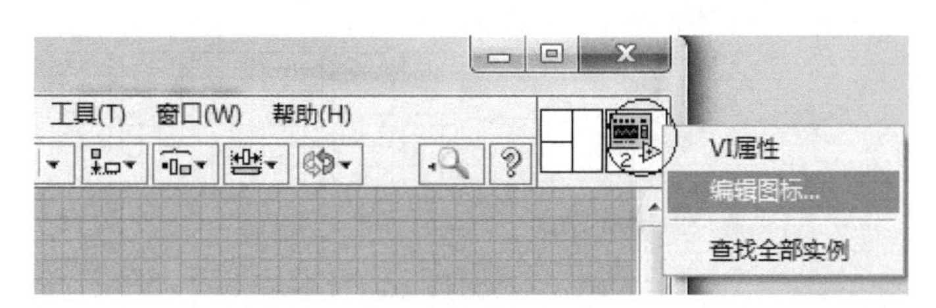

图 6.18　单击默认图标打开的菜单

可以用图标编辑器窗口右边的各种工具设计像素编辑区中的图标形状。

连接器作为一个编程接口，为子 VI 定义输入/输出端口数和这些端口的接线端数据类型。这些输入/输出端口相当于编程语言中的形式参数和结果返回变量语句。当调用的子 VI 程序运行时，子 VI 输入端口接收从外部控件或其他对象传输到子 VI 各端口的数据，经子 VI 内部处理后再从子 VI 输出端口向主 VI 输出结果数据，或传送给子 VI 外部显示控件。

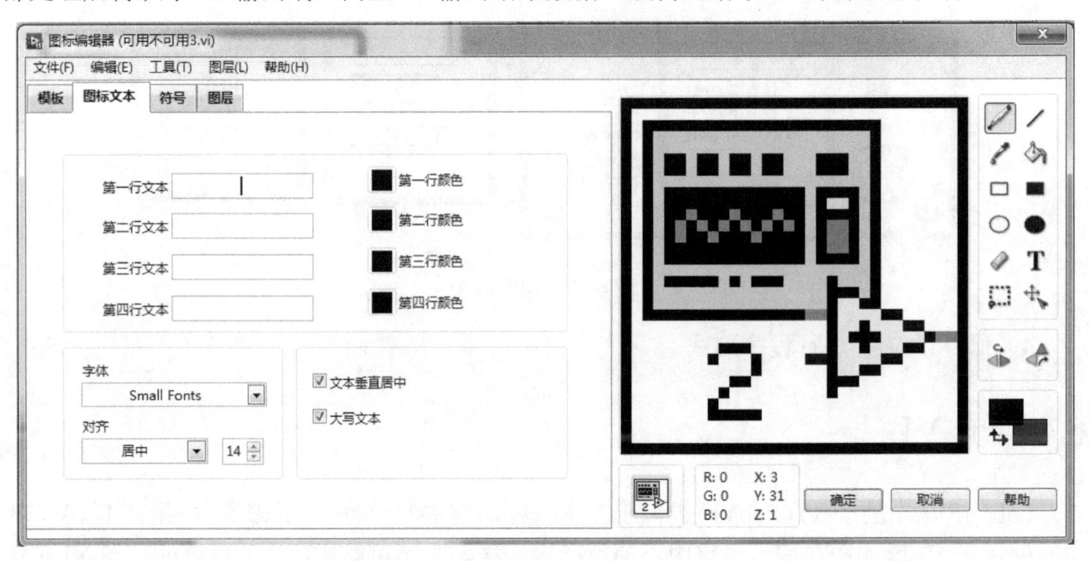

图 6.19 图标编辑器

如果需要对子 VI 节点进行输入/输出，那么就需要在连接器面板中有相应的连线端子。我们可以通过选择 VI 的端子数并为每个端子指定对应的前面板控件或指示器来定义连接器。

连接器的设置分以下两个步骤：

1）创建连接器端口，包括定义端口的数目和排列形式。

2）定义连接器端口和控件及指示器的关联关系，包括建立连接和定义接线端数据类型。

要改变连接器端口数目，可右击连线端口，弹出快捷菜单，选择“模式”命令，在出现的具有 36 种预定义的连接器端口模式中可进行选择，如图 6.20 所示。

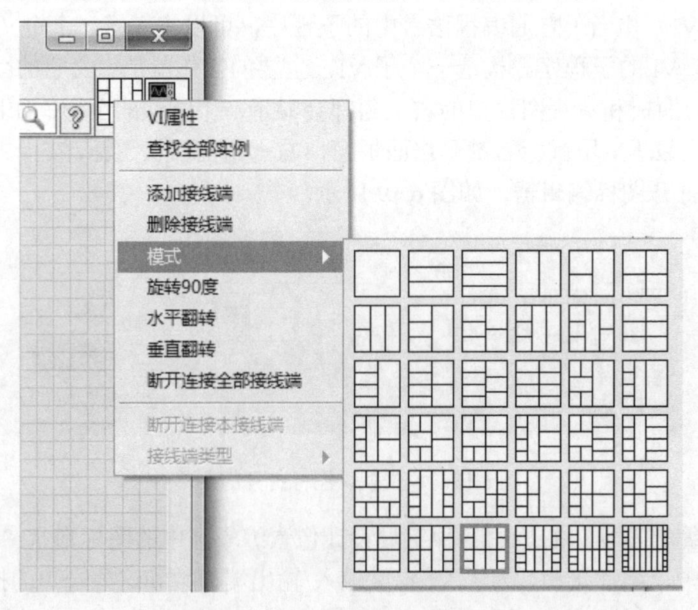

图 6.20 子 VI 连接器端口模式

[例 6-5]　编写实现返回两个输入数据中的最小值的子 VI。

1）按照图 6.21 创建前面板。

2）按照图 6.22 创建程序框图。

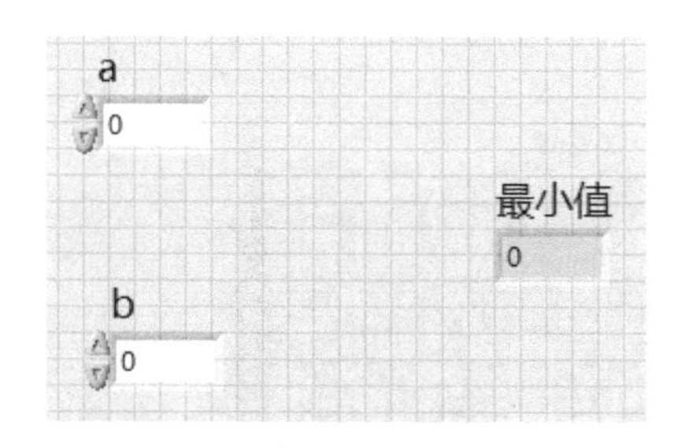

图 6.21　前面板

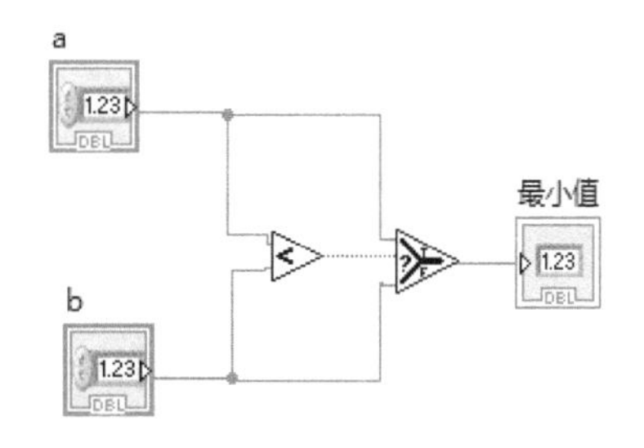

图 6.22　程序框图

3）程序框图创建过程。

小于函数、选择函数在比较函数中选择，详细创建过程参考第 2 章相关内容。

4）按照图 6.22 连线。

5）编辑 VI 图标。直接双击 VI 右上角的图标，打开 VI 图标编辑器，对 VI 图标进行编辑，如图 6.23 所示。

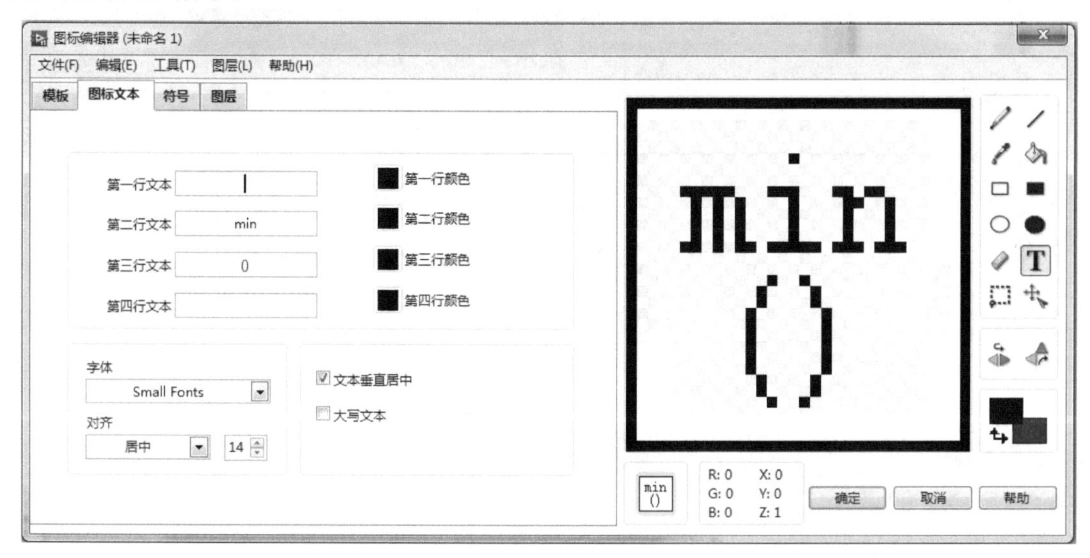

图 6.23　图标编辑

6）连接端口的创建。

① 右键单击连接器端口，在弹出的菜单中选择“模式”命令，在出现的图形化菜单中选择适合本程序的一个连接器端口，如图 6.24 所示。

② 在工具选板中，鼠标指针变为连线工具状态。

③ 用鼠标在控件 a 上单击，选中控件 a，此时控件 a 的图标周围会出现一个虚线框。将鼠标指针移动到连线端口的左端上边的端口处并单击，此时这个端口就建立了与控件 a 的关联，端口名称为 a，颜色为棕色，如图 6.25 所示。采用同样的方法建立输入控件 b、数值显示控件最小值与连接端口的关联关系，如图 6.26 所示。

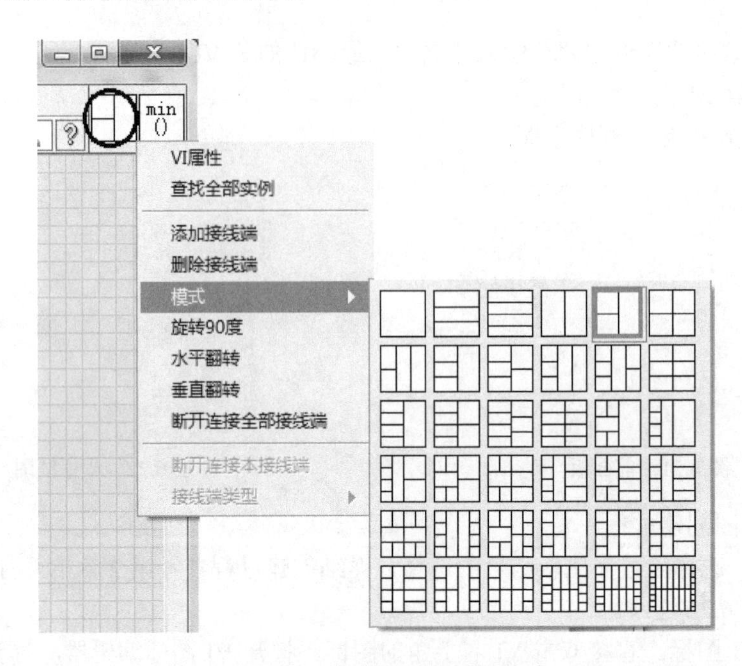

图 6.24　连接端口模式选择

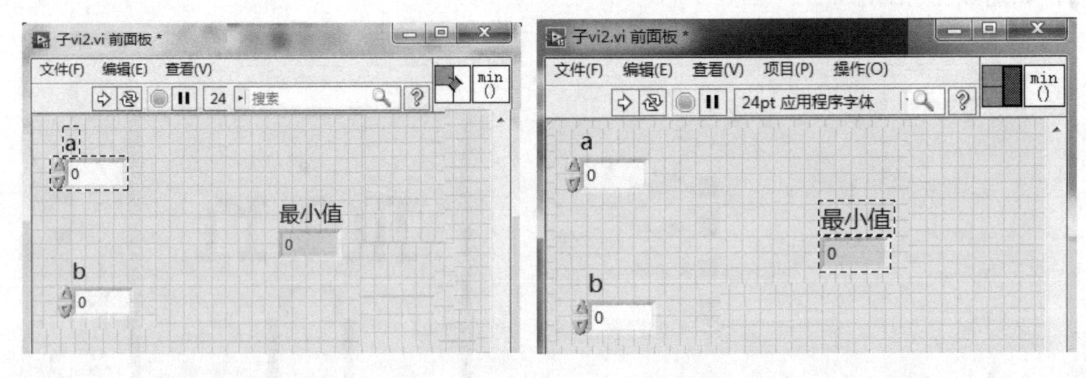

图 6.25　输入控件 a 关联　　　　图 6.26　输入控件 b 关联

7）保存该 VI，命名为 Min.vi，并进行程序测试。

6.4.2　子 VI 的调用

新建一个 VI 程序（作为主程序）。

[例 6-6]　Min.vi 子程序调用。

1）按照图 6.27 创建前面板。

2）按照图 6.28 创建程序框图。

3）程序框图创建过程。

子程序 Min 函数的创建：选择函数选板中的“选择 VI”子选板，弹出“选择需打开的 VI”对话框，在该对话框中找到需要调用的子程序 Min.vi，选中后单击“确定”按钮，如图 6.29 所示。此时会出现子程序 Min.vi 的图标的虚框，通过移动鼠标指针将其放到程序框图的合适位置，单击即可将子程序图标加入到主程序框图中。按照图 6.28 连线。

4）保存该 VI，并进行程序测试。

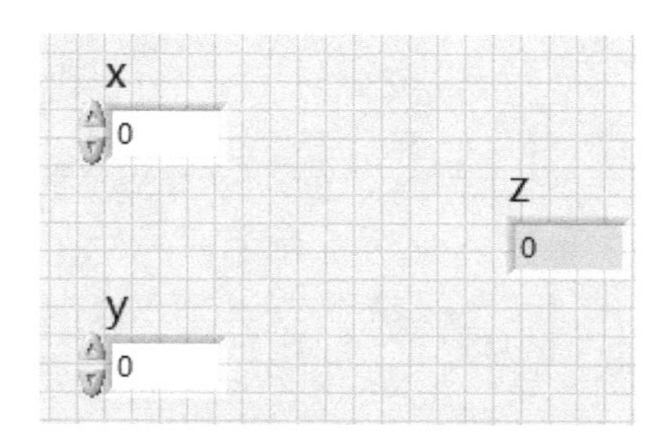

图 6.27　前面板

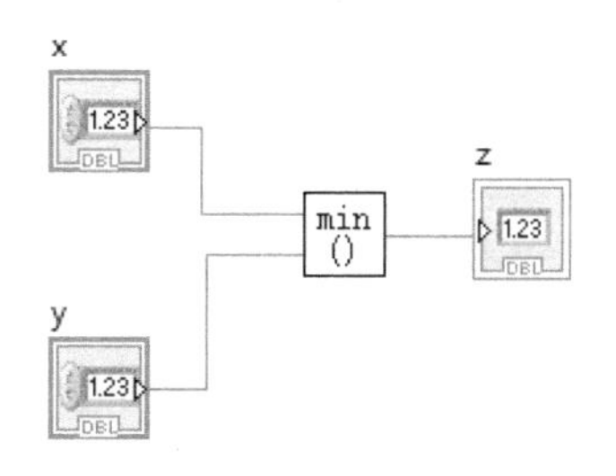

图 6.28　程序框图

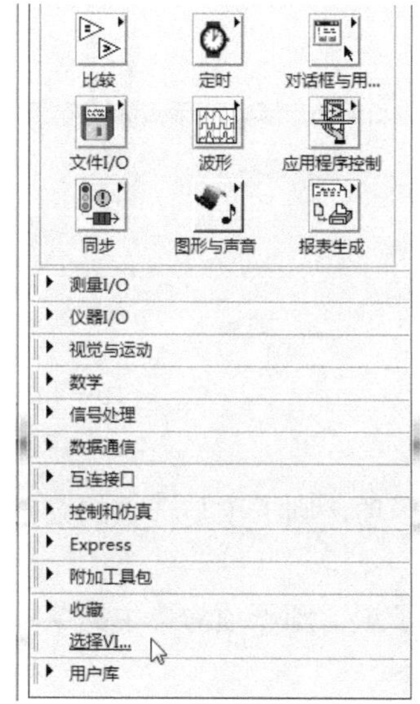

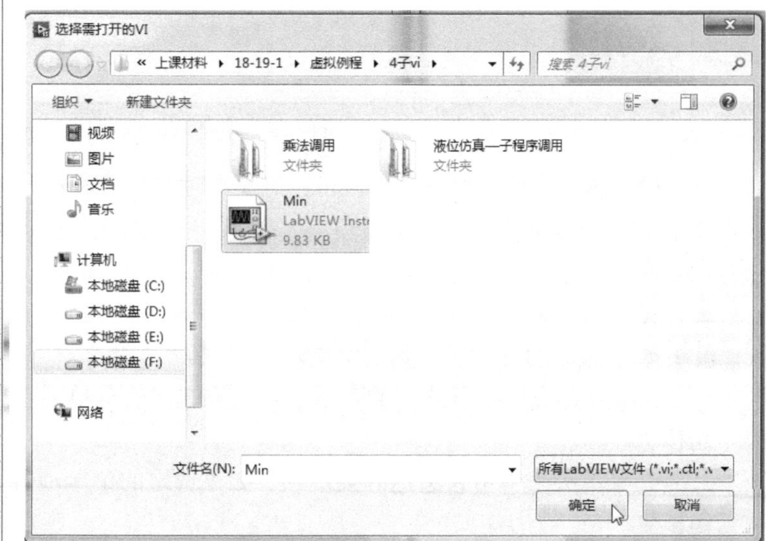

图 6.29　子程序 Min 函数选择

6.5　菜单设计

图形用户界面（GUI）以物理动作或图标按钮代替复杂难记的命令语法，摆脱了早期文字命令语言界面的局限性，依赖用户视觉和手动控制的参与，使用户能够进行直接操作，将计算机技术的应用推进了一个全新的时代。菜单在图形用户界面中起着非常重要的作用，它直观地显示系统语义和系统语法，告诉用户做什么，怎么做，并给用户提供各种系统功能选择，是连接系统体系化的信息部分和用户交流部分的桥梁。因此，菜单设计是图形用户界面设计研究的重要组成部分。

本节介绍如何创建前面板运行时的菜单，包括菜单栏菜单设计和快捷菜单设计。

6.5.1　菜单栏菜单设计

LabVIEW 程序设计者要定制自己的程序菜单和菜单项，可以通过菜单编辑器来完成。在前面板或程序框图窗口的主菜单中选择“编辑”→“运行时菜单”命令，弹出菜单编辑器，如图 6.30 所示。

菜单编辑器的各个选项含义如下。

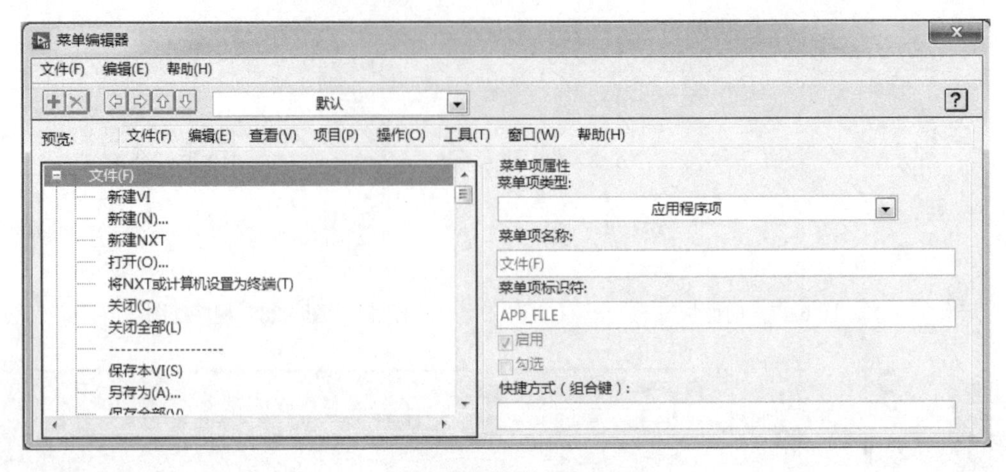

图 6.30　菜单编辑器

菜单栏：通过文件和编辑菜单，可控制菜单项的创建和位置。

：在所选项下方插入一个新项。

：在列表中删除选定项。

：设置选定菜单项后的各项为子项。

：设置选定的菜单项为其前菜单项的子项。

：在菜单列表中上移选定的菜单项。如果选定的菜单项有子项，则子项与选中的菜单项一起移动。

：在菜单列表中下移选定的菜单项。如果选定的菜单项有子项，则子项与选中的菜单项一起移动。

菜单类型：表明 VI 运行时的菜单类型为以下三种之一，可在下拉菜单中选择其中的一种类型。一是默认，显示标准菜单，默认的菜单有文件、编辑、查看、项目、操作、工具、窗口和帮助，通过菜单编辑器重新编辑可以添加、删除来定制自己的菜单；二是最小化，显示只包括常用项的标准菜单；三是自定义，允许用户在 RTM 文件中创建、编辑和保存自定义菜单。用户可以复制默认和最小化类型，但不允许编辑。

预览：显示新创建菜单的预览。还可查看预览目录树中菜单项的应用程序项标签。

菜单项类型：表明三种菜单项类型之一。

用户项：允许用户输入必须在程序框图中通过编程处理的新项。用户项应有一个名称，即在菜单上显示的字符串，还应有一个唯一的、区分大小写的字符串标识符。标识符用于在程序框图上唯一确定用户项。输入名称时，LabVIEW 将其复制到标识符处。标识符可与项名称不同。合法菜单项的标识符不能为空。非法菜单项相应的项标识符文本框中显示为问号。LabVIEW 保证每个标识符在菜单的层次结构中都是唯一的，必要时，LabVIEW 可在标识符中添加数字。

分隔符：在菜单中插入分隔行。不能对该项设置任何属性。

应用程序项：允许用户选择默认菜单项。如果需插入菜单项，则选择应用程序项并在层次结构中找到需添加的项。既可添加单个项，也可添加整个子菜单。LabVIEW 将自动处理应用程序项。这些项的标识符不会在程序框图中出现。用户不可更改应用程序项的名称、标识符和其他属性。LabVIEW 中的所有应用程序项标签的前缀均为 APP_。

菜单项名称：在菜单上显示的字符串。

菜单项标识符：显示菜单项唯一的标识符。每个菜单项必须有一个唯一的标识符，程序框图使用该标识符字符串唯一标识菜单项。标识符区分大小写，且 LabVIEW 忽略标识符前后的空白字符。如果输入的标识符无效或不唯一，则 LabVIEW 用红色高亮显示标识符。

启用：指定是否启用或禁用菜单上选定的菜单项。

勾选：指定是否勾选菜单项。

快捷方式（组合键）：显示访问菜单项的组合键。要创建新的快捷键，将光标放在该区域，按下要使用的快捷键即可。

[例 6-7]　菜单栏菜单设计。

1）按照图 6.31 创建前面板。

2）按照图 6.32 进行菜单编辑设计。

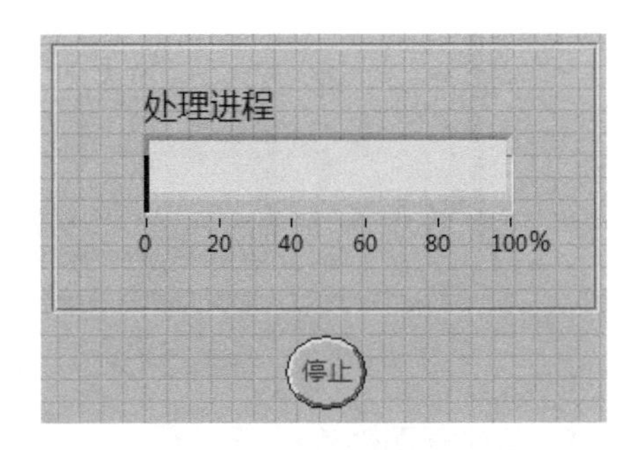

图 6.31　前面板

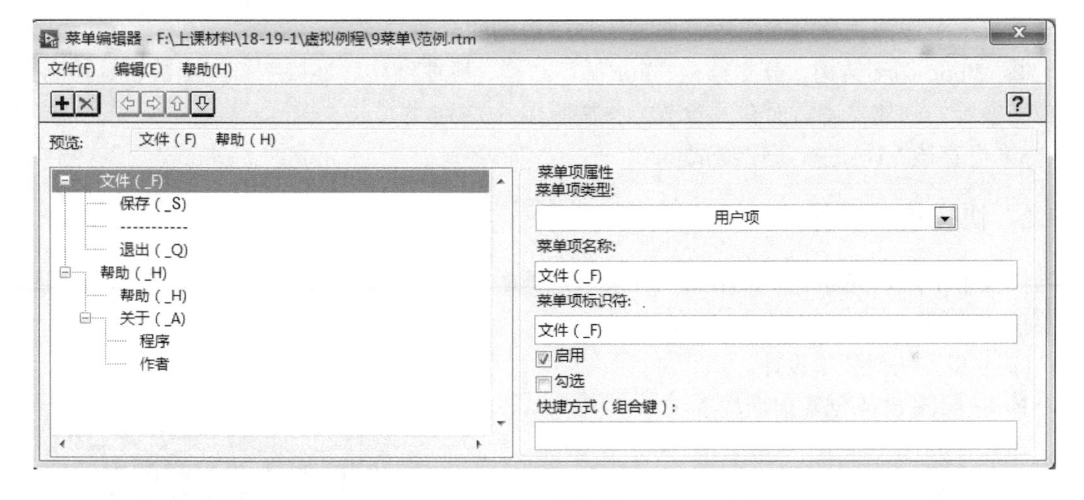

图 6.32　菜单编辑

① 选择“编辑”→“运行时菜单”命令，弹出菜单编辑器。

② 将菜单类型“默认”改为“自定义”，将菜单项类型改为“用户项”。

③ 在菜单项名称处填写“文件（_F)”，在菜单项标识符处填写“文件（_F)”。

④ 单击按钮添加一个新的菜单项，单击按钮使其成为“文件（_F)”菜单项的子菜单项。

⑤ 在菜单项名称处填写“保存（_S)”，在菜单项标识符处填写“保存（_S)”。

⑥ 使用同样的方法完成“文件（_F)”菜单下的其他两项子菜单设计。

⑦ 单击按钮添加一个新的菜单项，单击按钮使其成为与“文件（_F)”菜单项并列的菜单项。

⑧ 在菜单项名称处填写“帮助（_H)”，在菜单项标识符处填写“帮助（_H)”。

⑨ 按照前面的方法完成剩余菜单项的设计。

单击菜单编辑器中的“文件”菜单，将菜单保存为范例菜单.rtm。关闭菜单编辑器，系统将提示“将运行时菜单转换为范例菜单.rtm”，单击“是”按钮，退出菜单编辑器。

3）按照图 6.33 创建程序框图。

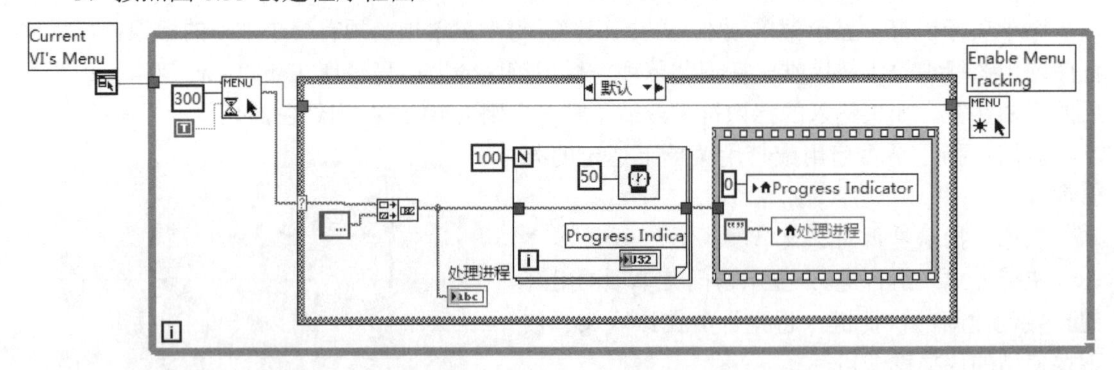

图 6.33　程序框图

4）程序框图创建过程。

① 当前 VI 菜单栏、获取所选菜单项、启用菜单跟踪函数的创建：从编程→对话框与用户界面菜单中选择三个对应函数，拖放到程序框图的合适位置。

② While 循环结构、分支结构、For 循环结构、顺序结构、连接字符串函数、等待函数、局部变量等的创建参考前面有关章节，并按照图 6.33 连线。

5）保存该 VI，进行程序测试。

6.5.2　快捷菜单设计

快捷菜单是软件界面中常用的一种菜单，下面通过例子说明在 LabVIEW 中如何实现快捷菜单的功能。

[例 6-8]　快捷菜单设计。

1）按照图 6.34 创建前面板。

在软件界面上放置一波形图控件，在该控件上单击鼠标右键，弹出快捷菜单，通过该菜单实现如下功能。

更新波形：产生新波形数据并在波形图控件上显示。

清除波形：清空波形图控件上的波形。

退出程序：选择该菜单项时退出当前程序的运行。

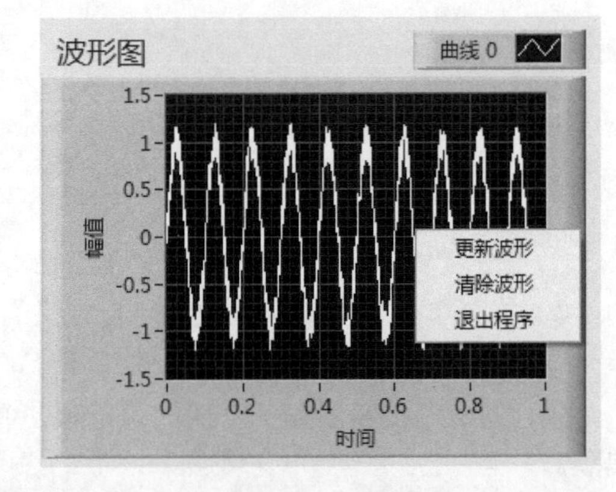

图 6.34　前面板

2）按照图 6.35 创建程序框图。

3）程序框图创建过程。

①“‘波形图’：快捷菜单激活？”事件程序框图创建。

a. 波形图控件的“‘波形图’：快捷菜单激活？”事件的创建。参照前面程序结构中事件结构创建的有关案例来创建。

b. 波形图控件的“‘波形图’：快捷菜单激活？”事件中“删除菜单项函数”“插入菜单项函数”的创建。从编程→对话框与用户界面菜单中选择这两个对应函数，拖放到程序框图的合适位置。

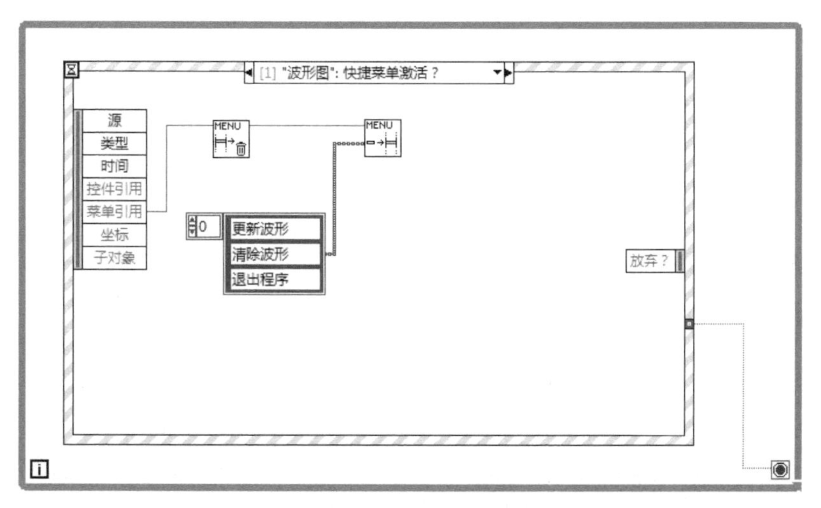

a）快捷菜单功能实现程序框图

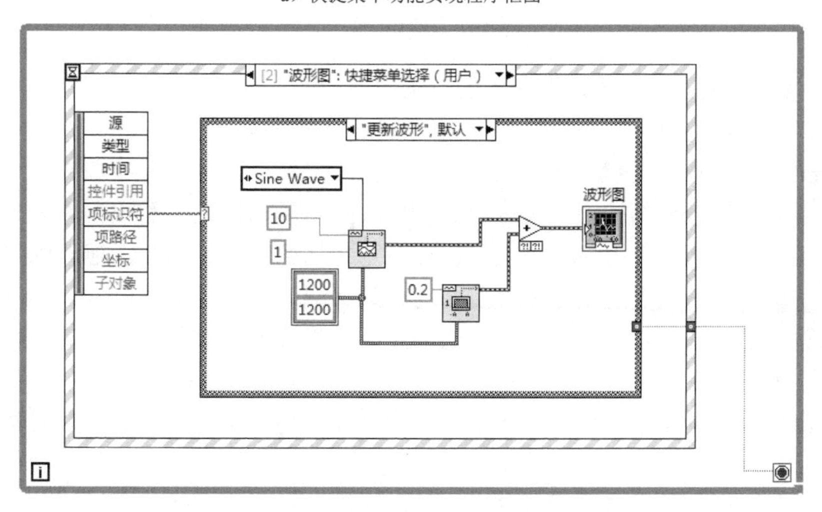

b）“更新波形”选项功能实现程序框图

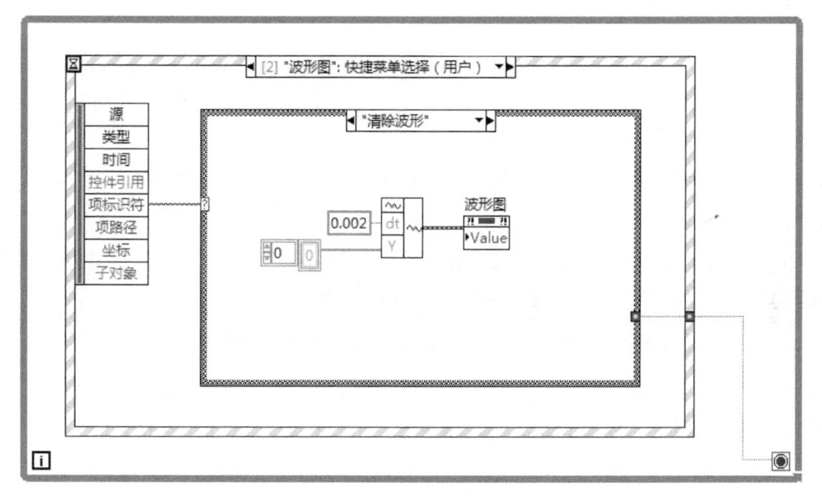

c）“清除波形”选项功能实现程序框图

图 6.35　程序框图

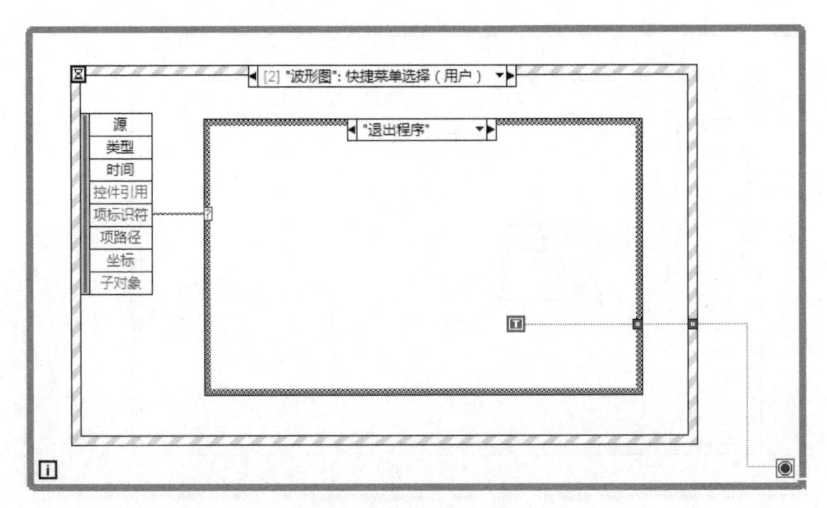

d）“退出程序”选项功能实现程序框图

图 6.35　程序框图（续）

c．数组常量的创建，参考第 2 章中的有关内容。

②“‘波形图’：快捷菜单选择（用户）”事件程序框图创建。

a．分支结构的创建。参考第 3 章中的有关内容。

b．“更新波形”分支结构中有关函数的创建。基本函数发生器函数、均匀白噪声波形函数创建：在编程→波形→模拟波形→波形生成中选择这两个对应函数，拖放到程序框图的合适位置。加法函数、常量等的创建参考前面的有关案例。

c．“清除波形”分支结构中有关函数的创建。创建波形函数创建：从编程→波形中选择对应函数，拖放到程序框图的合适位置。相关常量参考前面的有关章节案例来创建。

d．“退出程序”分支结构中有关函数的创建。布尔型常量参考前面的有关章节内容来创建。

e．按照图 6.35a、图 6.35b、图 6.35c、图 6.35d 连线。

4）保存该 VI，进行程序测试。

思考题

1．利用局部变量设计一个 VI，当改变数值旋钮，其值大于 10 时，指示灯显示为红色，小于等于 10 时显示为绿色。

2．设计一个 VI，利用全局变量实现将一个 VI 数值变化传递到第二个 VI 的程序中。

3．设计一个 VI，利用公式节点计算 $y=2x^2+5x+3$。

4．设计一个 VI，利用属性节点实现指示控件可见或不可见。

5．设计一个 VI，利用属性节点实现输出一个字符串“我越来越喜欢 LabVIEW!”，“喜欢”两字的字号应大其他字两号，用红色显示。

第7章　信号分析与处理

在科学研究和生产过程中，经常要对客观存在的物理现象或者物理过程进行观测与测试，测试过程就是获取信息的过程。信息是事物存在的方式和运动状态的特征，反映信息含义的就是信号。信号是信息的载体，信息是信号所载的内容。要获得信息，首先要获得信号。一般来说，一个信号中含有多种信息，这就要求对采集的信号进行分析与处理，才能得到想要的信息。

7.1　波形和信号生成

信号发生是信号处理的重要功能之一，常用来产生测试系统的激励测试信号和模拟测试信号。虚拟仪器中产生信号的方法有两种：波形生成和信号生成。

7.1.1　波形生成

波形生成时产生的是波形数据，波形数据含有起始时间、时间间隔、波形数值，波形生成产生的横坐标是时间单位的索引。

LabVIEW 提供了大量的波形生成函数，它们位于函数选板→信号处理→波形生成子选版中，如图 7.1 所示。使用这些波形生成函数可以生成各种类型的波形信号和合成波形信号。

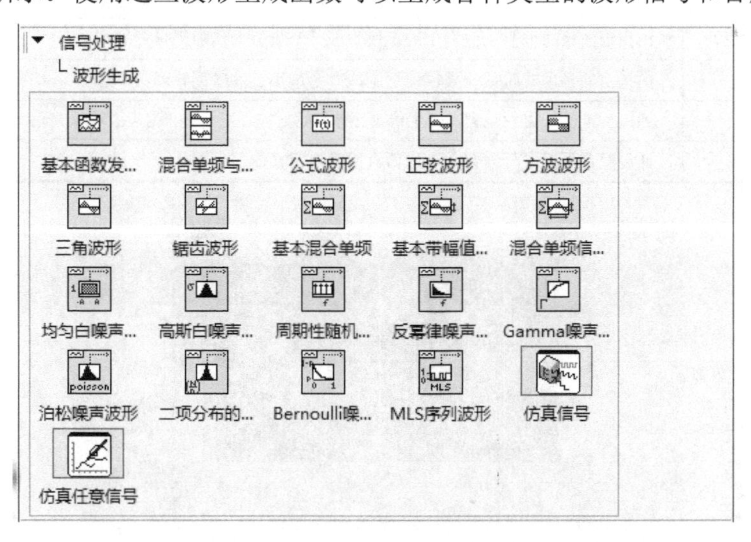

图 7.1　波形生成函数

波形生成函数的功能见表 7.1。

[例 7-1]　基本函数发生器使用实例。

1）按照图 7.2 创建前面板。

2）按照图 7.3 创建程序框图。

表 7.1 波形生成函数的功能表

函数名称	功 能
基本函数发生器	由指定的信号类型、频率、幅值、相位、采样信息、占空比生成一个信号波形，并输出相位
混合单频与噪声波形	由指定的各频率信息、噪声有效值、偏置、采样信息生成一个信号波形
公式波形	由指定的偏置、频率、幅值、公式表达式、采样信息生成一个信号波形
正弦波形	由指定的偏置、频率、幅值、相位、采样信息生成一个正弦信号波形
方波波形	由指定的偏置、频率、幅值、相位、采样信息、占空比生成一个方波信号波形
三角波形	由指定的偏置、频率、幅值、相位、采样信息生成一个三角信号波形
锯齿波形	由指定的偏置、频率、幅值、相位、采样信息生成一个锯齿信号波形
基本混合单频	由指定的幅值、单个频率个数、开始频率、频率间隔、采样信息、相位关系（0 为随机、1 为线性）生成一个正弦混合信号波形，并输出峰值因素和强制转换后的实际频率序列
基本带幅值混合单频	由指定的幅值、单个频率个数、开始频率、各频率信号的幅值、频率间隔、采样信息、相位关系（0 为随机、1 为线性）生成一个正弦混合信号波形，并输出峰值因素和强制转换后的实际频率序列。与基本混合单频相比，各频率信号的幅值由输入指定
混合单频信号发生器	由指定的幅值、各频率信息、采样信息生成一个正弦混合信号波形。与基本混合单频相比，各频率信号的频率、幅值、相位均由输入指定
均匀白噪声波形	由指定的幅值、采样信息生成一个伪随机均匀分布的白噪声波形
高斯白噪声波形	由指定的标准方差、采样信息生成一个伪随机高斯分布的白噪声波形
周期性随机噪声波形	由指定的频谱宽度、采样信息生成一个周期性的随机噪声波形
反幂律噪声波形	由指定的噪声密度、指数、滤波器规范、采样信息生成一个噪声波形
Gamma 噪声波形	由指定的阶数、采样信息生成一个噪声波形
泊松噪声波形	由指定的平均值、采样信息生成一个泊松噪声波形
二项分布的噪声波形	由指定的分布检验、检验概率、采样信息生成一个二项分布的噪声波形
Bernoulli 噪声波形	由指定的采样信息、值为 1 的概率生成一个贝努力伪随机噪声波形
MLS 序列波形	由指定的多项式阶数、采样信息生成一个最小长度序列波形
仿真信号	通过配置面板进行设置，产生仿真正弦波、方波、三角波、锯齿波和噪声信号，是一个 Express VI
仿真任意信号	通过配置面板进行设置，产生仿真用户自定义的信号，是一个 Express VI

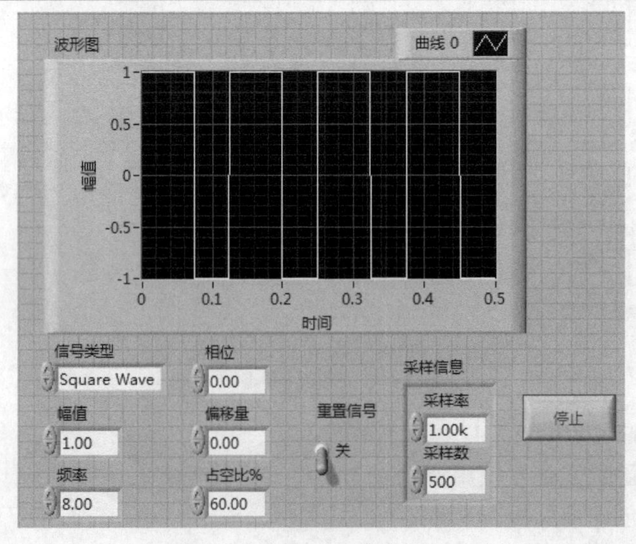

图 7.2 前面板

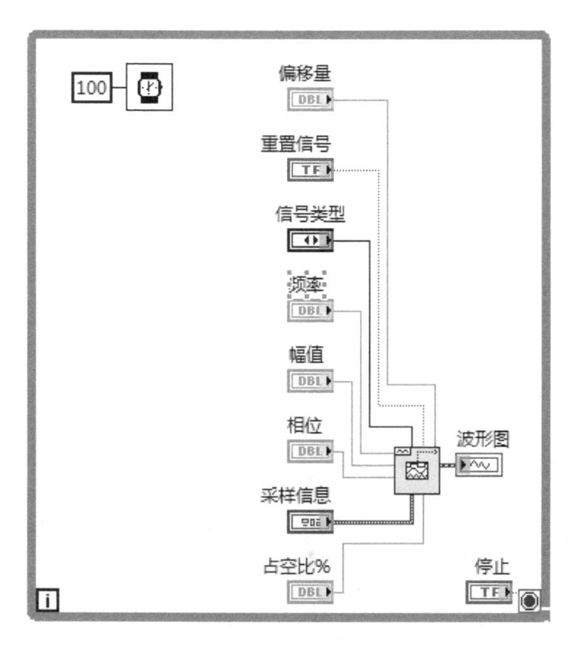

图 7.3　程序框图

3）程序框图创建过程。

① 基本函数发生器函数创建：从函数选板→信号处理→波形生成中选择基本函数发生器函数，拖放到程序框图的合适位置。

② 按照图 7.3 连线。

4）保存该 VI，进行程序测试。

[例 7-2]　均匀白噪声波形使用实例。

1）按照图 7.4 创建前面板。

2）按照图 7.5 创建程序框图。

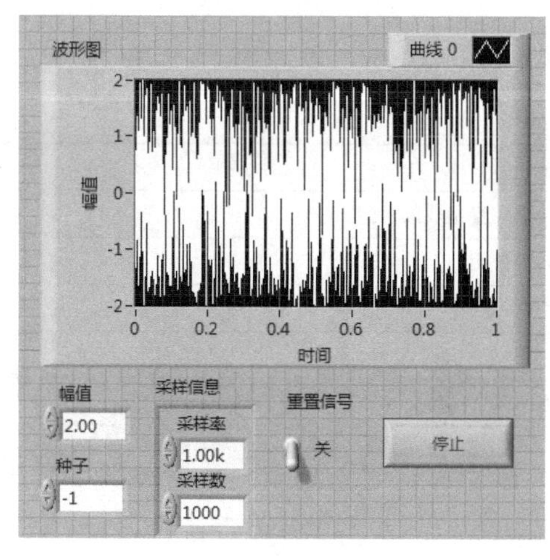

图 7.4　前面板

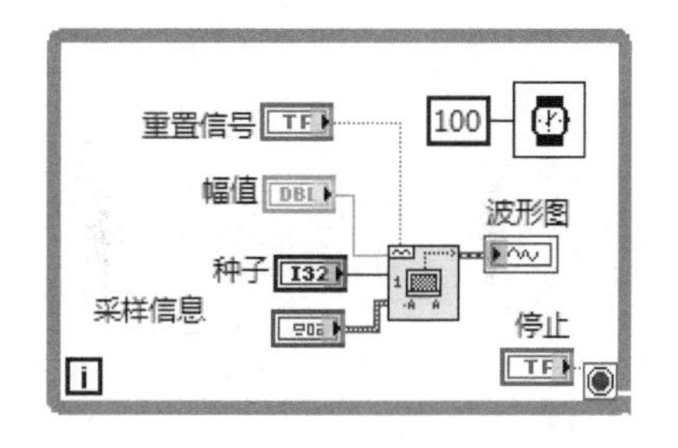

图 7.5　程序框图

3）程序框图创建过程。

① 均匀白噪声波形函数创建：从函数选板→信号处理→波形生成中选择均匀白噪声波形

函数，拖放到程序框图的合适位置。

② 按照图 7.5 连线。

4）保存该 VI，并进行测试。

7.1.2 信号生成

信号生成时产生的是一维数组数据，信号生成时产生的横坐标是数组数据的索引。信号生成函数位于函数选板→信号处理→信号生成子选版中，如图 7.6 所示。

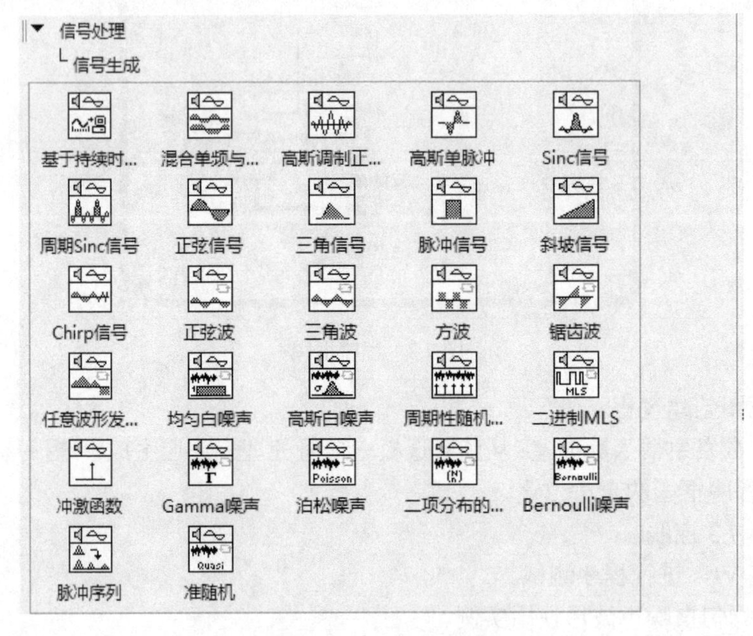

图 7.6 信号生成函数

信号生成函数的功能见表 7.2。

表 7.2 信号生成功能表

函数名称	功 能
基于持续时间的信号发生器	基于信号类型指定的形状生成信号
混合单频与噪声	生成由正弦单频、噪声和直流偏移量组成的数组
高斯调制正弦波	生成含有经高斯调制的正弦波的数组
高斯单脉冲	生成含有高斯单脉冲的数组
Sinc 信号	生成包含 Sinc 信号的数组
周期 Sinc 信号	生成包含周期 Sinc 信号的数组
正弦信号	生成包含正弦信号的数组
三角信号	生成含有三角信号的数组
脉冲信号	生成包含脉冲信号的数组
斜坡信号	生成包含斜坡信号的数组。必须手动选择所需的多态实例
Chirp 信号	生成包含 Chirp 信号的数组
正弦波	生成含有正弦波的数组

（续）

函数名称	功　　能
三角波	生成含有三角波的数组
方波	生成含有方波的数组
锯齿波	生成含有锯齿波的数组
任意波形发生器	生成含有任意波形的数组
均匀白噪声	生成均匀分布的伪随机波形，值在[–a:a]之间。a 是幅值的绝对值
高斯白噪声	生成高斯分布的伪随机信号，统计分布为(mu,sigma) = (0,s)，s 是标准差
周期性随机噪声	生成包含周期性随机噪声（PRN）的数组
二进制 MLS	生成包含最大长度的 0、1 序列，该序列由阶数为多项式阶数的模 2 本原多项式生成
冲激函数	生成包含冲激信号的数组
Gamma 噪声	生成包含伪随机序列的信号，序列的值是均值为 1 的泊松过程中发生阶数次事件的等待时间
泊松噪声	生成值的伪随机序列，此类值是在单位速率的泊松过程的均值指定的间隔中发生的离散事件的数量
二项分布的噪声	生成二项分布的伪随机模式，值等于随机事件在重复试验中发生的次数，事件发生的概率和重复的次数已知
Bernoulli 噪声	生成取 1 及取 0 的伪随机模式。LabVIEW 计算 Bernoulli 噪声的方法与取 1 概率下的丢掷硬币类似
脉冲序列	依据原型脉冲生成合并一系列脉冲得到的数组。该 VI 依据指定的插值方法生成脉冲序列
准随机	生成准随机 Halton 或 Richtmeyer 序列，是差异性小的数字序列

[例 7-3]　Sinc 信号生成使用实例。

1）按照图 7.7 创建前面板。

2）按照图 7.8 创建程序框图。

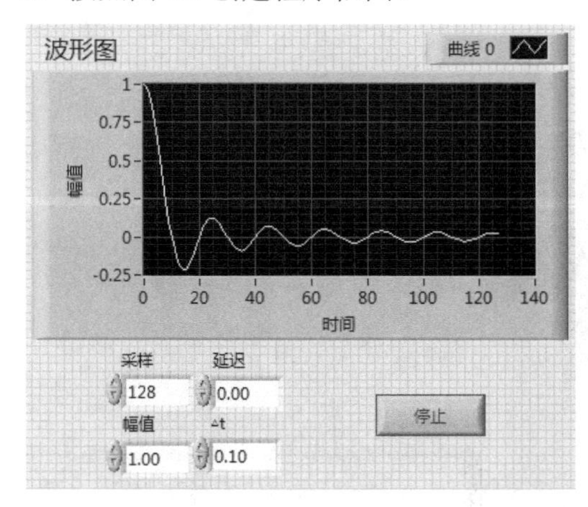

图 7.7　前面板

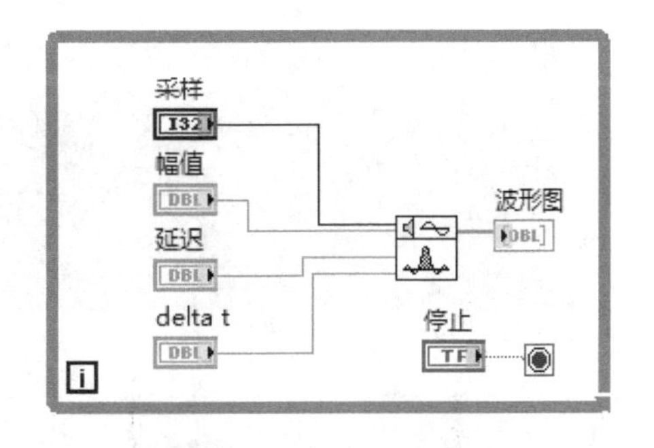

图 7.8　程序框图

3）程序框图创建过程。

① Sinc 信号函数创建：从函数选板→信号处理→信号生成中选择 Sinc 信号函数，拖放到程序框图的合适位置。

② 按照图 7.8 连线。

4）保存该 VI，进行程序测试。

7.2 波形调理

波形调理是对原始信号进行时域或频域的预处理，其目的是尽量减少干扰信号的影响，提高信号的信噪比。波形调理会直接影响信号分析的结果，因此一般来说它是信号分析前需要的必要步骤。波形调理函数位于函数选板→信号处理→波形调理子选板中，如图 7.9 所示。

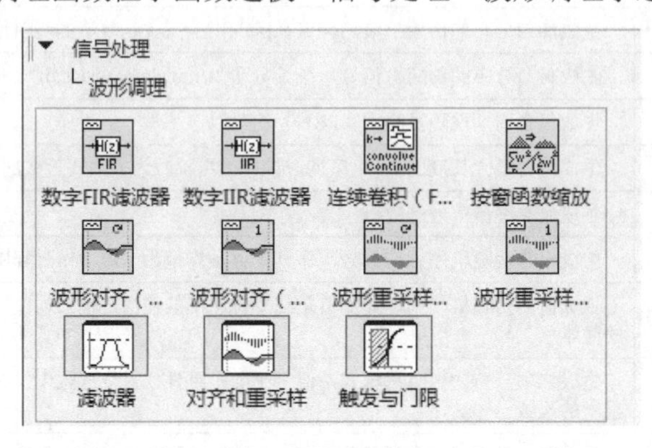

图 7.9 波形调理函数

7.2.1 数字滤波

滤波是将信号中特定波段频率滤除的操作，是抑制和防止干扰的一项重要措施。数字滤波器是一个用有限精度算法实现的线性时不变离散系统，可以实现各种变换和处理，能够将输入的数字信号（序列）通过特定的运算转变为输出的数字序列。

[例 7-4] 数字 FIR 滤波器使用实例。

1）按照图 7.10 创建前面板。

2）按照图 7.11 创建程序框图。

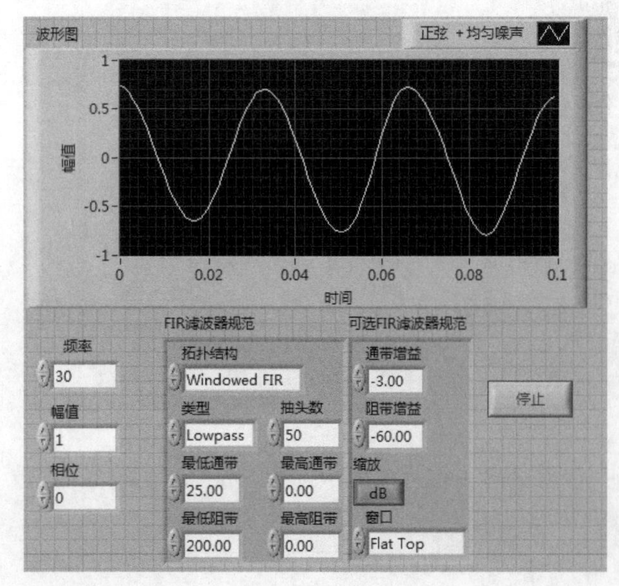

图 7.10 前面板

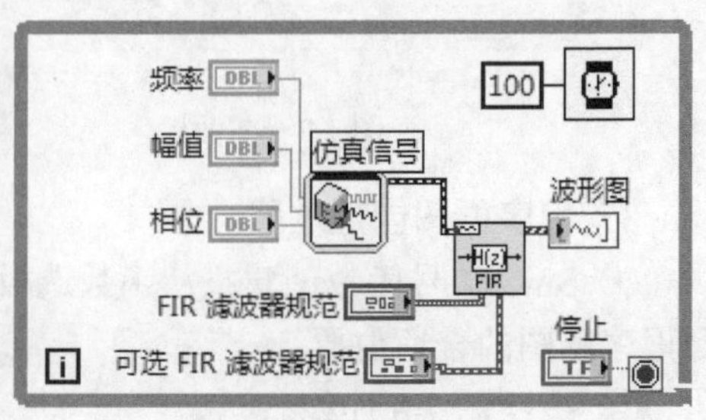

图 7.11 程序框图

3）程序框图创建过程。

① 数字 FIR 滤波器函数创建：从函数选板→信号处理→波形调理中选择数字 FIR 滤波器函数，拖放到程序框图的合适位置。

② 仿真信号生成函数创建：从函数选板→信号处理→波形生成中选择仿真信号生成函数，拖放到程序框图的合适位置。

③ 按照图 7.11 连线。

4）保存该 VI，进行程序测试。

7.2.2 加窗

加窗是指对模拟信号进行数字处理时，首先要对模拟信号进行采样，采样频率由奈奎斯特采样定理决定。对采样而来的数字信号进行 DTFT 处理，得到其频谱。由 DTFT 的计算公式可知，DTFT 的计算需要用到信号的所有采样点，当信号无限长或者相当长时，这样的计算不可行，也没有实际意义，因此会把信号分成许多一定长度的数据段，然后分段处理。如果把数据进行分段，则相当于对信号进行了加矩形窗的处理。

[例 7-5] 按窗函数缩放使用实例。

1）按照图 7.12 创建前面板。

2）按照图 7.13 创建程序框图。

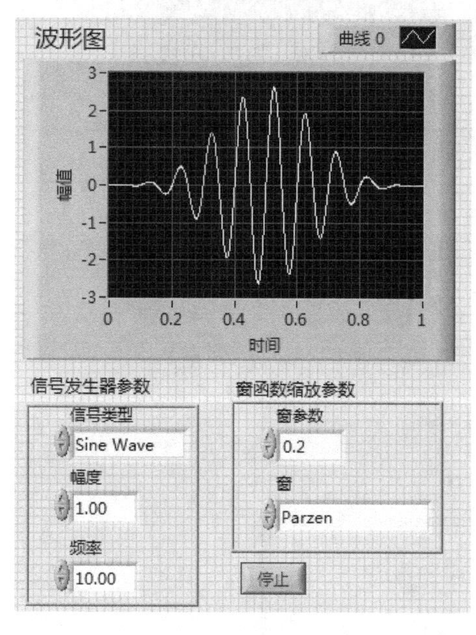

图 7.12 前面板

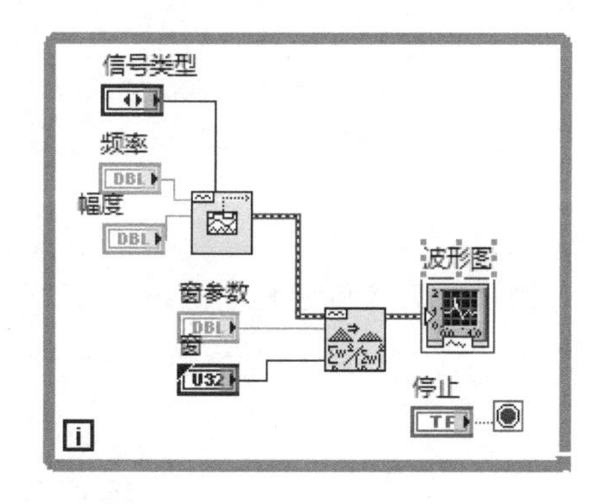

图 7.13 程序框图

3）程序框图创建过程。

① 按窗函数缩放函数创建：从函数选板→信号处理→波形调理中选择按窗函数缩放函数，拖放到程序框图的合适位置。

② 基本函数发生器函数的创建：参见前面的有关案例创建。

③ 按照图 7.13 连线。

4）保存该 VI，进行程序测试。

7.3 波形测量

在测试技术中，撇开信号具体的物理性质，将其抽象为某个变量的函数关系，以时间为自变量表示信号瞬时值的变化特征，称为信号的时域描述。在时域内分析信号特征就称为时域分析。时域分析比较直观、简便，是信号分析的基本方法。在频域内分析信号特征就称为频域分析。频域分析能够描述信号的频率结构，以及频率与该频率信号幅度的关系。频域分析则更为简练，剖析问题更为深刻和方便。

7.3.1 时域测量

时域测量特征参数一般包括频率、幅值、相位、均值、均方值、脉冲宽度、占空比、上升时间、下降时间等。

[例 7-6] 基本平均直流–均方根函数使用实例。

1）按照图 7.14 创建前面板。

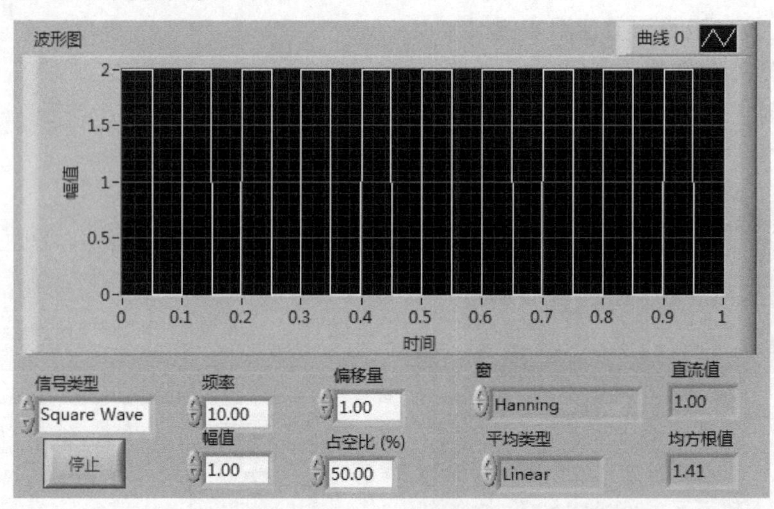

图 7.14 前面板

2）按照图 7.15 创建程序框图。

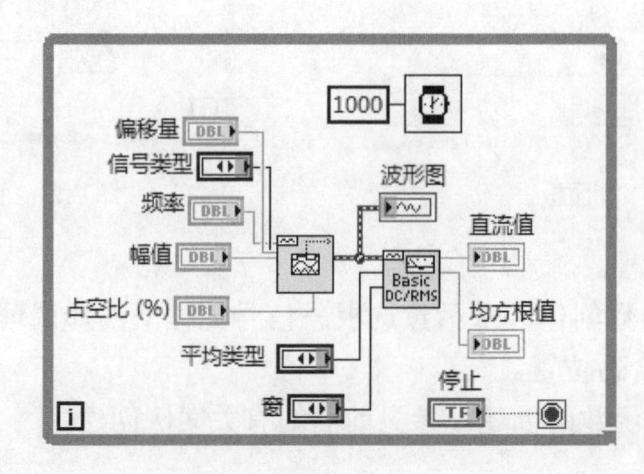

图 7.15 程序框图

3）程序框图创建过程

① 基本平均直流–均方根函数的创建：从函数选板→信号处理→波形测量中选择基本平均直流–均方根函数，拖放到程序框图的合适位置。

② 基本函数发生器函数的创建：参见前面的有关案例创建。

③ 按照图 7.15 连线。

4）保存该 VI，进行程序测试。

7.3.2　频域测量

频域测量特征参数一般包括功率谱、相位谱、实部、虚部、幅度、相位等。

[例 7-7]　FFT 频谱（幅度-相位）函数使用实例。

1）按照图 7.16 创建前面板。

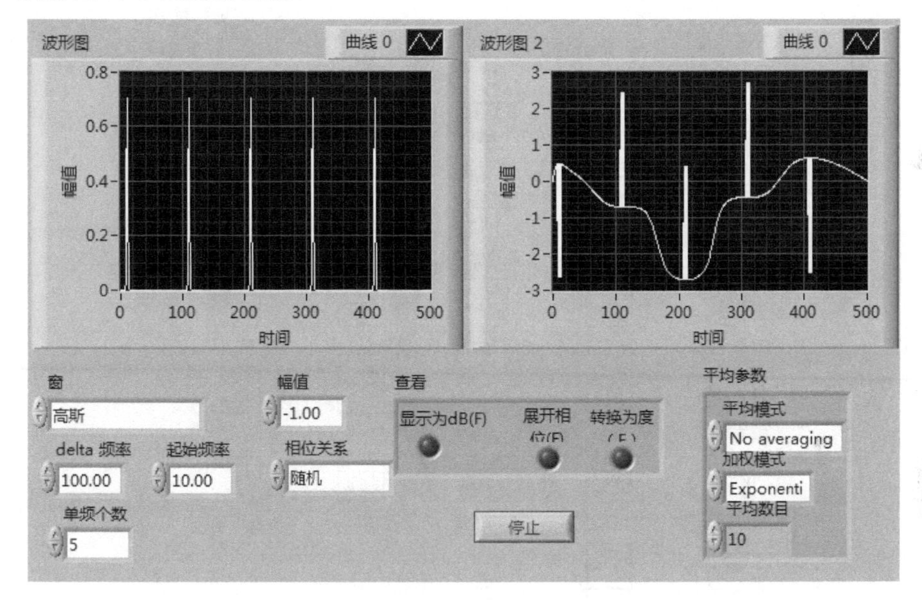

图 7.16　前面板

2）按照图 7.17 创建程序框图。

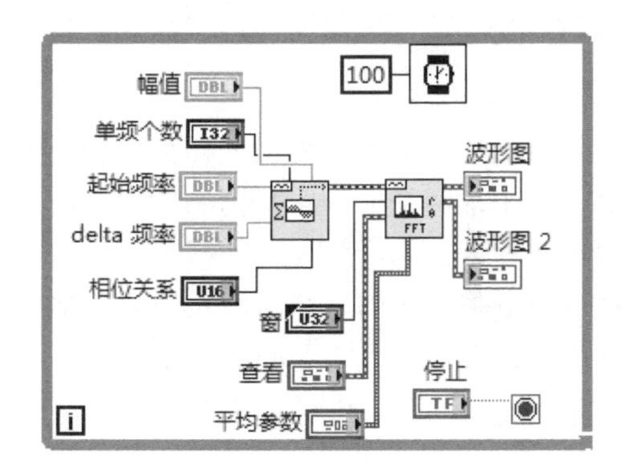

图 7.17　程序框图

3）程序框图创建过程。

① FFT 频谱（幅度-相位）函数的创建：从函数选板→信号处理→波形测量中选择 FFT 频谱（幅度-相位）函数，拖放到程序框图的合适位置。

② 基本混合单频函数的创建：从函数选板→信号处理→波形生成中选择基本混合单频函数，拖放到程序框图的合适位置。

③ 按照图 7.17 连线。

4）保存该 VI，进行程序测试。

7.4 信号运算

信号的基本运算包括平移、反序、展缩、相加、相乘、积分、微分等。LabVIEW 信号运算子选板如图 7.18 所示。

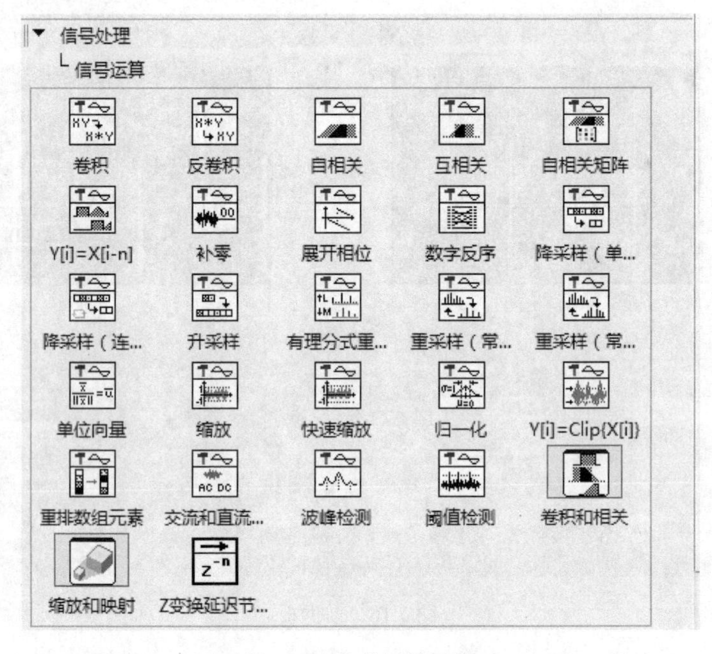

图 7.18 信号运算函数

7.4.1 卷积

卷积的重要物理意义：一个函数（如单位响应）在另一个函数（如输入信号）上的加权叠加。卷积是一种积分运算，用来求两个曲线重叠区域的面积，可以看作加权求和，可以用来消除噪声，进行特征增强。

卷积关系最重要的一种情况就是，在信号与线性系统或数字信号处理中的卷积定理。利用该定理，可以将时间域或空间域中的卷积运算等价为频率域的相乘运算，从而利用 FFT 等快速算法实现有效的计算，节省运算代价。

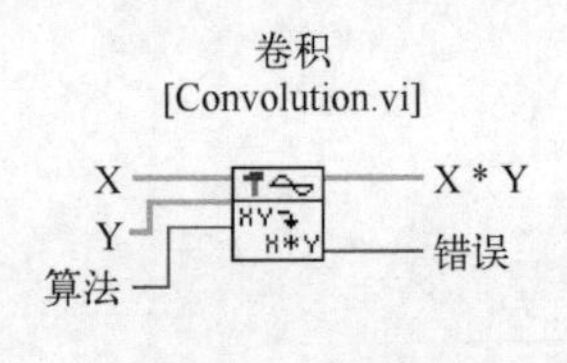

图 7.19 卷积函数

卷积函数如图 7.19 所示。

相关参数使用说明如下。

X：第一个输入序列。

Y：第二个输入序列。

算法：指定使用的卷积方法。算法的值为 direct 时，VI 使用线性卷积的 direct 方法计算卷积；算法为 frequency domain 时，VI 使用基于 FFT 的方法计算卷积。若 X 和 Y 较小，则 direct 方法通常更快。若 X 和 Y 较大，则 frequency domain 方法通常更快。

X * Y：X 和 Y 的卷积。

错误：返回 VI 的任何错误或警告。将来自 VI 产生的错误代码连线到表示错误信息的簇，可将错误代码或警告转换为错误簇。

7.4.2　相关

相关性是描述客观事物相互间关系的密切程度并用适当的统计指标表示出来的过程，是两个时间序列之间或同一个时间序列在任意两个不同时刻的取值之间的相关程度。互相关函数是描述随机信号 $x(t)$、$y(t)$在任意两个不同时刻 t_1、t_2 的取值之间的相关程度；自相关函数是描述随机信号 $x(t)$在任意两个不同时刻 t_1、t_2 的取值之间的相关程度。

1）自相关函数如图 7.20 所示。

相关参数使用说明如下。

X：输入序列。

归一化：指定用于计算 X 的自相关的归一化方法。

Rxx：X 的自相关。

自相关
[AutoCorrelation.vi]
X
归一化
Rxx
错误

图 7.20　自相关函数

2）互相关函数如图 7.21 所示。

相关参数使用说明如下。

X：第一个输入序列。

Y：第二个输入序列。

归一化：指定用于计算 X 和 Y 的互相关的归一化方法。

Rxy：X 和 Y 的互相关。

互相关
[CrossCorrelation.vi]
X
Y
算法
归一化
Rxy
错误

图 7.21　互相关函数

7.4.3　缩放

缩放可以改变信号的幅值。缩放函数如图 7.22 所示。

相关参数使用说明如下。

X：输入数组。

Y=(X−偏移量)/比例因子：与 X 大小相等的输出数组。

比例因子：缩放因子。

偏移量：偏移量因子。

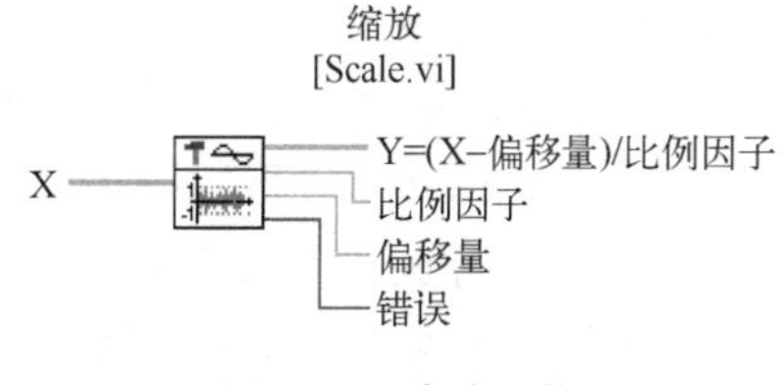

图 7.22　缩放函数

7.5　窗

数字信号处理的主要数学工具是傅里叶变换。傅里叶变换用于研究整个时间域和频率域的关系。不过，当运用计算机进行工程测试信号处理时，不可能对无限长的信号进行测量和运算，而是取其有限的时间片段进行分析。做法是：从信号中截取一个时间片段，然后用截取的时间片段进行周期延拓处理，得到虚拟的无限长的信号，然后就可以对信号进行傅里叶变换、相关分析等数学处理。无限长的信号被截断以后，其频谱发生了畸变，原来集中在$f(0)$处的能量被分散到两个较宽的频带中去了（这种现象称为频谱能量泄漏）。为了减少频谱能量泄漏，可采用不同的截取函数对信号进行截断，截断函数称为窗函数，简称为窗。LabVIEW窗子选板如图7.23所示。

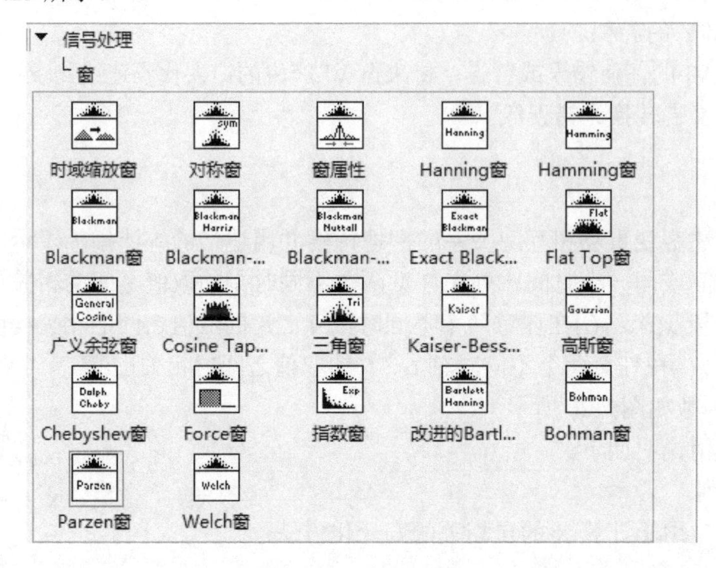

图 7.23　窗子选板

7.5.1　时域缩放窗

时域缩放窗在输入信号X上使用缩放窗。通过连线数据至X输入端可确定要使用的多态实例。时域缩放窗函数如图7.24所示。

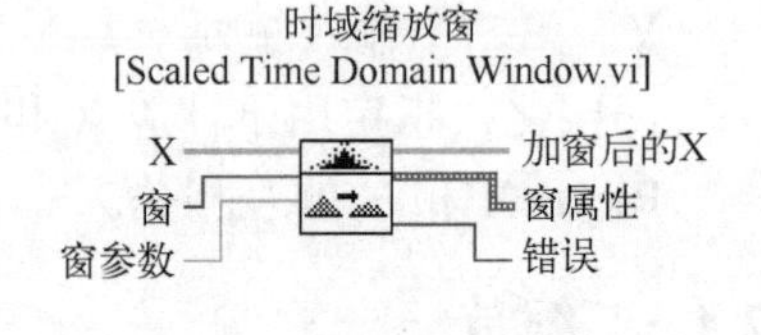

图 7.24　时域缩放窗函数

相关参数使用说明如下。

X：输入信号。

窗：指应用于X的窗，可选择Hanning窗、三角窗、高斯窗等。

窗参数：指定Kaiser窗的beta参数、高斯窗的标准差，或Dolph-Chebyshev窗的主瓣与旁瓣的比率s。如果窗是其他类型的窗，则VI将忽略该输入。窗参数的默认值是NaN，可设置Kaiser窗的beta参数为0、高斯窗的标准差为0.2，或Dolph-Chebyshev窗的s为60。

加窗后的X：加窗后的输出信号。

窗属性：返回窗的相干增益和等效噪声带宽。等效噪声带宽返回所选窗的等效噪声带宽，等效噪声带宽可除以给定频带宽度中的各功率谱之和或计算给定频率范围的功率；相干增益返回用于窗的缩放因子的倒数。

7.5.2　对称窗

在输入信号X上使用对称窗。通过连线数据至X输入端可确定要使用的多态实例。对称窗函数如图7.25所示。使用说明和时域缩放窗类似，不再赘述。

对称窗
[Symmetric Window.vi]

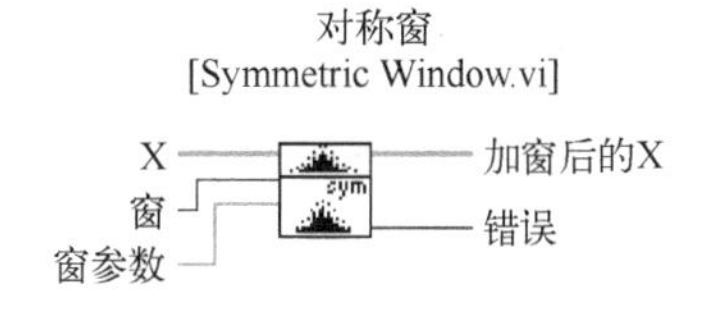

图 7.25　对称窗函数

7.5.3　窗属性

窗属性函数计算窗的相干增益和等效噪声带宽，窗属性函数如图 7.26 所示。

相关参数使用说明如下。

窗系数：指定窗的系数。

等效噪声带宽：为窗系数定义窗的等效噪声带宽。

相干增益：为窗系数定义窗的相干增益。

窗属性
[Window Properties.vi]

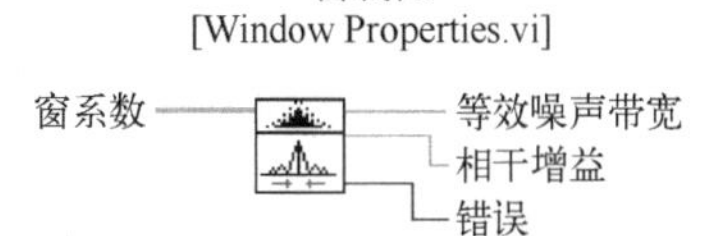

图 7.26　窗属性函数

7.5.4　Hanning 窗

在输入信号 X 上使用 Hanning 窗。通过连线数据至 X 输入端可确定要使用的多态实例。Hanning 窗函数如图 7.27 所示。

相关参数使用说明如下。

X：输入信号。

加窗后的 X：加窗后的输入信号。

Hanning窗
[Hanning Window.vi]

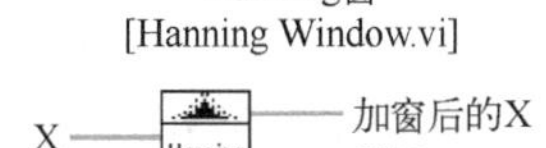

图 7.27　Hanning 窗函数

7.6　滤波器

滤波器是一种选频装置，可以使信号中特定的频率成分通过，并极大地衰减其他频率成分。在测试装置中，利用滤波器的选频特性，可以滤除干扰噪声或进行频谱分析。

LabVIEW 提供了多个滤波器函数，可以实现 IIR、FIR 及非线性滤波。LabVIEW 滤波器子选板如图 7.28 所示。

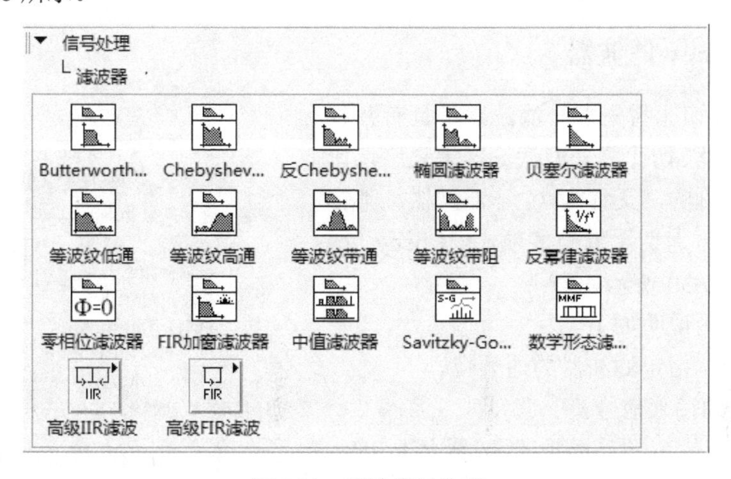

图 7.28　滤波器子选板

7.6.1　Butterworth 滤波器

Butterworth（巴特沃斯）滤波器的特点是通频带内的频率响应曲线最大限度地平坦，没有起伏，而在阻频带则逐渐下降为零。在振幅的对数对角频率的波特图上，从某一边界角频率开始，振幅随着角频率的增加而逐步减少，趋向负无穷大。

Butterworth 滤波器函数图标如图 7.29 所示。

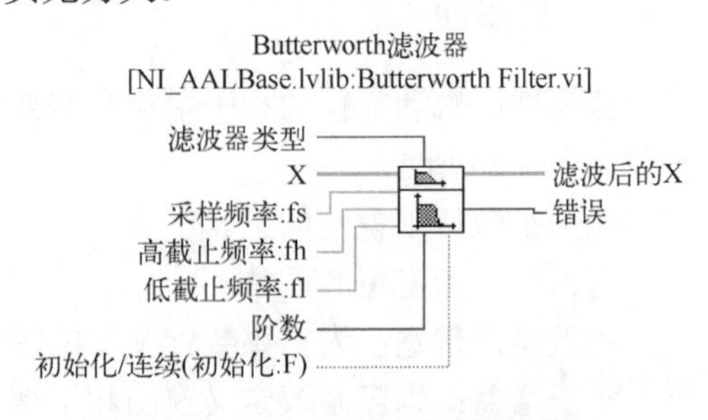

图 7.29 Butterworth 滤波器函数

相关参数使用说明如下。

滤波器类型：指定滤波器的通频带。

X：滤波器的输入信号。

采样频率:fs：是 X 的采样频率，必须大于 0Hz，默认值为 1.0Hz。如果采样频率:fs 小于或等于 0Hz，则 VI 可设置滤波后的 X 为空数组并返回错误。

高截止频率:fh：是高截止频率，以 Hz 为单位，默认值为 0.45Hz。如果滤波器类型为 0（Lowpass）或 1（Highpass），则 VI 忽略该参数。滤波器类型为 2（Bandpass）或 3（Bandstop）时，高截止频率:fh 必须大于低截止频率:fl，并且满足 Nyquist 准则。

低截止频率:fl：是低截止频率（Hz），必须满足 Nyquist 准则，默认值为 0.125Hz。如果低截止频率:fl 小于 0Hz 或大于采样频率的一半，VI 可设置滤波后的 X 为空数组并返回错误。滤波器类型为 2（Bandpass）或 3（Bandstop）时，低截止频率:fl 必须小于高截止频率:fh。

阶数：指定滤波器的阶数，必须大于 0，默认值为 2。如果阶数小于或等于 0，则 VI 可设置滤波后的 X 为空数组并返回错误。

初始化/连续（初始化:F）：控制内部状态的初始化，默认值为 FALSE。VI 第一次运行时或初始化/连续（初始化:F）的值为 FALSE 时，LabVIEW 可使内部状态初始化为 0。如果初始化/连续（初始化:F）的值为 TRUE，则 LabVIEW 可使内部状态初始化为 VI 实例上一次调用时的最终状态。如果需处理由小数据块组成的较大数据序列，则可为第一个块设置输入为 FALSE，然后设置为 TRUE，对其他块继续进行滤波。

滤波后的 X：该数组包含滤波后的采样信号。

7.6.2 Chebyshev 滤波器

Chebyshev（切比雪夫型）滤波器是具有某种特定特性的滤波器，切比雪夫型滤波器是采用切比雪夫误差准则得到的，又称为 C 形滤波器。其幅度特性的模二次方为切比雪夫多项式。Chebyshev 滤波器函数如图 7.30 所示。

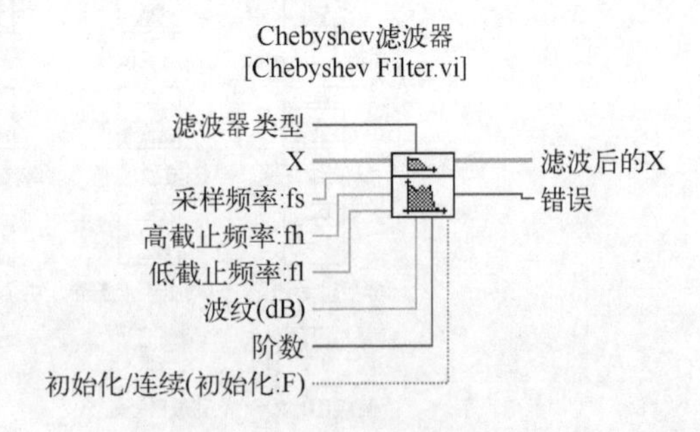

图 7.30 Chebyshev 滤波器函数

相关参数使用说明如下。

滤波器类型：指定滤波器的通频带。

X：滤波器的输入信号。

采样频率:fs：是 X 的采样频率，必须大于 0Hz，默认值为 1.0Hz。如果采样频率:fs 小于或等于 0，则 VI 可设置滤波后的 X 为空数组并返回错误。

高截止频率:fh：是高截止频率，以 Hz 为单位，默认值为 0.45Hz。如果滤波器类型为 0（Lowpass）或 1（Highpass），则 VI 忽略该参数。滤波器类型为 2（Bandpass）或 3（Bandstop）时，高截止频率:fh：必须大于低截止频率:fl，并且满足 Nyquist 准则。

低截止频率:fl：是低截止频率（Hz），并且必须满足 Nyquist 准则，默认值为 0.125Hz。如果低截止频率:fl 小于 0Hz 或大于采样频率的一半，则 VI 可设置滤波后的 X 为空数组并返回错误。滤波器类型为 2（Bandpass）或 3（Bandstop）时，低截止频率:fl 必须小于高截止频率:fh。

波纹（dB）：是通频带的波纹。波纹必须大于 0，以分贝为单位，默认值为 0.1。如果波纹小于或等于 0，则 VI 可设置滤波后的 X 为空数组并返回错误。

阶数：指定滤波器的阶数并且必须大于 0，默认值为 2。如果阶数小于或等于 0，则 VI 可设置滤波后的 X 为空数组并返回错误。

初始化/连续（初始化:F）：控制内部状态的初始化，默认值为 FALSE。VI 第一次运行时或初始化/连续（初始化:F）的值为 FALSE 时，LabVIEW 可使内部状态初始化为 0。如果初始化/连续（初始化:F）的值为 TRUE，则 LabVIEW 可使内部状态初始化为 VI 实例上一次调用时的最终状态。如果需处理由小数据块组成的较大数据序列，则可为第一个块设置输入为 FALSE，然后设置为 TRUE，对其他块继续进行滤波。

滤波后的 X：该数组包含滤波后的采样信号。

7.6.3　贝塞尔滤波器

贝塞尔（Bessel）滤波器是具有最大平坦的群延迟（线性相位响应）的线性滤波器。贝塞尔滤波器常用在音频设备系统中。模拟贝塞尔滤波器描绘为几乎横跨整个通频带的恒定的群延迟，因而在通频带上保持了被过滤的信号波形。贝塞尔滤波器函数如图 7.31 所示。

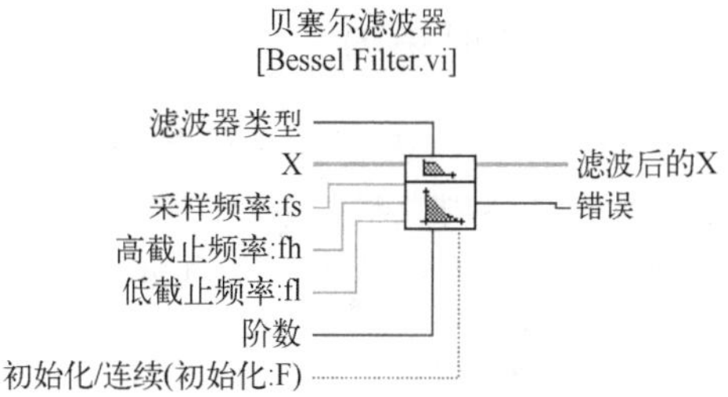

贝塞尔滤波器
[Bessel Filter.vi]
滤波器类型
X
采样频率:fs
高截止频率:fh
低截止频率:fl
阶数
初始化/连续(初始化:F)
滤波后的X
错误

图 7.31　贝塞尔滤波器函数

相关参数使用说明如下。

滤波器类型：指定滤波器的通频带。

X：滤波器的输入信号。

采样频率:fs：是 X 的采样频率，必须大于 0Hz，默认值为 1.0Hz。如果采样频率:fs 小于或等于 0，则 VI 可设置滤波后的 X 为空数组并返回错误。

高截止频率:fh：是高截止频率，以 Hz 为单位，默认值为 0.45Hz。如果滤波器类型为 0（Lowpass）或 1（Highpass），则 VI 忽略该参数。滤波器类型为 2（Bandpass）或 3（Bandstop）时，高截止频率:fh 必须大于低截止频率:fl，并且满足 Nyquist 准则。

低截止频率:fl：是低截止频率（Hz），必须满足 Nyquist 准则。默认值为 0.125Hz。如果低截止频率:fl 小于 0Hz 或大于采样频率的一半，则 VI 可设置滤波后的 X 为空数组并返回错误。滤波器类型为 2（Bandpass）或 3（Bandstop）时，低截止频率:fl 必须小于高截止频率:fh。

阶数：指定滤波器的阶数，必须大于 0，默认值为 2。如果阶数小于或等于 0，则 VI 可设置滤波后的 X 为空数组并返回错误。

初始化/连续（初始化:F）：控制内部状态的初始化，默认值为 FALSE。VI 第一次运行时或初始化/连续（初始化:F）的值为 FALSE 时，LabVIEW 可使内部状态初始化为 0。如果初始化/连续（初始化:F）的值为 TRUE，则 LabVIEW 可使内部状态初始化为 VI 实例上一次调用时的最终状态。如果需处理由小数据块组成的较大数据序列，则可为第一个块设置输入为

FALSE，然后设置为 TRUE，对其他块继续进行滤波。

滤波后的 X：该数组包含滤波后的采样信号。

7.7 谱分析

谱分析是指把时间域的各种动态信号通过傅里叶变换转换到频率域进行分析。LabVIEW 谱分析子选板如图 7.32 所示。

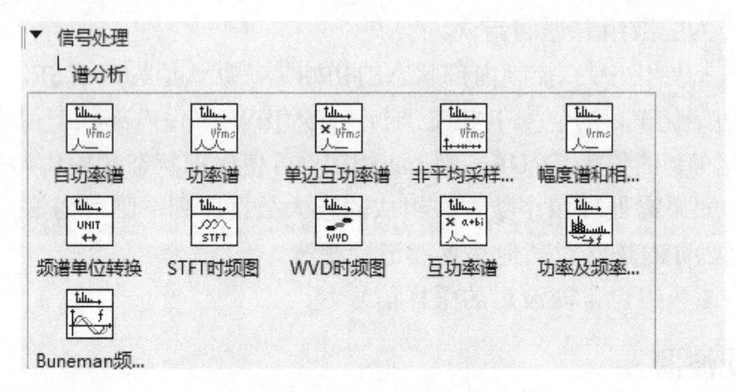

图 7.32　谱分析子选板

7.7.1 STFT 时频图

STFT 时频图函数如图 7.33 所示。

STFT时频图
[STFT Spectrograms.vi]
时频配置
X
时频采样信息
窗信息
窗参数
能量守恒?
STFT时频图{X}
错误

图 7.33　STFT 时频图函数

相关参数使用说明如下。

时频配置：指定频率区间的配置。

X：指定输入的时域信号。

时频采样信息：指定用于对联合时频域中的信号进行采样的密度以及输出的二维时频数组的大小。

窗信息：指定用于计算 STFT 窗的信息。

窗参数：是 Kaiser 窗的 beta 参数、高斯窗的标准差，或 Dolph-Chebyshev 窗的主瓣与旁瓣的比率 s。如果窗类型是其他窗，则 VI 可忽略该输入。窗参数的默认值是 NaN，可设置 Kaiser 窗的 beta 参数为 0、高斯窗的标准差为 $\frac{L+8}{L+1}$（注：L 是窗的长度），或设置 Dolph-Chebyshev 窗的 s 为 60。

能量守恒?：指定是否缩放 STFT 时频图{X}，用于保证联合时频域中的能量与时域中的能量相等，默认值为 TRUE。

STFT 时频图{X}：该二维数组用于描述联合时频域中的时间波形能量分布。

错误：返回 VI 的任何错误或警告，利用这个错误连线端子可将输出的错误代码连接到将错误代码转换成错误簇的函数的错误代码输入连线端子上，可将错误代码或警告转换为错误簇。（说明：错误代码转换成错误簇是一个函数）

7.7.2 幅度谱和相位谱分析

幅度谱和相位谱分析函数图标如图 7.34 所示。

相关参数使用说明如下。

信号(V)：指定输入的时域信号，通常以伏特为单位。时域信号必须包含至少三个周期的信号才能进行有效的估计。

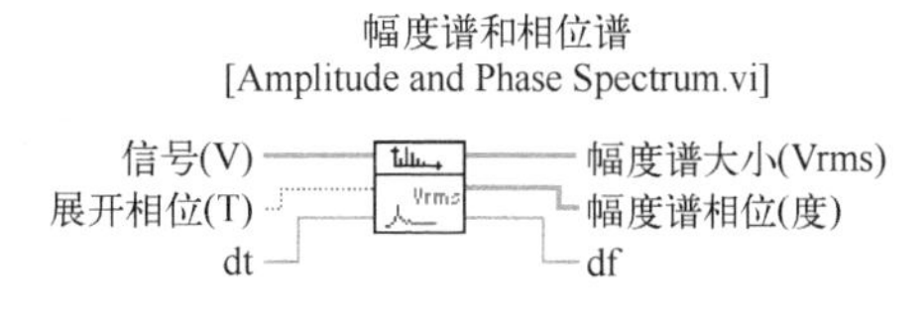

图 7.34　幅度谱和相位谱分析函数

展开相位(T)：其值为 TRUE 时，对输出幅度谱相位启用展开相位，默认值为 TRUE。如果展开相位的值为 FALSE，则 VI 不展开输出相位。

dt：是时域信号的采样周期，通常以秒为单位。设置 dt 为 1/fs，fs 是时域信号的采样频率，默认值为 1。

幅度谱大小(Vrms)：返回单边功率谱的幅度。如果输入信号以伏特（V）为单位，幅度谱大小连线端子输出的数值单位为伏特（V），数值为有效值。如输入信号不是以伏特为单位，则幅度谱大小连线端子输出的数值单位与输入信号单位相同，数值为有效值。

幅度谱相位(度)：是单边幅度谱相位，以弧度为单位。

df：该值是功率谱的频率间隔，以赫兹为单位。

7.7.3　功率谱分析

功率谱分析函数如图 7.35 所示。

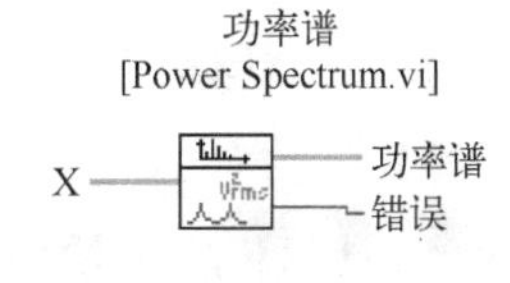

图 7.35　功率谱分析函数

相关参数使用说明如下。

X：是输入信号。

功率谱：返回 X 的双边功率谱。如果输入信号以伏特（V）为单位，功率谱的单位为伏特的二次方，数值为有效值。如果输入信号不是以伏特为单位，则功率谱的单位为输入信号单位的二次方，数值为有效值。

7.8　变换

信号处理中的常见变换有 Z 变换、小波变换、快速傅里叶变换、快速希尔伯特变换等。LabVIEW 变换子选板如图 7.36 所示。

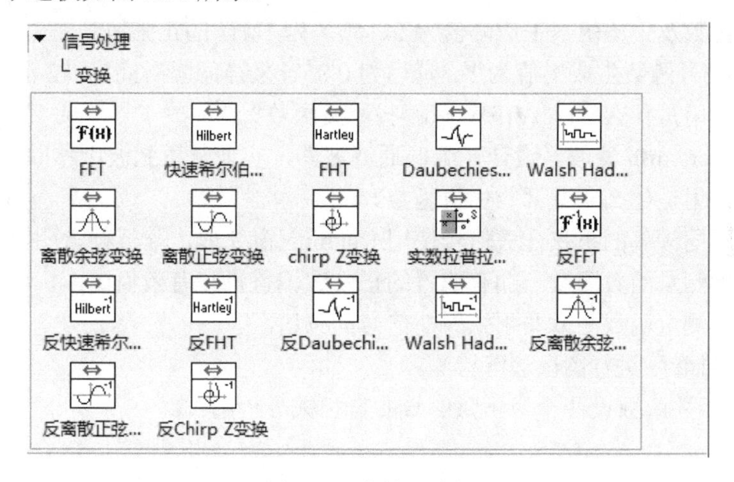

图 7.36　变换子选板

7.8.1 FFT 变换

FFT 函数计算输入序列 X 的快速傅里叶变换（FFT）。FFT 函数如图 7.37 所示。

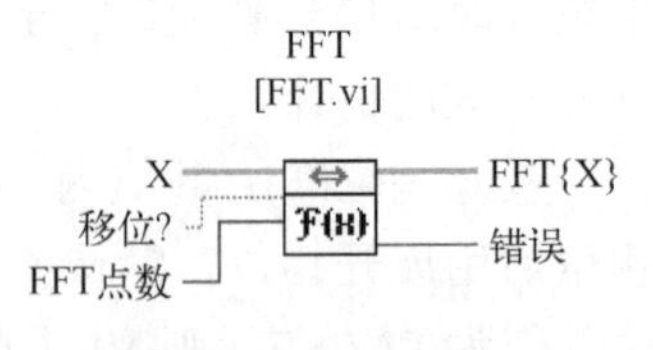

图 7.37 FFT 函数

相关参数使用说明如下。

X：是输入信号。

移位？：指定 DC 元素是否位于 FFT {X}中心，默认值为 FALSE。

FFT 点数：是要进行 FFT 的长度。如果 FFT 点数大于 X 的元素数，则 VI 将在 X 的末尾添加 0，以匹配 FFT 点数的大小。如果 FFT 点数小于 X 的元素数，则 VI 只使用 X 中的前 *n* 个元素进行 FFT，*n* 是 FFT 点数。如果 FFT 点数小于或等于 0，则 VI 将使用 X 的长度作为 FFT 点数。

FFT{X}：是 X 的 FFT。

错误：返回 VI 的任何错误或警告，利用这个错误连线端子可将输出的错误代码连接到将错误代码转换成错误簇的函数的错误代码输入连线端子上，可将错误代码或警告转换为错误簇。

7.8.2 快速希尔伯特变换

快速希尔伯特变换函数用于计算输入序列 X 的快速希尔伯特变换。快速希尔伯特变换函数如图 7.38 所示。

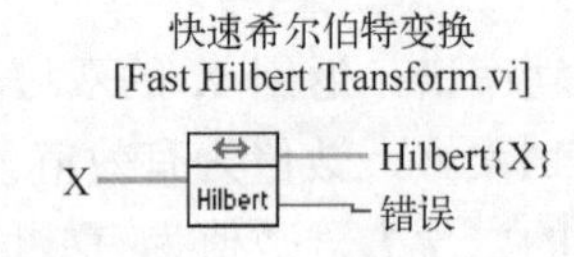

图 7.38 快速希尔伯特变换函数

相关参数使用说明如下。

X：指定数据数组中的元素数量。

Hilbert{X}：是输入序列的快速 Hilbert 变换。

思考题

1. 简述信号分析与处理的作用是什么？包括哪些方面？
2. 用基本函数发生器函数生成幅值为 5、频率为 1kHz 的正弦波。
3. 用 Sinc 信号函数生成幅值为 1、延迟为 0.05、采样间隔时间为 0.2 的 Sinc 信号。
4. 滤波的作用是什么？LabVIEW 有哪些滤波函数？
5. 使用 Butterworth 滤波器设计一个低通滤波器，实现从正弦波中移除噪声。
6. 加窗的作用是什么？有哪些加窗函数？
7. 对两个不同频率的正弦合成信号使用 Hanning 窗处理，分析频谱图。
8. 使用波形测量函数测量一加有偏置的正弦波偏置量和有效值。
9. 使用波形测量函数测量非正弦周期信号的频谱图。
10. 使用二维卷积进行图像边缘检测。
11. 使用自相关函数设计一个正弦信号的自相关分析的 VI。

第 8 章　数据通信

随着计算机、通信、微电子技术的快速发展，以及以 Internet 为代表的计算机网络时代的到来和信息化要求的不断提高，传统的通信方式突破了时空限制和地域限制，大范围通信变得越来越容易，对测控系统的组建也产生了越来越大的影响。一个大的复杂测试系统的输入、输出、结果分析往往分布在不同的地理位置，仅用一台计算机并不能胜任测试任务，需要由分布在不同地理位置的若干计算机共同完成整个测试任务。集成测试越来越不能满足复杂测试任务的需要，因此，“网络化仪器”的出现成为必然。LabVIEW 实现数据通信的基本方法有串行通信、DataSocket、网络通信等。

8.1　串行通信技术

在通信和计算机科学中，串行通信是一个通用概念，泛指所有的串行通信协议，如 RS-232、USB、I^2C、SPI、1-Wire、Ethernet 等。串行通信具有使用简单、组网方便的特点，在设备通信中得到了广泛使用。

8.1.1　串行通信

串行通信是指可使用一条数据线将数据一位一位地依次传输，每一位数据占据一个固定的时间长度，只需要几条线就可以在系统间交换信息，特别适用于计算机与计算机、计算机与外设之间的远距离通信。使用串行通信时，发送和接收到的每一个字符实际上都是一次一位传送的，每一位为 1 或者为 0，如图 8.1 所示。

串行通信的特点：数据传送按位顺序进行，最少只需要一根传输线即可完成，节省传输线；适合于远距离传送，可以从几米到数千千米；抗干扰能力强，其信号间的互相干扰完全可以忽略。与并行通信比，串行通信的数据传送效率低，这是串行通信的主要缺点。

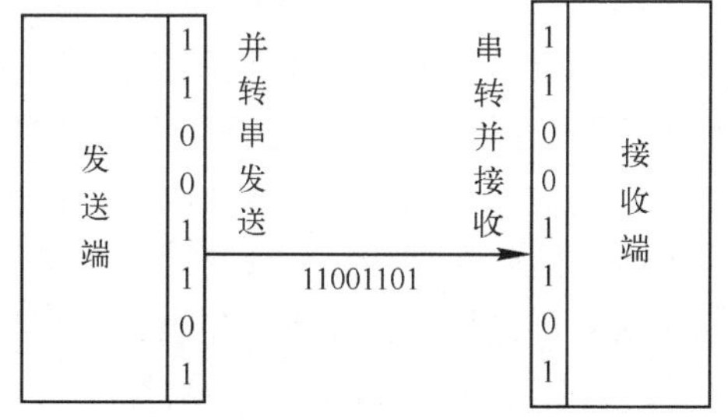

图 8.1　串行通信原理

8.1.2　LabVIEW 串口编程

在 LabVIEW 中可使用标准的输入/输出应用程序编程接口 VISA（Virtual Instruments Software Architecture）完成串口仪器通信。VISA 使用相同的函数和类似的方法控制 GPIB、串口、USB、PXI 等接口仪器。

1．串口编程函数

（1）VISA 配置串口

VISA 配置串口如图 8.2 所示。

VISA 资源名称：指 PC 的串口名，如 COM1、COM2 等。

波特率(9600)：串口速率，默认为 9600bit/s。

数据比特(8)：一帧信息中的位数，LabVIEW 中允许 5～8 位数据，默认值为 8。

奇偶(0:无)：奇偶校验位，可选为无校验、奇校验或偶校验，默认为无校验。

停止位(10:1 位)：一帧信息中的停止位的位数，可选为 1 位、1.5 位或 2 位。

流控制(0:无)：设置传输机制使用的控制类型，可选为 None、XON/XOFF 软件流控或 RTS/CTS 硬件流控，默认为 None。

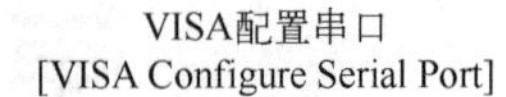

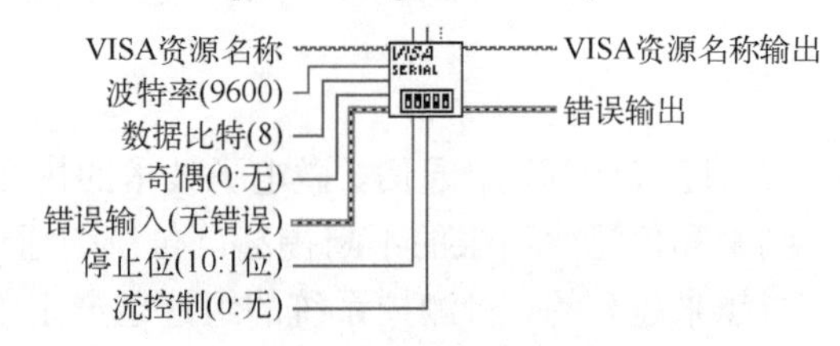

图 8.2　VISA 配置串口

根据 VISA 配置串口节点的特征，输入数字“0”代表为无校验，输入数字“1”为奇校验，输入数字“2”为偶校验。对于停止位，输入数字“10”代表选择的停止位为 1 位，输入数字“15”代表选择的停止位为 1.5 位，输入数字“20”代表选择的停止位为 2 位。

（2）VISA 设置 I/O 缓冲区大小

VISA 设置 I/O 缓冲区大小节点主要用来在初始化阶段设置缓冲区大小，如图 8.3 所示。其中，屏蔽指要设置大小的缓冲区；大小指 I/O 缓冲区的大小，以字节为单位。大小应略大于要传输或接收的数据数量。如果在未指定缓冲区大小的情况下调用该函数，则函数可设置缓冲区大小为 4096B。如果未调用该函数，缓冲区大小取决于 VISA 和操作系统的设置。

VISA设置I/O缓冲区大小
[VISA Set I/O Buffer Size]

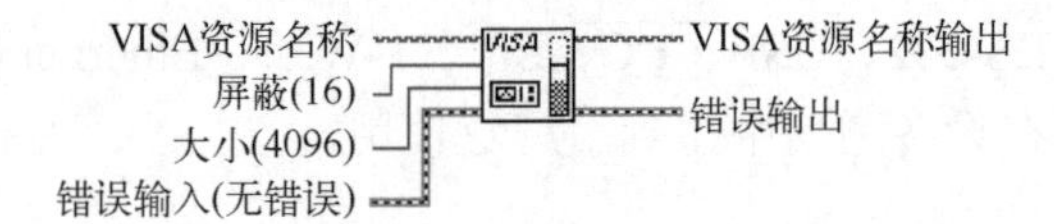

图 8.3　VISA 设置 I/O 缓冲区大小

（3）VISA 写入

VISA 写入节点将写入缓冲端口输入的数据写入由 VISA 资源名称端口指定的设备中，VISA 写入如图 8.4 所示。其可用于将字符串写入串口的输出缓存，将字符串从串口发送出去。

VISA写入
[VISA Write]

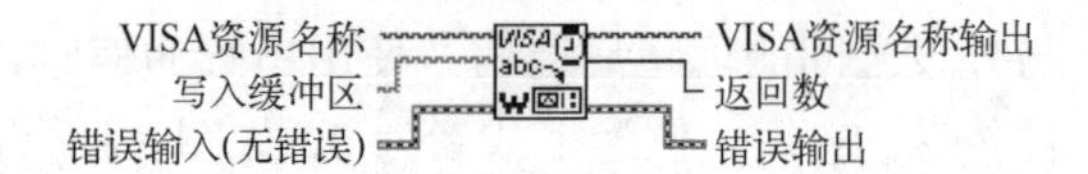

图 8.4　VISA 写入

（4）VISA 读取

VISA 读取的作用是从 VISA 资源名称指定的设备或接口中读取指定数量的字节，并使数据返回至读取缓冲区，如图 8.5 所示。

VISA读取
[VISA Read]

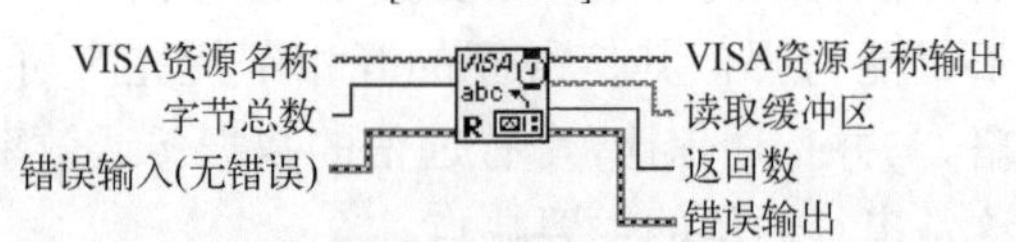

图 8.5　VISA 读取

2．程序框图设计

如果上位机软件需要连接串口设备，而串口设备不够，那么就可以使用串口虚拟软件虚拟出一个串口连接对，用于串口数据的收发。串口对的一端可以是用户打开的一个串口调试助手，用于模拟串口设备，另一端可以是串口通信软件。

虚拟串口软件（Virtual Serial Ports Driver，VSPD）是由 Eltima 软件公司设计的，使用方便、稳定。虚拟串口软件可以在 Eltima 官方网站下载试用版，然后进行安装。如图 8.6 所示，VSPD 会自动识别出本台计算上有几个物理串口，例如本机只有 3 个物理串口 COM1、COM2 和 COM3。在右侧端口管理的分页中，可以添加虚拟端口。虚拟端口一定是成对出现的，如

COM6 和 COM7，其编号由 VSPD 自动检测本地物理串口资源后，自动为虚拟串口编排。单击“添加端口”按钮可为计算机添加虚拟串口。

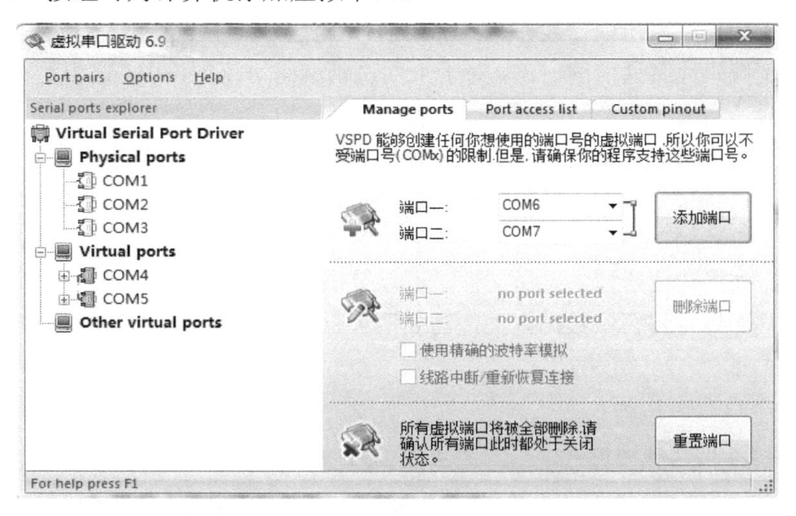

图 8.6 “虚拟串口驱动 6.9”窗口

串口调试工具是一款通过计算机串口（包括 USB 口）收发数据并且显示的应用软件，一般用于计算机与嵌入式系统的通信，借助于它来调试串口通信或者系统的运行状态。也可以用于采集其他系统的数据，用于观察系统的运行情况。它有着数据发送、数据接收、数据监控、数据分析等功能，并且小巧精致，操作简捷，功能强大。SSCOM3.2 是一款优秀的串口调试工具，其打开界面如图 8.7 所示。SSCOM3.2 的基本操作方法如下。

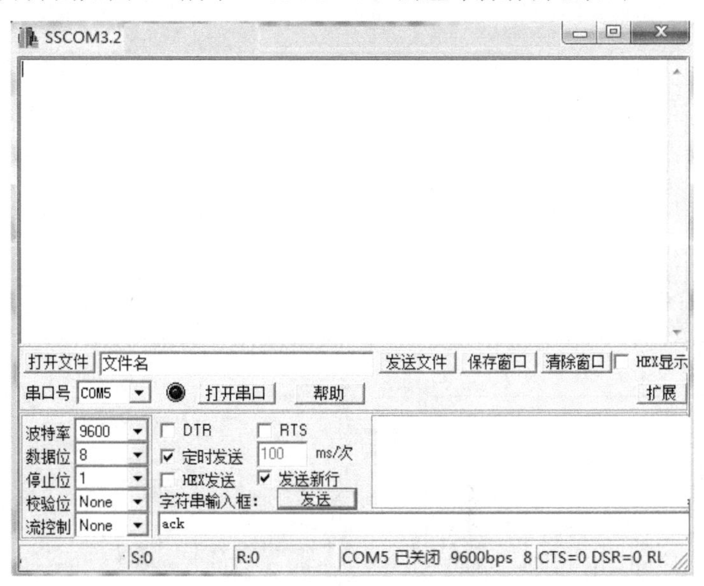

图 8.7　SSCOM3.2 界面

打开软件后需要选择对应的“串口号”，选择正确的“波特率”，再单击“打开串口”按钮，就能方便地连接到串口。如果之前已经连接过这个串口，那么当软件打开后会自动连接到上一次成功连接的串口，并自动打开。

与 ACS 码编码设备通信的方法：对于 ACS 码编码协议的设备，需要取消选择“HEX 发送”和“HEX 显示”复选框，同时选择“发送新行”复选框（因为 ACS 码协议中的命令一般都以回车换行为结尾，所以需要在每条命令后都加上换行符）。

与十六进制编码设备通信的方法：对于十六进制编码协议的设备，需要选择“HEX 发送”和“HEX 显示”复选框。

保存窗口：对于某些重要的通信过程，需要将其保存作为后续的重要参考资料，这时可以单击“保存窗口”按钮，把当前界面中的所有数据都保存到文本，文本位于程序所在的文件夹。

发送文件：如果需要给设备发送文件，可以单击“发送文件”按钮。

清除窗口：如果觉得窗口数据太乱，需要清屏，可以单击“清除窗口”按钮，清除所有的窗口数据。

[例 8-1]　串口通信实例。

1）按照图 8.8 创建前面板。

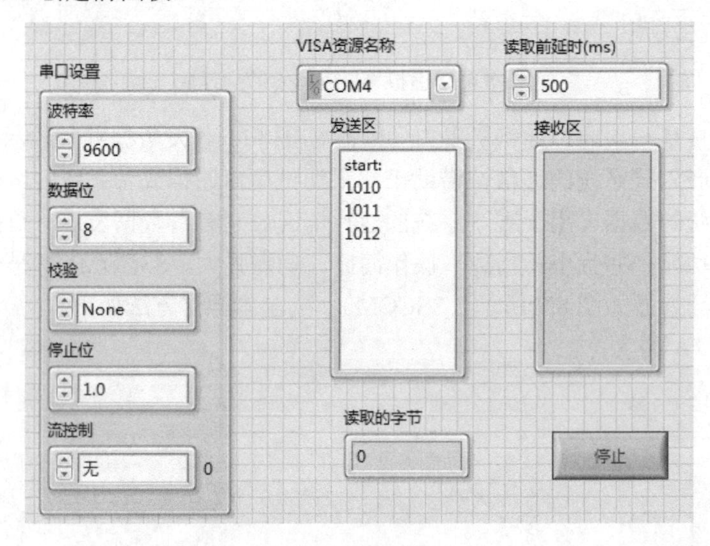

图 8.8　前面板

2）按照图 8.9 创建程序框图。

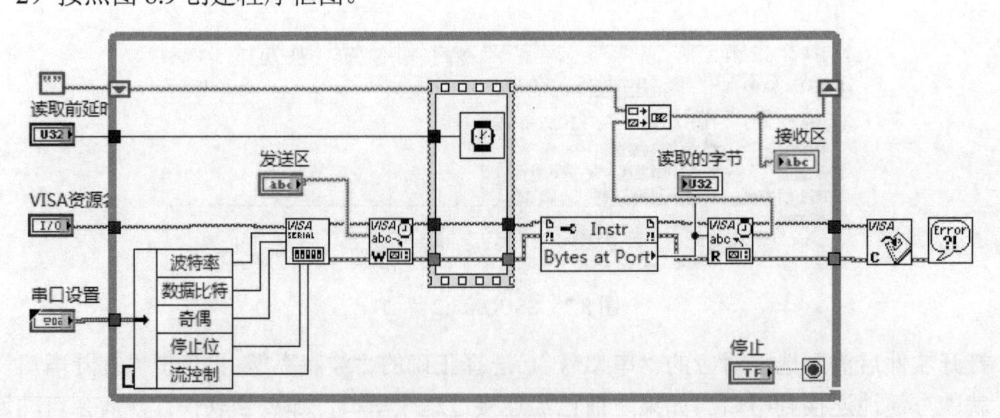

图 8.9　程序框图

3）程序框图创建过程

① VISA 配置串口、VISA 写入、VISA 读取、VISA 关闭函数创建：从函数选板→数据通信→协议→串口中选择对应 4 个函数，拖放到程序框图的合适位置。

② 串口字节数属性节点创建：从函数选板→编程→应用程序控制中选择属性节点函数，拖放到程序框图的合适位置，用连线工具将 VISA 写入函数的 VISA 资源名称输出端子和属性节点应用连接，然后用工具选板的“操作值”工具单击属性节点的“属性”，在弹出的快捷菜单中选择“串口设置”命令，再在下级快捷菜单中单击“串口字节数”。

③ 程序框图中的其他节点连线根据前面有关章节和图 8.9 进行连接。

4）保存该 VI，进行程序测试。

8.2　DataSocket 技术

DataSocket 技术是 NI 公司推出的面向测控领域的网络通信技术。DataSocket 技术基于 Microsoft 的 COM 和 ActiveX 技术，对 TCP/IP 进行高度封装，面向测量和自动化应用，用于共享和发布实时数据。DataSocket 能有效地支持本地计算机上的不同应用程序对特定数据的同时应用，以及网络和不同计算机的多个应用程序之间的数据交互，实现跨机器、跨语言、跨进程实时数据共享。

8.2.1　DataSocket 技术简介

1．DataSocket 逻辑构成

DataSocket 包括 DataSocket Server Manager、DataSocket Server 和 DataSocket API 三部分。DataSocket Server Manager 是一个配置和管理工具，具有负责确定 DataSocket 服务的最大连接数，设置服务控制等网络功能；DataSocket Server 利用 DSTP 在应用程序间交换数据；DataSocket API 利用 ActiveX 容器开发共享数据应用。

2．资源定位

DataSocket 对外提升资源定位接口和功能调用接口，通过统一资源定位符（URL）对数据的传输目的地进行定位，读数据时为源地址，写数据时为宿地址。在资源定位符中标明数据的传输协议、网络计算机标志和数据缓冲区变量。DataSocket 支持多种数据传送协议，不同的 URL 前缀表示不同的协议或数据类型。主要包括：

1）DSTP（DataSocket Transfer Protocol）：DataSocket 的专门通信协议，可以传输各种类型的数据。当使用这个协议时，VI 与 DataSocket Server 连接，用户必须为数据提供一个附加到 URL 的标识 Tag，DataSocket 连接利用 Tag 在 DataSocket Server 上为一个特殊的数据项目指定地址。目前，应用虚拟仪器技术组建的测量网络大多采用该协议。

2）HTTP（Hyper Text Transfer Protocol，超文本传输协议）。

3）FTP（File Transfer Protocol，文件传输协议）。

4）OPC（OLE for Process Control，操作计划和控制），特别为实时产生的数据而设计，如工业自动化操作而产生的数据。要使用该协议，必须首先运行一个 OPC Server。

5）fieldpoint、logos、lookout：分别为 NI FieldPoint 模块、LabVIEW 数据记录与监控（DSC）模块及 NI Lookout 模块提供的通信协议。

6）FILE（Local File Servers，本地文件服务器）：可提供一个到包含数据的本地文件或网络文件的连接。

8.2.2 DataSocket 技术编程

LabVIEW 安装后，会出现 DataSocket Sever 和 DataSocket Server Manager 应用程序，可通过在 Windows 中选择开始→所有程序→National Instruments→DataSocket 命令找到。

1. DataSocket Server Manager 配置

选择 DataSocket Server Manager 命令，如图 8.10 所示，出现图 8.11 所示的窗口，从中可进行配置。

1）Server Settings：设置 DataSocket 服务器参数，其中包括客户端程序的最大连接数目（MaxConnections）、创建数据项的最大数目（MaxItems）、数据项缓冲区最大比特值（DfltBufferMaxBytes）和数据项缓冲区最大包的数目（DfltBufferMaxPackets）。

图 8.10 选择 DataSocket Server Manager 命令

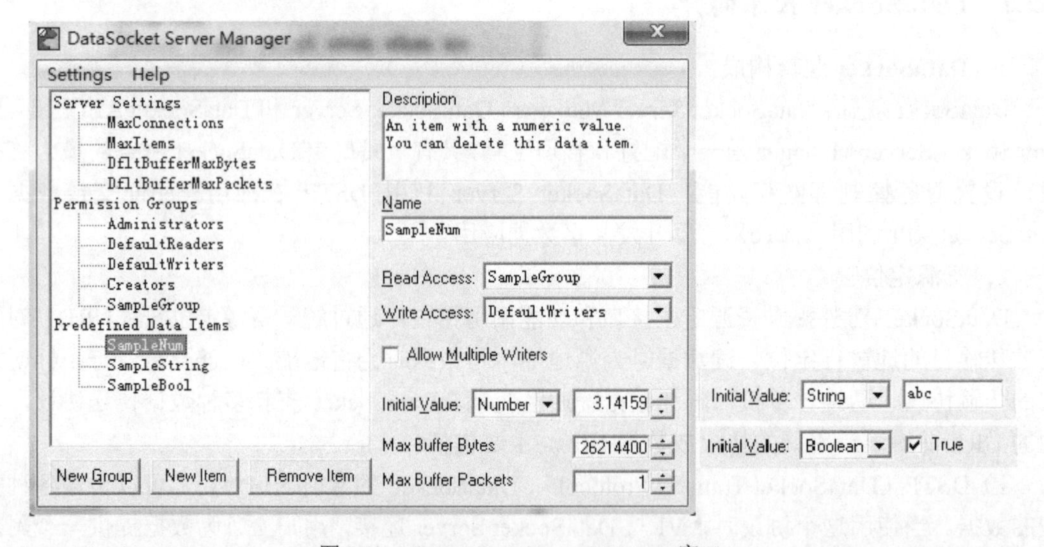

图 8.11 DataSocket Server Manager 窗口

2）Permission Groups：设置用户组及用户，用来区分用户创建和读写数据项的权限，限制身份不明的客户对服务器进行访问和攻击。系统默认的用户组包括管理员组（Administrators）、数据项读取组（DefaultReaders）、数据项写入组（DefaultWriters）和数据项创建组（Creators）。例如，将 DefaultReaders 中的用户设置为 everyhost，表示网络中的每台客户机都可以读取服务器上的数据；而将 DefaultWriters 中的用户设置为 localhost，表示只有本地计算机可以写入数据。除了系统定义的用户组以外，单击左下方的“New Group”按钮可以添加新的用户组。另外，每个用户组下可以定义多个用户。

3）Predefined Data Items：设置预定义数据项，相当于自定义变量的初始化。单击“New Item”按钮可以添加数据项，即添加自定义变量。图 8.11 中预定义了 3 个数据项“SampleNum”“SampleString”和“SampleBool”，值分别为“3.14159”“abc”和“True”。

2．DataSocket Server 配置

选择 DataSocket Server 命令，如图 8.12 所示，出现图 8.13 所示的窗口。

1）Processes Connected：已经与服务器连接的客户端数量。

2）Packets Received 和 Packets Sent：已经接收的数据包或已经发送的数据包。DataSocket 的数据以包的形式发送和接收，每次读/写 DataSocket 均发送和接收一个数据包。数据包可以包含各种类型的 LabVIEW 数据，如数组、波形等。

图 8.12 选择 DataSocket Server 命令

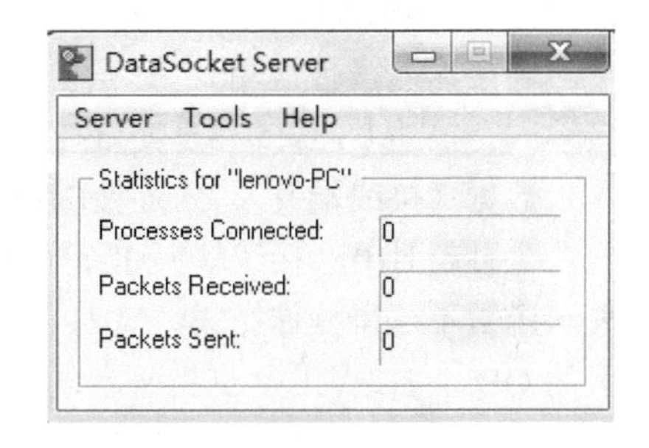

图 8.13 DataSocket Server 窗口

3．LabVIEW 中的 DataSocket API

DataSocket 函数位于函数→数据通信→DataSocket 中，包括读取 DataSocket、写入 DataSocket、打开 DataSocket、关闭 DataSocket、DataSocket 选择 URL，如图 8.14 所示。下面对其中的节点分别进行介绍。

（1）打开 DataSocket 函数

打开 DataSocket 函数用于打开在 URL 中指定的数据连接，图标与端口如图 8.15 所示。

相关参数使用说明如下。

URL（接线端）：确定要读取的数据源或要写入的数据终端。URL 以读/写数据要使用的协议名称作为开始

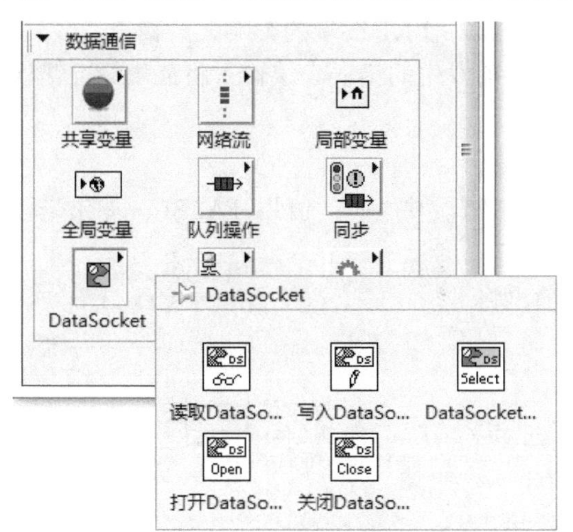

图 8.14 DataSocket 函数

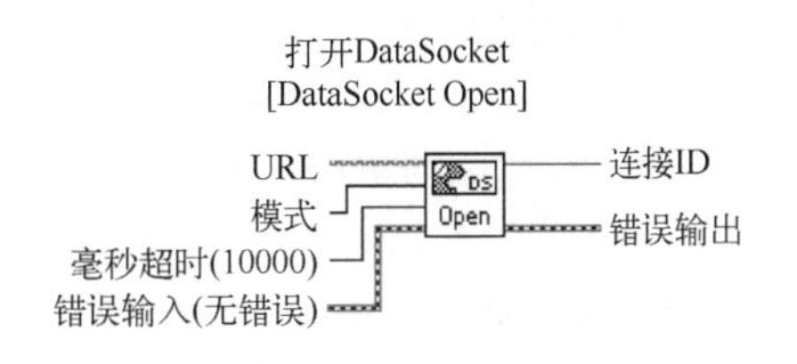

图 8.15 打开 DataSocket 函数

（如 PSP、DSTP、OPC、FTP、HTTP、FILE），也可连线共享变量控件至该接线端。

模式（接线端）：指定通过数据连接进行的操作。

- 0：只读。
- 1：只写。
- 2：读/写。
- 3：读缓冲器。
- 4：读/写缓冲器。

毫秒超时(10000)（接线端）：指定等待 LabVIEW 建立连接的时间，以毫秒为单位。默认值为 10000ms（10s）。值为–1 时，函数无限等待。值为 0 时，LabVIEW 不建立连接并返回错误 56。

错误输入(无错误)（接线端）：表明节点运行前发生的错误。该输入将提供标准错误输入功能。

连接 ID（接线端）：用于唯一标识数据连接。

错误输出（接线端）：包含错误信息。该输出将提供标准错误输出功能。

（2）写入 DataSocket 函数

该函数可写入数据至连接输入中指定的连接。连线板可显示该多态函数的默认数据类型。其图标与端口如图 8.16 所示。

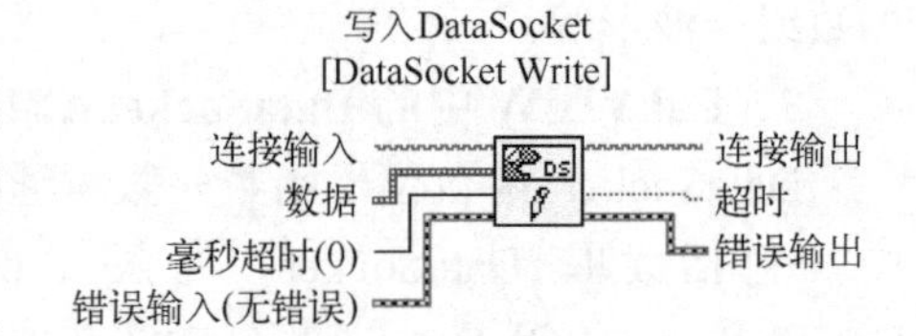

图 8.16 写入 DataSocket 函数

连接输入（接线端）：标识要写入的数据项。连接输入是描述 URL 或共享变量控件的字符串。

数据（接线端）：写入连接的数据。数据可以是 LabVIEW 中任意类型的数据。

毫秒超时(0)（接线端）：指定函数用于等待操作完成的时间，以毫秒为单位。默认值为 0，表示函数不等待操作完成。值为–1 表示函数一直等待，直到操作完成。目前，Windows 平台上的 OPC，LabVIEW 支持平台的 DSTP 和 FILE 协议都允许该函数使用非零超时值。与 PSP 一同使用非零超时值时，必须启用同步通知。启用同步通知后，函数一直等待，直到操作结束或超时。必须在 PSP URL 的尾部添加“?sync="true"”以启用同步通知，并允许在写操作时使用非零超时值。启用同步通知可能导致性能降低，对 RT 终端的影响尤其显著。

错误输入(无错误)（接线端）：表明节点运行前发生的错误。该输入将提供标准错误输入功能。

连接输出（接线端）：指定数据连接的数据源。

超时（接线端）：操作在超时区间内完成且未错误发生时，值为 FALSE。如果毫秒超时的值为 0，则超时的值永远为 FALSE。

错误输出（接线端）：包含错误信息。该输出将提供标准错误输出功能。

（3）读取 DataSocket 函数

该函数可将客户端缓冲区（与连接输入中指定的连接相关）的下一个可用数据移出队列并返回该数据。客户端缓冲也适用于其他协议（如 OPC 和文件协议），其图标与端口如图 8.17 所示。

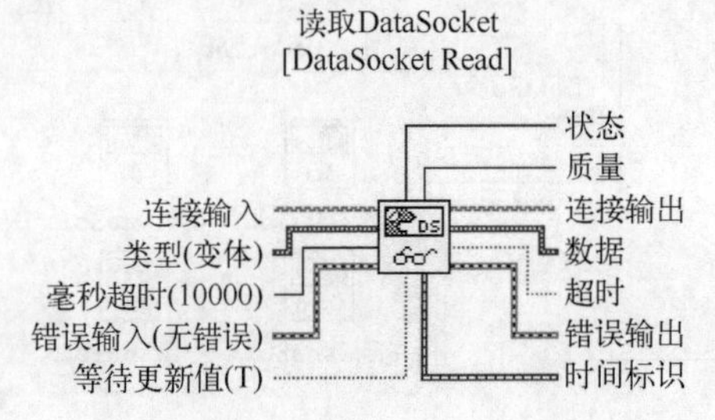

图 8.17 读取 DataSocket 函数

连接输入（接线端）：指定要读取的数据源。连接输入可以是描述 URL 的字符串、共享变量控件、打开 DataSocket 函数的连接 ID 引用参数输出，或写入 DataSocket 函数的连接输出参数。

类型(变体)（接线端）：指定要读取数据的类型，并定义数据输出接线端的类型。默认的类型为变体，任意类型。连线任意数据类型至输入端可定义输出数据类型。LabVIEW 忽略输入数据的值。

毫秒超时(10000)（接线端）：用于等待连接缓冲区中可用更新值的时间。如果等待更新值的值为 FALSE 且初始值已到达，函数忽略该输入并取消等待。默认值为 10000ms（10s）。

错误输入(无错误)（接线端）：节点运行前发生的错误。该输入将提供标准错误输入功能。

等待更新值(T)（接线端）：如果设置为 TRUE，函数可等待新值。如果连接缓冲区包含未处理的数据，函数可立即返回下一个可用值，否则函数可等待毫秒超时以获取更新。如果在超时周期内未出现新的值，函数可返回当前值并设置超时为 TRUE。如果等待更新值的值为 FALSE，则函数可返回连接缓冲区中的下一个可用值，如果无可用值，可返回前一个值。

状态（接线端）：报告来自 PSP 服务器或 FieldPoint 控制器的警报或错误。如果第 31 位是 1，则状态表明发生错误。否则，状态是状态代码。

质量（接线端）：是从共享变量或 NI 发布-订阅协议（NI-PSP）数据项读取的数据的数据质量。质量的值可用于调试 VI。

连接输出（接线端）：是指定数据连接的数据源。

数据（接线端）：是读取的数据。如果函数超时，数据返回函数最后读取的值。如果函数在尚未读取数据前就已经超时，或数据类型不兼容，数据可返回 0、空或等同的值。

超时（接线端）：如果函数等待更新值或初始值时超时，则值为 TRUE。

错误输出（接线端）：包含错误信息。该输出将提供标准错误输出功能。

时间标识（接线端）：返回共享变量和 NI-PSP 协议数据项的时间标识数据。

（4）关闭 DataSocket 函数

该函数可关闭在连接 ID 中指定的数据连接，其图标与端口如图 8.18 所示。

关闭DataSocket
[DataSocket Close]
连接ID
毫秒超时(0)
错误输入(无错误)
Close
超时
错误输出

图 8.18 关闭 DataSocket 函数

连接 ID（接线端）：是唯一标识连接的连接引用句柄。

毫秒超时(0)（接线端）：指定函数等待待定的操作完成的时间，以毫秒为单位。默认值为 0，表示函数不等待操作完成。值为–1 表示函数一直等待直到操作完成。

错误输入(无错误)（接线端）：指示节点运行前产生错误的条件。即使在节点运行前发生错误，节点仍正常运行。

超时（接线端）：操作在超时区间内完成且未错误发生时，值为 FALSE。如果毫秒超时的值为 0，则超时的值永远为 FALSE。

错误输出（接线端）：包含错误信息。该输出将提供标准错误输出功能。

（5）DataSocket 选择 URL VI

该函数可显示对话框，使用户选择数据源并返回该数据的 URL，其图标与端口如图 8.19 所示。

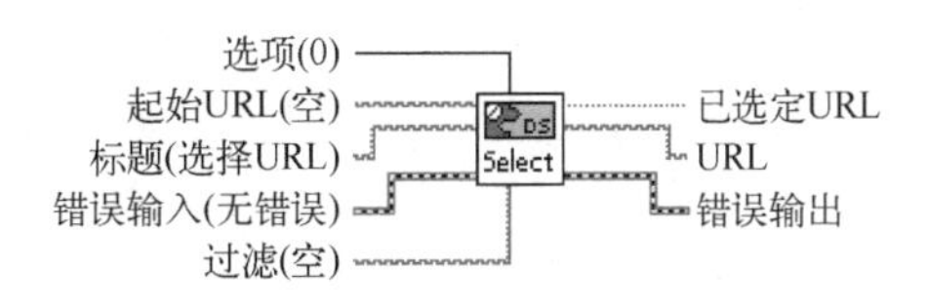

图 8.19 DataSocket 选择 URL VI 函数

该 VI 仅适用于对象 URL 未知，并且希望通过对话框搜索数据源或终端的情况。

选项(0)（接线端）：确定是否在浏览器中显示 PSP、DataSocket 或 OPC 项。组合值用于显示不同类型的项。输入 1 显示 PSP 项，输入 2 显示 OPC 项，输入 3 显示 PSP 和 DataSocket 项，输入 4 显示 OPC 项，输入 7 显示所有类型。默认值为 0。

起始 URL(空)（接线端）：指定用于打开对话框的 URL。起始 URL 可以为空、协议（如 FILE）或整个 URL。

标题(选择 URL)（接线端）：是对话框的标题。

错误输入(无错误)（接线端）：表明节点运行前发生的错误。该输入将提供标准错误输入功能。

过滤(空)（接线端）：输入对话框使用的过滤值。过滤目前仅对文件有效。

已选定 URL（接线端）：如果已经选择有效的数据源，则值为 TRUE。

URL（接线端）：提供选定数据源的 URL。已选定 URL 的值为 TRUE 时，该值有效。

错误输出（接线端）：包含错误信息。该输出将提供标准错误输出功能。

[例 8-2]　DataSocket 通信实例。

（1）发送程序的创建

1）按照图 8.20 创建前面板。

2）按照图 8.21 创建程序框图。

3）程序框图创建过程。

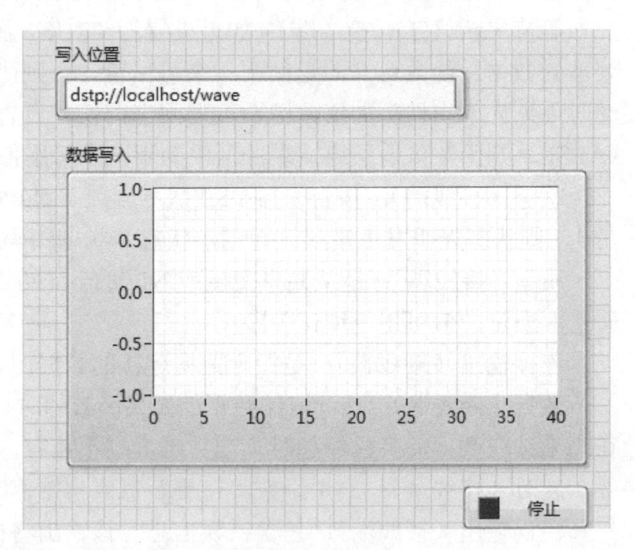

图 8.20　前面板

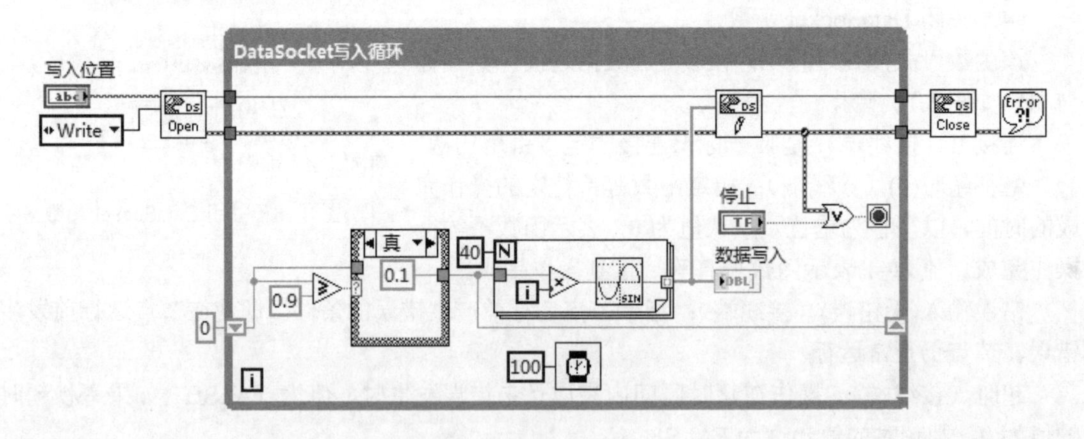

图 8.21　程序框图

① 打开 DataSocket 函数、写入 DataSocket 函数、关闭 DataSocket 函数的创建：从函数选板→数据通信→DataSocket 中选择对应函数，拖放到程序框图的合适位置。

② 其他函数的创建：参见前面有关章节原理及实例创建。

③ 按照图 8.21 连线。

4）保存该 VI。

（2）读取程序的创建

1）按照图 8.22 创建前面板。

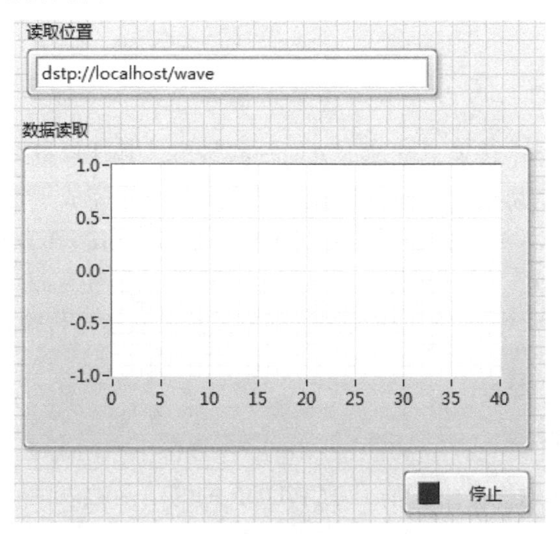

图 8.22　前面板

2）按照图 8.23 创建程序框图。

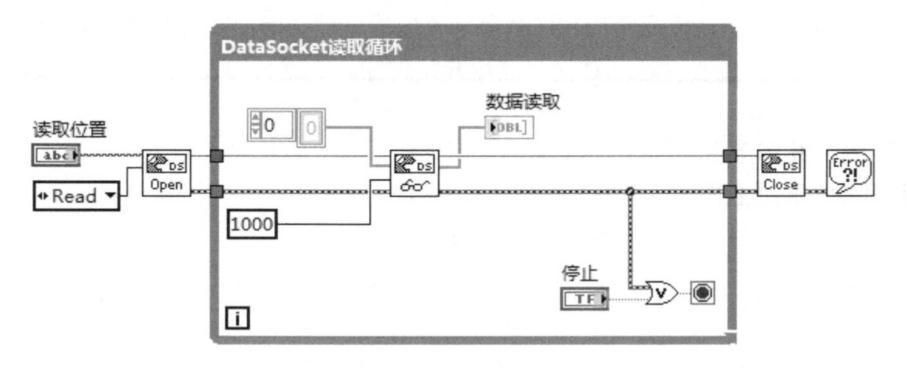

图 8.23　程序框图

3）程序框图创建过程。

① 打开 DataSocket 函数、读取 DataSocket 函数、关闭 DataSocket 函数的创建：从函数选板→数据通信→DataSocket 中选择对应函数，拖放到程序框图的合适位置。

② 其他函数的创建：参见前面有关章节原理及实例创建。

③ 按照图 8.23 连线。

4）保存该 VI。

5）测试读/写程序。

8.3　TCP 通信

TCP（Transmission Control Protocol，传输控制协议）是一种面向连接的、可靠的、基于字节流的传输层通信协议，由IETF的RFC 793定义。在简化的计算机网络OSI模型中，它完成第四层（传输层）所指定的功能，用户数据报协议（UDP）是同一层内另一个重要的传输协议。在因特网协议族（Internet Protocol Suite）中，TCP层是位于IP层之上、应用层之下的中间层。

8.3.1 TCP通信简介

网络通信协议是网络中传递、管理信息的一些规范，是计算机之间相互通信需要共同遵守的一些规则。网络通信协议通常被分为多个层次，每一层完成一定的功能，通信在对应的层次之间进行。LabVIEW中支持的通信协议类型包括TCP/IP、UDP、串口通信协议、无线网络协议和邮件传输协议。TCP/IP协议体系是目前最成功的使用最频繁的Internet协议，有着良好的实用性和开放性。它定义了网络层的网际互联协议IP、传输层的传输控制协议TCP、用户数据协议UDP等。

8.3.2 TCP通信编程

LabVIEW中为网络通信提供了基于TCP/UDP的通信函数以供用户调用。这样用户可直接调用TCP模块中已发布的TCP VI及相关的子VI来完成流程的编写，而无须过多考虑网络的底层实现。在设计上采用C/S（Client/Server，客户端/服务器）通信模式，VI程序分为两部分：处理主机工作在Server模式，完成数据接收，并提供数据的相关处理；数据点计算机工作于Client模式，实现数据传送。TCP传输数据的过程如下：首先由发送端发送连接请求，接收端侦听到请求后回复并建立连接，然后开始传输，数据传输完成后关闭连接，传输过程结束。

使用LabVIEW基于TCP编写通信软件时，一般整个传输过程如下：

1）服务器通过主机名或者IP地址与端口号建立侦听，等待客户端连接。

2）客户端根据主机的IP地址和端口号发出连接请求。

3）服务器与客户端建立连接后，通过读/写函数进行TCP数据通信。

4）关闭连接。

在LabVIEW中，提供了一组专门的相关TCP的操作函数，在后面板程序框图中进入函数数据通信协议，选择TCP可以进入TCP子模板，主要节点函数如图8.24所示。

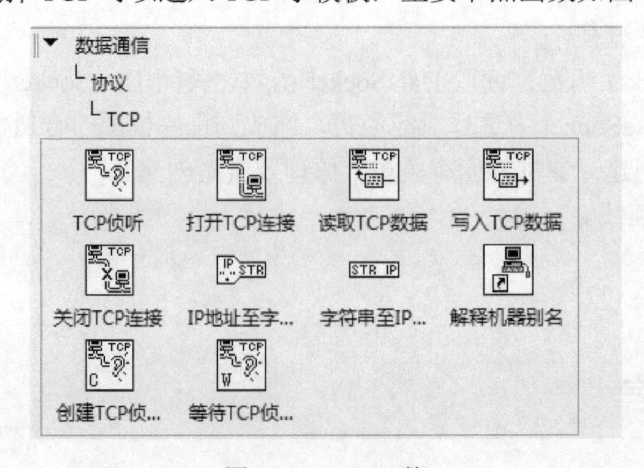

图8.24 TCP函数

1．TCP 侦听

TCP 侦听函数可创建侦听器并等待位于指定端口的已接受 TCP 连接，其图标与端口如图 8.25 所示。

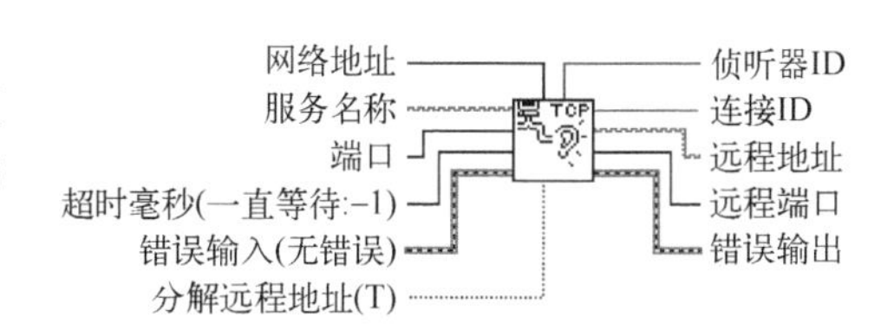

图 8.25　TCP 侦听函数

网络地址（接线端）：指定侦听的网络地址。有多块网卡时，如果需侦听特定地址上的网卡，应指定网卡的地址。如果未指定网络地址，则 LabVIEW 可侦听所有的网络地址。通过字符串至 IP 地址转换函数可获取当前计算机的 IP 网络地址。

服务名称（接线端）：创建端口号的已知引用。如果指定服务名称，则 LabVIEW 将使用 NI 服务定位器注册服务名称和端口号。

端口（接线端）：是要侦听连接的端口号。

超时毫秒(一直等待: –1)（接线端）：指定 VI 等待连接的时间，以毫秒为单位。如果未在指定时间内建立连接，则 VI 可完成并返回错误。默认值为–1，表示无限等待。

错误输入(无错误)（接线端）：表明节点运行前发生的错误。该输入将提供标准错误输入功能。

分解远程地址(T)（接线端）：表明是否在远程地址调用 IP 地址至字符串转换函数。默认值为 TRUE。

侦听器 ID（接线端）：是唯一标识侦听器的网络连接句柄。

连接 ID：是唯一标识 TCP 连接的网络连接引用句柄。该连接句柄用于在以后的 VI 调用中引用连接。

远程地址（接线端）：是与 TCP 连接关联的远程机器的地址。该地址使用 IP 句点符号格式。

远程端口（接线端）：是远程系统用于连接的端口。

错误输出（接线端）：包含错误信息。该输出将提供标准错误输出功能。

2．打开 TCP 连接

该函数可打开由地址和远程端口或服务名称指定的 TCP 网络连接，其图标与端口如图 8.26 所示。

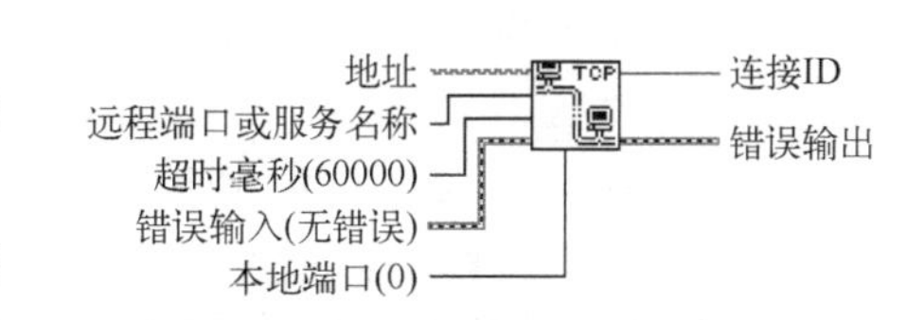

图 8.26　打开 TCP 连接函数

地址（接线端）：是要与其建立连接的地址。该地址可以为 IP 句点符号格式或主机名。如果未指定地址，则 LabVIEW 可建立与本地计算机的连接。

远程端口或服务名称（接线端）：可接收数字或字符串输入。远程端口或服务名称是要与其确立连接的端口或服务的名称。如果指定了服务名称，则 LabVIEW 可向 NI 服务定位器查询所有服务已注册的端口号。如果连接值为 0，则 LabVIEW 将返回错误。

超时毫秒(60000)（接线端）：指定函数等待完成和返回错误的时间，以毫秒为单位。默认值为 60000ms，即 1min。值为–1 表明无限等待。

错误输入(无错误)（接线端）：表明节点运行前发生的错误。该输入将提供标准错误输入功能。

本地端口(0)（接线端）：是用于本地连接的端口。某些服务器仅允许使用特定范围内的端口号连接客户端，范围由服务器确定。如果值为 0，则操作系统可选择尚未使用的端口。默认值为 0。

连接 ID（接线端）：是唯一标识 TCP 连接的网络连接引用句柄。该连接句柄用于在以后的 VI 调用中引用连接。

错误输出（接线端）：包含错误信息。该输出将提供标准错误输出功能。

3．读取 TCP 数据

该函数可从 TCP 网络连接读取字节并通过数据输出返回结果，其图标与端口如图 8.27 所示。

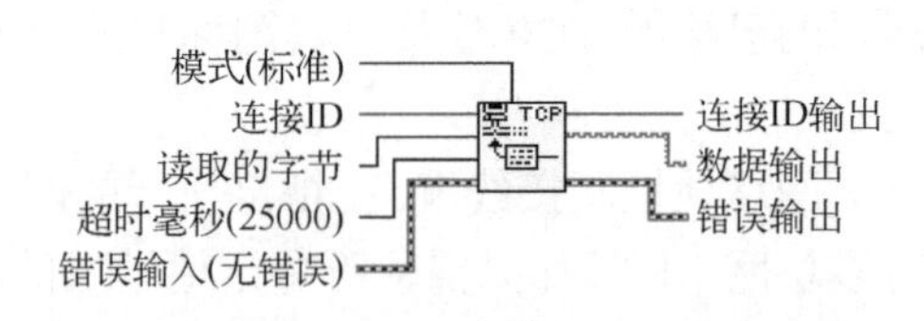

图 8.27　读取 TCP 数据函数

模式(标准)（接线端）：表明读取操作的动作。

- 0 表示 Standard（默认），等待直至读取所有读取字节中指定的字节或超时毫秒用完，返回目前已读取的字节数。如果字节数少于请求的字节数，则返回部分字节数并报告超时错误。
- 1 表示 Buffered，等待直至读取所有读取字节中指定的字节或超时毫秒用完。如果字节数少于请求的字节数，则不返回字节并报告超时错误。
- 2 表示 CRLF，等待直至读取到所有指定的字节，或直至函数在读取字节指定的字节数内接收到 CR（回车）加上 LF（换行），或超时毫秒用完。该函数可返回所有的字节，包括 CR 和 LF。
- 3 表示 Immediate，在函数接收到读取字节中所指定的字节前一直等待。如果该函数未收到字节则等待至超时。返回目前的字节数。如果函数未接收到字节，则报告超时错误。

连接 ID（接线端）：是唯一标识 TCP 连接的网络连接引用句柄。

读取的字节（接线端）：是要读取的字节数。

超时毫秒(25000)（接线端）：指定模式等待且未报告超时错误的时间，以毫秒为单位。默认值为 25000ms。值为–1 表示无限等待。

错误输入(无错误)（接线端）：表明节点运行前发生的错误。该输入将提供标准错误输入功能。

连接 ID 输出（接线端）：返回值与连接 ID 相同。

数据输出（接线端）：包含从 TCP 连接读取的数据。

错误输出（接线端）：包含错误信息。该输出将提供标准错误输出功能。

4．写入 TCP 数据

该函数可使数据写入 TCP 网络连接，其图标与端口如图 8.28 所示。

连接 ID（接线端）：是唯一标识 TCP 连接的网络连接引用句柄。

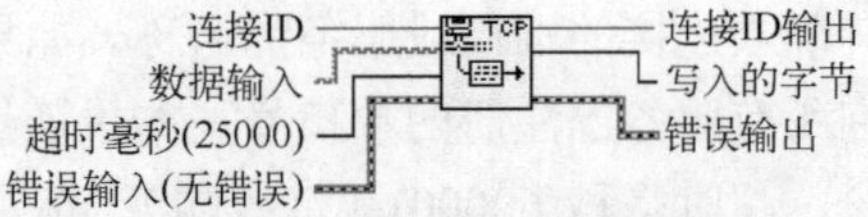

图 8.28　写入 TCP 数据函数

数据输入（接线端）：包含要写入连接的数据。

超时毫秒(25000)（接线端）：指定函数完成向设备写入字节并报告错误的时间，以毫秒为单位。默认值为 25000ms。值为–1 表示无限等待。

错误输入(无错误)（接线端）：表明节点运行前发生的错误。该输入将提供标准错误输入功能。

连接 ID 输出（接线端）：返回值与连接 ID 相同。

写入的字节（接线端）：是 VI 写入连接的字节数。

错误输出（接线端）：包含错误信息。该输出将提供标准错误输出功能。

5．关闭 TCP 连接

该函数可关闭 TCP 网络连接，其图标与端口如图 8.29 所示。

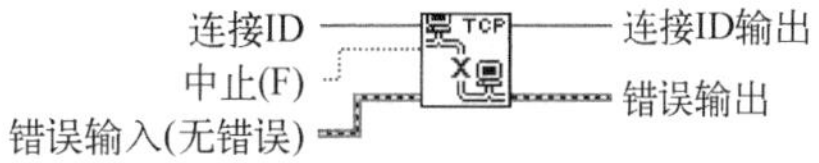

图 8.29　关闭 TCP 连接函数

连接 ID（接线端）：是唯一标识要关闭的网络连接的网络句柄。

中止(F)（接线端）：保留，以便今后使用。

错误输入(无错误)（接线端）：指示节点运行前产生错误的条件。即使在节点运行前发生错误，节点仍正常运行。

连接 ID 输出（接线端）：返回值与连接 ID 相同。请勿连线该输出端至其他 TCP 函数。

错误输出（接线端）：包含错误信息。该输出将提供标准错误输出功能。

6．IP 地址至字符串转换

该函数可使 IP 地址转换为字符串，其图标与端口如图 8.30 所示。

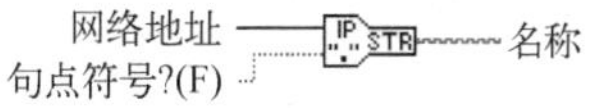

图 8.30　IP 地址至字符串转换函数

网络地址（接线端）：是要进行转换的 IP 网络地址，用句点符号和无符号整数表示。

句点符号?(F)（接线端）：表明名称是否为句点符号格式。默认值为 FALSE，返回 machinename.domain.com 格式的 IP 地址。句点符号格式返回 128.0.0.25。

名称（接线端）：是等同于网络地址的字符串。

7．字符串至 IP 地址转换

该函数可使字符串转换为 IP 地址或 IP 地址数组，其图标与端口如图 8.31 所示。

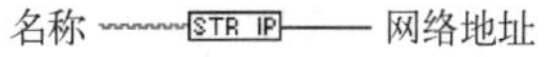

图 8.31　字符串至 IP 地址转换函数

名称（接线端）：是要转换的字符串。如果为空，则网络地址是当前机器的 IP 网络地址。

网络地址（接线端）：与名称等同，它是用句点符号和无符号整数表示的 IP 网络地址。

8．解释机器别名

该函数可返回机器的网络地址，在联网或在 VI 服务器函数中使用，其图标与端口如图 8.32 所示。

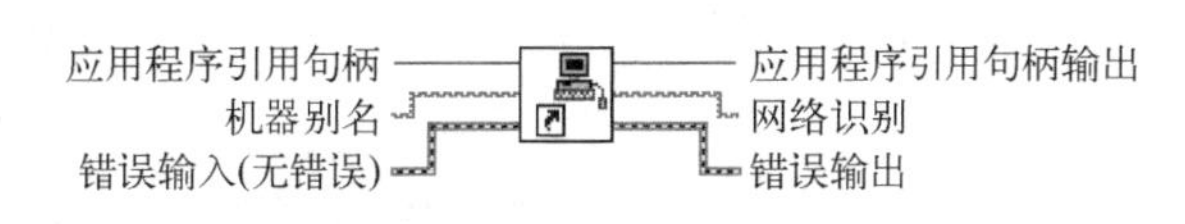

图 8.32　解释机器别名函数

应用程序引用句柄（接线端）：是对 LabVIEW 应用程序的引用。

机器别名（接线端）：是计算机的别名。

错误输入(无错误)（接线端）：表明节点运行前发生的错误。该输入将提供标准错误输入功能。

应用程序引用句柄输出（接线端）：传递由应用程序引用句柄指定的应用程序引用。

网络识别（接线端）：是机器的网络地址（如 IP 地址）。如果 VI 不能解析该机器别名，则 VI 将返回错误，或将机器别名作为网络识别返回。

错误输出（接线端）：包含错误信息。该输出将提供标准错误输出功能。

9．创建 TCP 侦听器

该函数可为 TCP 网络连接创建侦听器。连线 0 至端口输入可动态选择操作系统认为可用的 TCP 端口。使用打开 TCP 连接函数可向 NI 服务定位器查询与服务名称注册相关的端口号。其图标与端口如图 8.33 所示。

网络地址（接线端）：指定侦听的网络地址。有多块网卡时，如果需侦听特定地址上的网卡，则应指定网卡的地址。如果未指定网络地址，则 LabVIEW 可侦听所有的网络地址。通过字符串至 IP 地址转换函数可获取当前计算机的 IP 网络地址。

服务名称（接线端）：创建端口号的已知引用。如果指定服务名称，则 LabVIEW 将使用 NI 服务定位器注册服务名称和端口号。

端口：是要侦听连接的端口号。

超时毫秒(25000)（接线端）：指定函数等待完成并报告错误的时间，以毫秒为单位。默认值为 25000ms，即 25s。值为–1 表明无限等待。

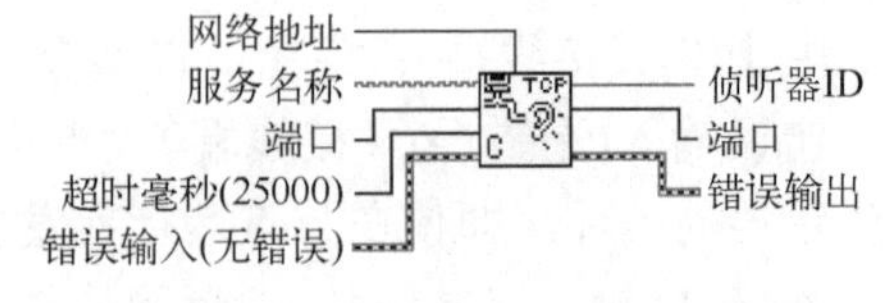

图 8.33　创建 TCP 侦听器函数

错误输入(无错误)（接线端）：表明节点运行前发生的错误。该输入将提供标准错误输入功能。

侦听器 ID（接线端）：是唯一标识侦听器的网络连接句柄。

端口（接线端）：返回函数使用的端口号。

错误输出（接线端）：包含错误信息。该输出将提供标准错误输出功能。

10．等待 TCP 侦听器

该函数可等待已接受的 TCP 网络连接，其图标与端口如图 8.34 所示。

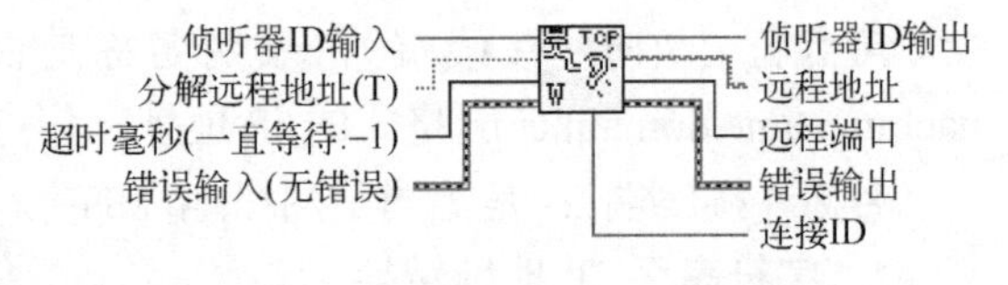

图 8.34　等待 TCP 侦听器函数

侦听器 ID 输入（接线端）：是唯一标识侦听器的网络连接句柄。

分解远程地址(T)（接线端）：表明是否在远程地址调用 IP 地址至字符串转换函数。默认值为 TRUE。

超时毫秒(一直等待: –1)（接线端）：指定函数等待连接的时间，以毫秒为单位。如果在指定的时间内未建立连接，则函数返回错误。默认值为–1，表示无限等待。

错误输入(无错误)（接线端）：表明节点运行前发生的错误。该输入将提供标准错误输入功能。

侦听器 ID 输出（接线端）：返回值与侦听器 ID 输入相同。该值用于在以后的调用中引用函数。

远程地址（接线端）：是与 TCP 连接关联的远程机器的地址。该地址使用 IP 句点符号格式。

远程端口（接线端）：是远程系统用于连接的端口。

错误输出（接线端）：包含错误信息。该输出将提供标准错误输出功能。

连接 ID（接线端）：是唯一标识 TCP 连接的网络连接引用句柄。该连接句柄用于在以后的 VI 调用中引用连接。

[例 8-3]　TCP 通信实例。

1．服务器端程序的创建

1）按照图 8.35 创建前面板。

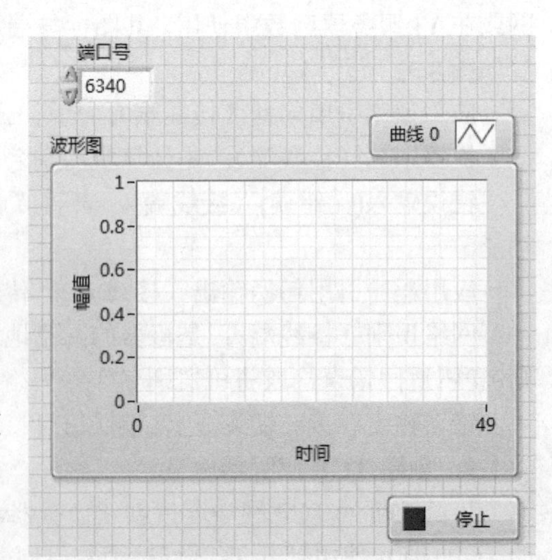

图 8.35　服务器前面板

2）按照图 8.36 创建程序框图。

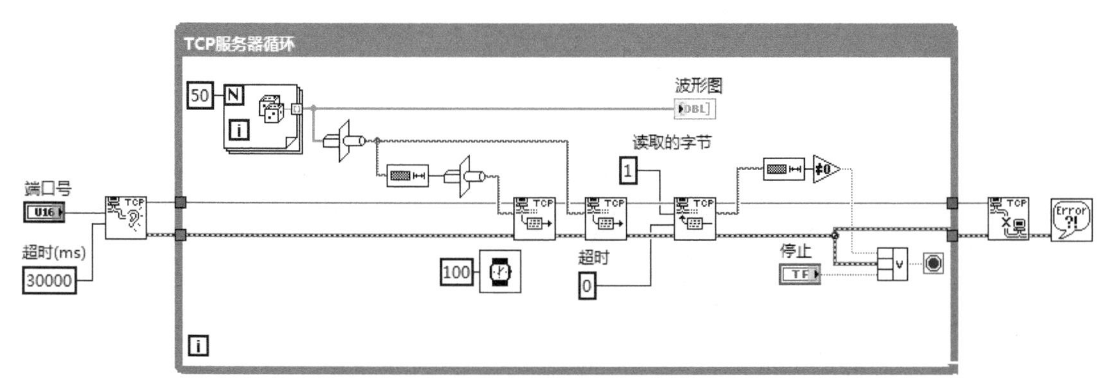

图 8.36　服务器程序框图

3）程序框图创建过程。

① TCP 侦听、写入 TCP 数据、读取 TCP 数据、关闭 TCP 连接函数的创建：从函数选板→数据通信→协议→TCP 中选择对应函数，缩放并拖放到程序框图的合适位置。

② 其他函数的创建：参见前面有关章节原理及实例创建。

③ 按照图 8.36 连线。

4）保存该 VI。

2．客户端程序的创建

1）按照图 8.37 创建前面板。

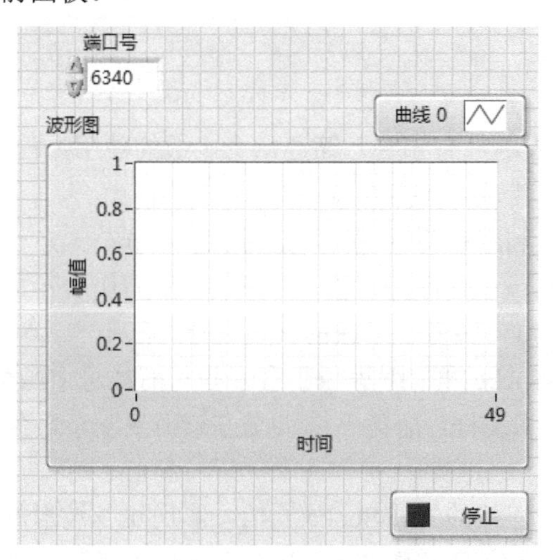

图 8.37　客户端前面板

2）按照图 8.38 创建程序框图。

3）程序框图创建过程。

① 打开 TCP 连接、读取 TCP 数据、写入 TCP 数据、关闭 TCP 连接函数的创建：从函数选板→数据通信→协议→TCP 中选择对应函数，缩放并拖放到程序框图的合适位置。

② 其他函数的创建：参见前面有关章节原理及实例创建。

③ 按照图 8.38 连线。

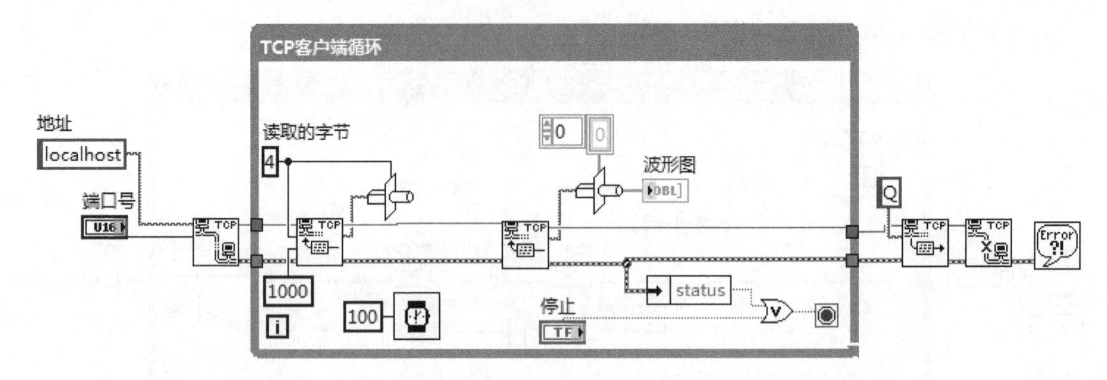

图 8.38 客户端程序框图

4）保存该 VI。

5）测试读写程序。

说明：

1）采用 TCP 节点通信时，在服务器端框图程序中必须指定网络通信端口，客户端也要指定相同的端口，才能与服务器之间进行正确的通信。在一次通信连接建立后，就不能改变端口的值了。如果的确需要改变端口值，则必须首先断开连接，才能重新设置新的端口值。

2）在客户端要指定服务器的 IP 地址才能与服务器之间建立连接。若服务器和客户机在同一台机器上运行，则客户端框图程序中输入的服务器地址可以设置为下面任意一个：“localhost”“127.0.0.1”、空字符串或者当前计算机的名称。

思考题

1．LabVIEW 串口编程函数有哪些？简述每个函数的使用方法。

2．下载并安装 VSPD 工具，创建虚拟串口。

3．编写一串口程序，利用串口调试工具进行接收测试。

4．说明 DataSocket Server Manager 窗口中每个组成的作用。

5．DataSocket Server 窗口中每个组成的作用是什么？

6．LabVIEW 的 DataSocke 通信编程函数有哪些？简述每个函数的使用方法。

7．利用 DataSocke 技术编程，服务器端实现方波函数发布，客户端接收方波函数并显示方波的周期和占空比。

8．编程基于数据绑定连接的 DataSocke 通信，实现正弦波形的发布和接收。

9．LabVIEW 的 TCP 通信编程函数有哪些？简述每个函数的使用方法。

10．利用 LabVIEW 的 TCP 编程，实现一个周期的正弦函数 180 个等间距的数据通信传输。

第 9 章　虚拟仪器数据采集系统

虚拟仪器（Virtual Instrument，VI）的概念最早于 20 世纪 90 年代由美国 NI 公司提出，主要思想是利用高性能的模块化硬件，结合高效灵活的软件来完成各种测试、测量和自动化应用。虚拟仪器技术包括硬件、软件和系统设计等要素。虚拟仪器概念的提出引发了传统仪器领域的一场重大变革，使得计算机和网络技术与仪器技术结合起来，促进了自动化测试测量与控制领域技术的发展。

随着计算机、软件及电子技术的快速发展，虚拟仪器技术的应用早已突破最初的仪器控制和数据采集的范畴，而向更加纵深的方向发展，不仅可用于构建大型的自动化测试系统，还常用于控制系统、嵌入式设计等，应用包括电子电气、射频与通信、装备自动化、汽车、国防、航空航天、能源电力、生物医电、土木工程、环境工程等多个领域。本章重点介绍虚拟仪器数据采集系统的组成、硬件设备、软件组件和数据采集系统的实现方法，具体常用硬件设备介绍和应用案例详见本书第 10、11 章。

9.1　虚拟仪器数据采集系统组成

9.1.1　数据采集（DAQ）系统组成

数据采集（Data Acquisition，DAQ）是使用计算机测量电压、电流、温度、压力或声音等电子、物理现象的过程。如图 9.1 所示，DAQ 系统由传感器、DAQ 设备和带有可编程软件的计算机组成。

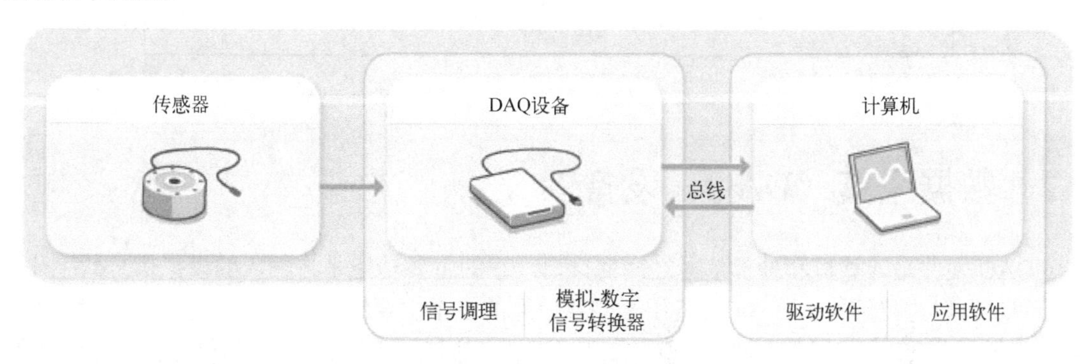

图 9.1　DAQ 系统组成部分

9.1.2　数据采集系统配置

图 9.2 为虚拟仪器数据采集系统所涉及的常用软硬件配置。与传统的测量系统相比，基于 PC 的 DAQ 系统利用行业标准计算机的处理、显示和联通能力，提供功能强大、使用灵活、性价比高的测量解决方案。

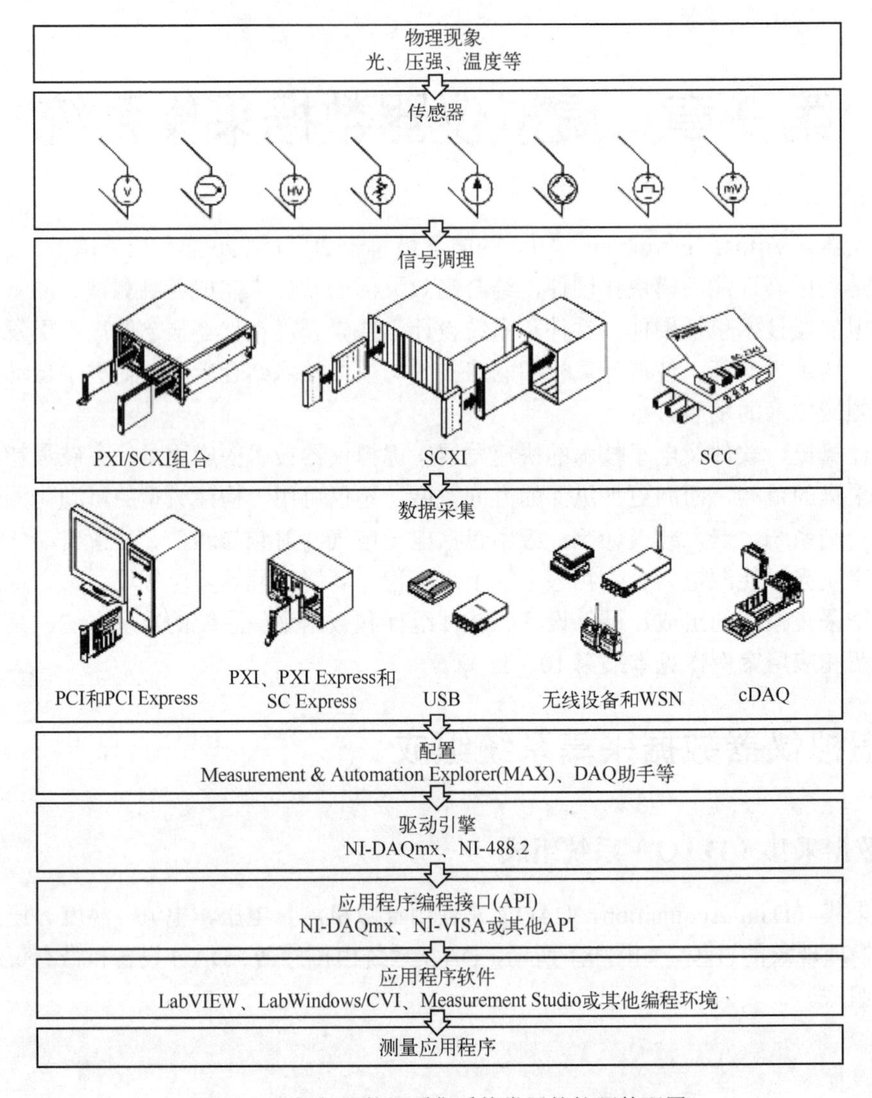

图 9.2 虚拟仪器数据采集系统常用的软硬件配置

9.2 数据采集（DAQ）设备

DAQ 硬件是计算机和外部信号之间的接口。它的主要功能是将输入的模拟信号数字化，使计算机可以进行解析。DAQ 设备用于测量信号的三个主要组成部分为信号调理电路、模–数转换器（ADC）与计算机总线。很多 DAQ 设备还拥有实现测量系统和过程自动化的其他功能。例如，数–模转换器（DAC）输出模拟信号，数字 I/O 线输入和输出数字信号，计数器/定时器计量并生成数字脉冲。

9.2.1 信号调理电路

信号调理电路将信号处理成可以输入至 ADC 的一种形式。电路功能包括放大、衰减、滤波和隔离。一些 DAQ 设备含有内置信号调理电路，用于测量特定的传感器类型。

9.2.2　模–数转换器（ADC）

在经计算机等数字设备处理之前，传感器的模拟信号必须转换为数字信号。模–数转换器（ADC）是提供瞬时模拟信号的数字显示的一种芯片。实际操作中，模拟信号随着时间不断发生改变，ADC 以预定的速率对信号进行周期性的“采样”。这些采样通过计算机总线传输到计算机上，在总线上根据软件采样重构原始信号。

9.2.3　计算机总线

DAQ 设备通过插槽或端口连接至计算机。作为 DAQ 设备和计算机之间的通信接口，计算机总线用于传输指令和已测量数据。DAQ 设备可用于最常用的计算机总线，包括 USB、PCI、PCI Express 和以太网。随着无线传感网和物联网技术的发展，DAQ 设备已可用于 802.11 无线网络进行无线通信。总线有多种类型，对于不同类型的应用，各类总线具有各自不同的优势。

9.3　DAQ 系统中的软件组件

9.3.1　驱动软件

应用软件凭借驱动软件与 DAQ 设备进行交互。它通过提炼底层硬件指令和进行寄存器级编程，简化了与 DAQ 设备的通信。通常情况下，DAQ 驱动软件引出应用程序接口（API），用于在编程环境下创建应用软件。

9.3.2　应用软件

应用软件促进了计算机与用户之间的交互，进行测量数据的获取、分析和显示。它既可以是带有预定义功能的预设应用，也可以是创建带有自定义功能应用的编程环境。自定义应用程序通常用于实现 DAQ 设备的多项功能的自动化，执行信号处理算法，并显示自定义用户界面。

9.4　使用 LabVIEW 采集模拟信号

使用 LabVIEW 可连接 NI DAQ 设备和第三方仪器等测量硬件，采集或生成各种类型信号。下面介绍如何使用 NI DAQ 硬件和 NI-DAQmx 驱动程序及提供的代码示例采集模拟信号。

9.4.1　连接测量硬件

如果要使用 NI 公司提供的示例代码开始测量，需要下载并安装 NI-DAQmx 驱动程序，以便连接和配置 NI 数据采集设备。

1）将 NI DAQ 设备连接到计算机。

2）打开 Measurement & Automation Explorer（MAX），展开设备和接口下拉列表，可以看到用户设备出现在系统已连接设备列表中，如图 9.3 所示。

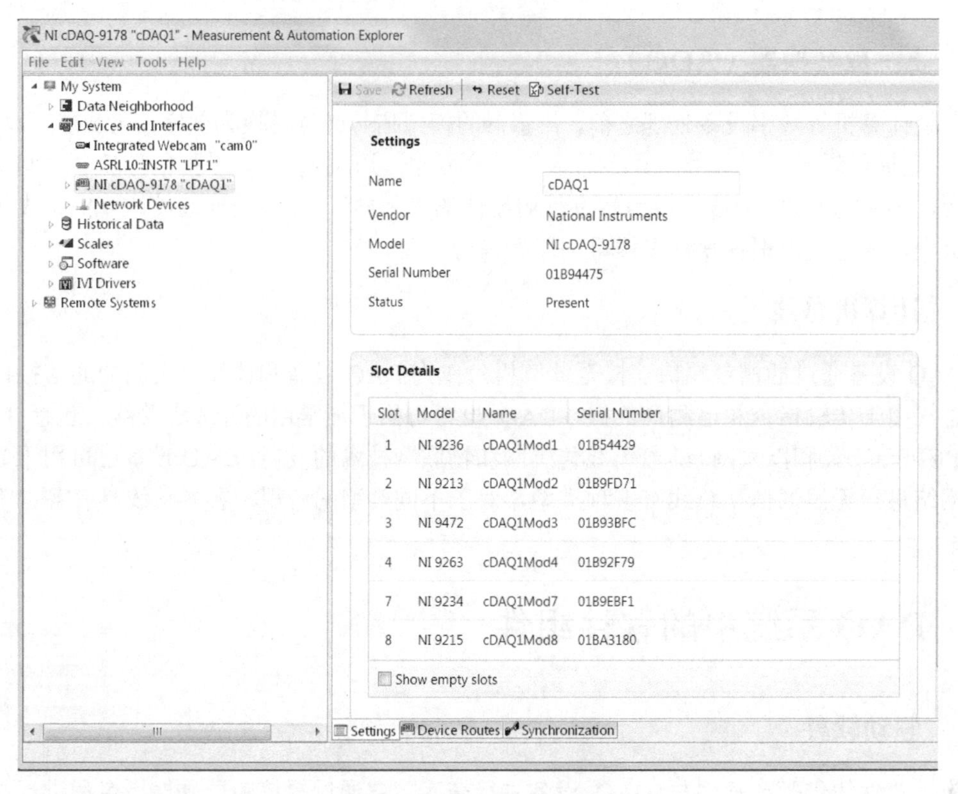

图 9.3 在 MAX 中识别硬件

MAX 是安装了所有 NI 硬件驱动程序的设备管理软件，用于配置 NI 硬件和软件、复制配置数据、执行系统诊断以及更新 NI 软件。

9.4.2 创建仿真设备

如果尚未购买 NI 数据采集硬件，仍可通过创建仿真设备来复制硬件的行为，以运行函数或程序。如图 9.4 所示，如果要创建仿真设备，可打开附带的示例代码中的 Create Simulated Device.vi。单击运行按钮，运行代码。该 VI 将在计算机上创建一个名为 SimuDAQ 的仿真设备。

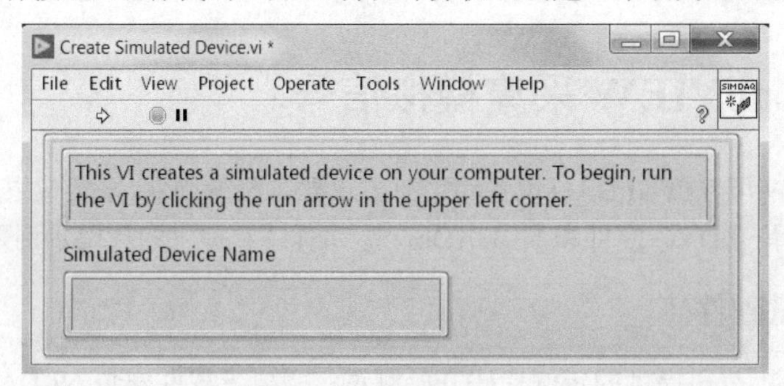

图 9.4 创建仿真设备

9.4.3 使用 DAQ 助手采集信号

1）打开 Connect to NI DAQ Hardware.lvproj 中的 Acquire Analog Inputs using the DAQ

Assistant.vi。该 VI 包括一个预创建的 UI 和分析代码，需要添加采集信号所需的代码，如图 9.5 所示。

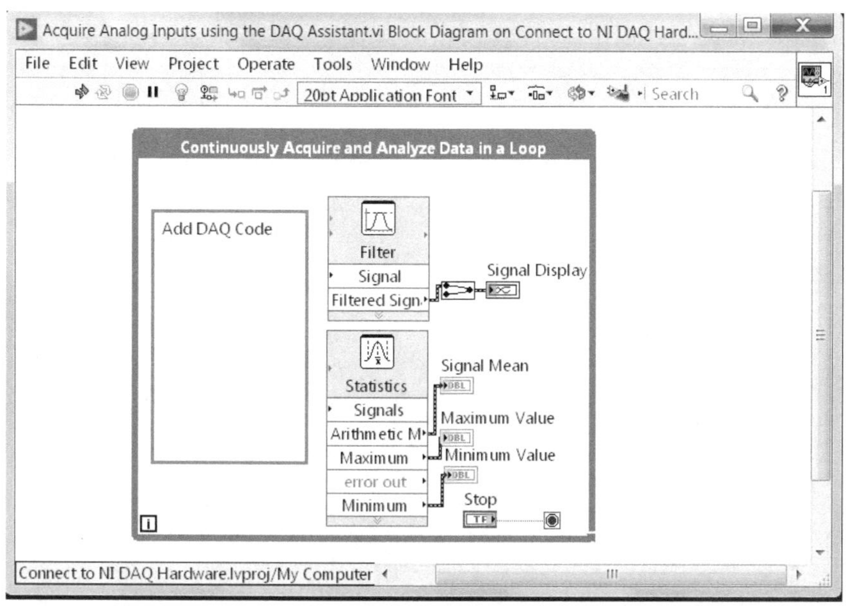

图 9.5 基础程序

2）DAQ Assistant 提供了配置、测试和编程测量任务的分步指南。首先将 DAQ Assistant Express VI 添加到程序框图中。为此，右键单击程序框图，然后导航到 Measurement I/O→NI-DAQmx→DAQ Assistant，最后单击并将 DAQ Assistant 图标拖放到程序框图中；或者打开 Quick Drop，输入 DAQ Assistant，然后从列表中选择该项，如图 9.6 所示。

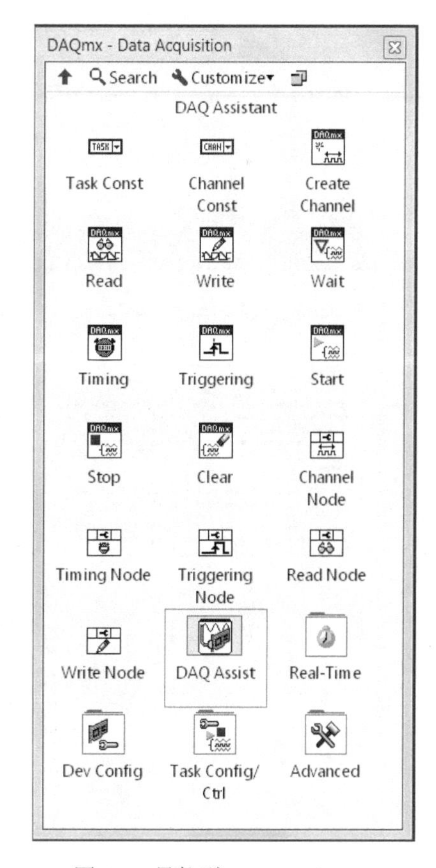

图 9.6 导航到 DAQ Assistant

3）将 DAQ Assistant 放到程序框图上时，会打开测量配置对话框，用于设置任务。从测量配置对话框中选择测量类型和通道。模拟输入采集有几个选项，首先介绍一个简单电压测量的步骤，但是如果使用的是自己的设备和传感器，则可为系统选择相应的测量类型和通道。选择 Acquire Signals→Analog Input→Voltage 选项，配置测量，如图 9.7 所示。

4）选择通道。如果使用的是 NI 数据采集硬件，则通道会按设备名称列出。当系统仅插入一个 DAQ 设备时，默认通道是 Dev1。如果使用仿真设备，则该设备的名称为 SimuDAQ。如图 9.8 所示，从物理设备中选择合适的模拟输入通道（如果可用），如果使用的是仿真设备，则选择 ai0。

5）选择通道后，单击 Finish（完成）按钮。这时会启动模拟输入任务配置页面。在此可以选择采集类型、采样率、采样次数和电压范围。在定时设置下，使用 N 个样本的默认采集模式，将样本数量改为红色和 100，并使用默认采样率 1kHz。单击窗口顶部的运行按钮即可预览数据，如图 9.9 所示。

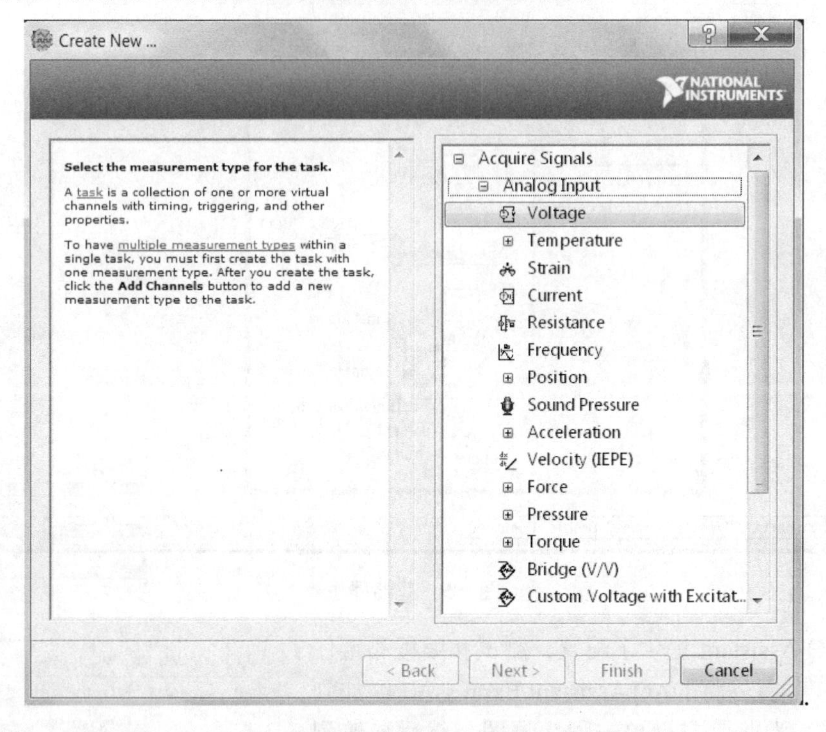

图 9.7　选择信号类型

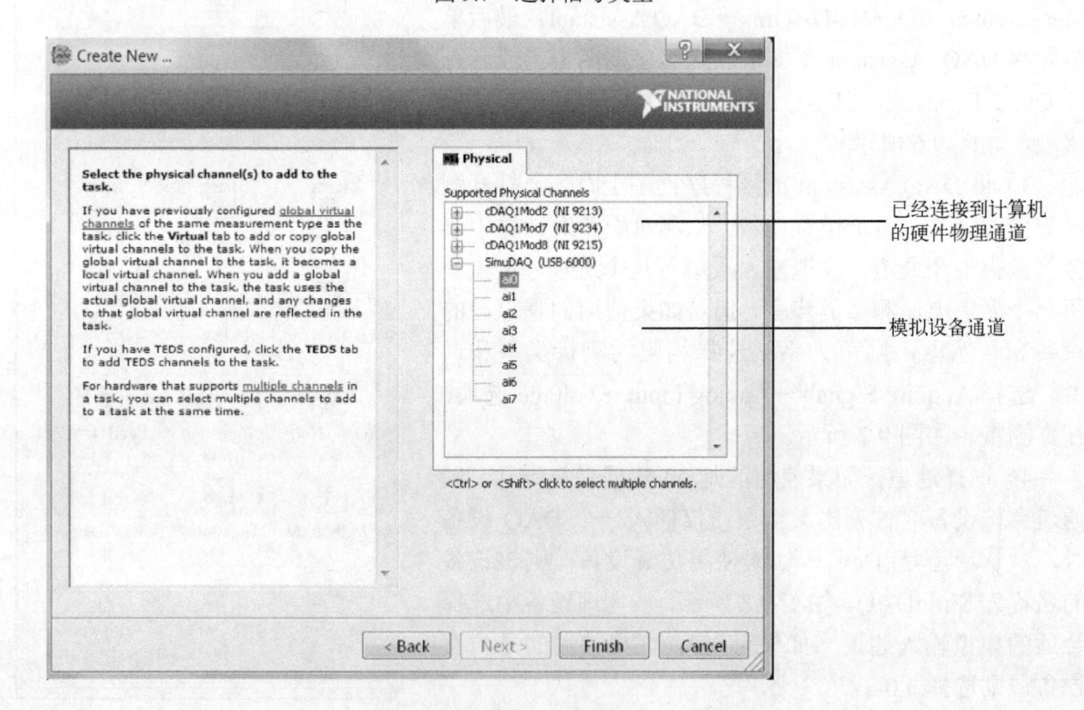

图 9.8　选择通道

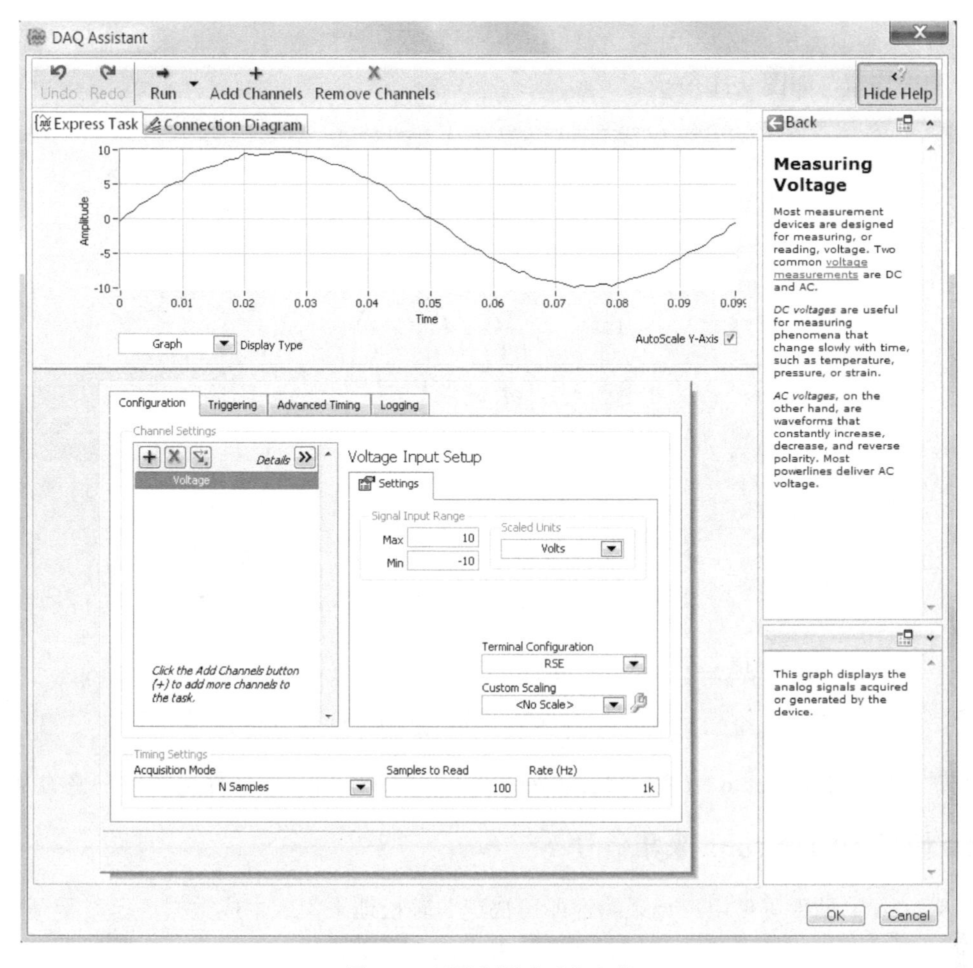

图 9.9　配置和测试采集参数

6）完成配置采集参数后，单击 OK（确定）按钮。DAQ Assistant 自动生成数据采集所需的代码。将 DAQ Assistant 的数据输出连接到分析 VI 的输入端，即可完成系统设计，如图 9.10 所示。

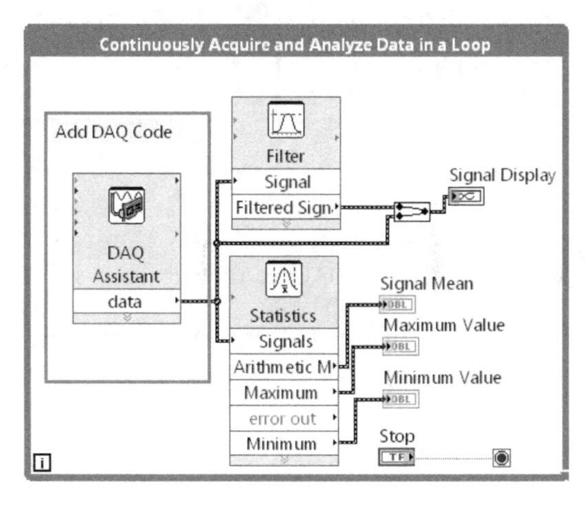

图 9.10　参数配置完成后的程序框图

7）切换到前面板并运行程序，查看原始信号数据和滤波数据，以及采集信号的最小值、最大值和平均值，如图 9.11 所示。

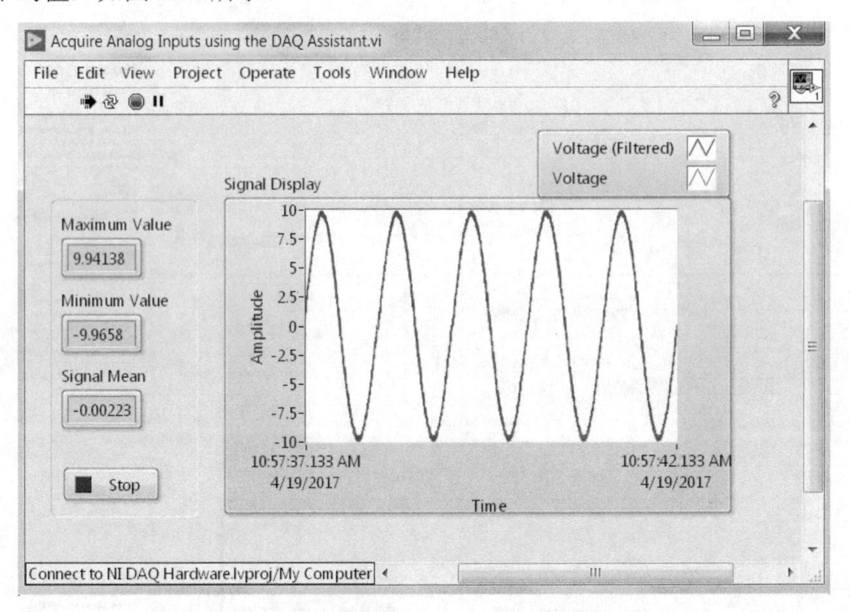

图 9.11 可视化原始信号数据、滤波的数据和特征点

此时可以在 Connect to NI DAQ Hardware.lvproj 中的 Solutions 文件夹找到完整的 VI。

9.4.4 使用 NI-DAQmx 采集信号

尽管 DAQ 助手可使用户无须编程即可快速、轻松地采集或生成数据，但对于高级用户来说，DAQ 助手提供的灵活性和控制级别可能无法满足其需求。NI-DAQmx 驱动具有完整全面的基础和高级函数 API，用于控制各种参数，比如定时、同步、数据操作和执行控制，如图 9.12 所示。

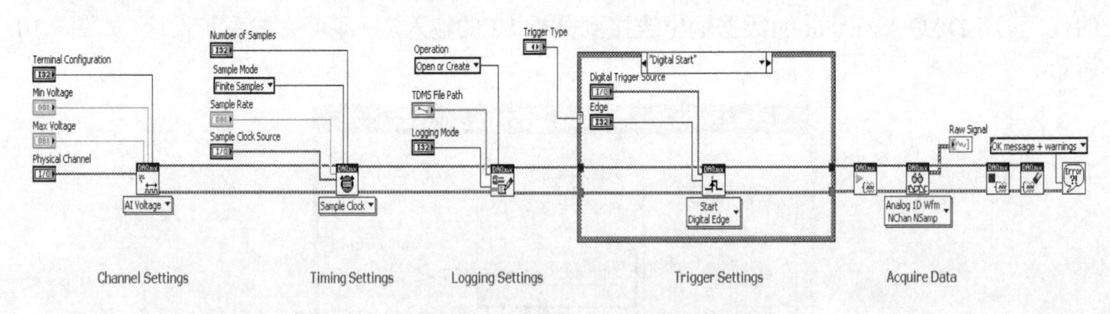

图 9.12 DAQmx API 编程

此时打开 Acquire Analog Inputs using the DAQmx API.vi 这一高级应用程序示例，可以在此进行通道、记录选项、触发选项和高级时间的设置。

第 10 章　虚拟仪器常用硬件设备

本章在第 9 章虚拟仪器数据采集系统的基础上，重点介绍国内高校常用的虚拟仪器创新实验平台，以及多功能虚拟仪器设备的主要性能及使用方法。常用硬件设备包括 NI ELVIS II+创新实验平台、NI ELVIS III+创新实验平台、NI myDAQ 教学平台、NI USB-5133 数字示波器、NI VB-8012 多功能一体式仪器和 YLCK-03 实验平台。本章可培养读者合理选用虚拟仪器设备进行系统设计、信号测试和数据分析的应用能力。

10.1　NI ELVIS II+创新实验平台

10.1.1　性能简介

NI ELVIS II+创新实验平台集成 8 路差分输入（或 16 路单端输入）模拟数据采集通道（最高采样率为 1.25MS/s）、24 路数字 I/O 通道，以及 12 款非常常用的仪器（包括 100MS/s 示波器、数字万用表、函数发生器等）。NI ELVIS 可通过 USB 连接 PC，连接简单，便于调试；具有很好的健壮性，降低实验室资产损耗。具体功能、接口和 12 款常用仪器前面板分别如图 10.1～图 10.3 所示。

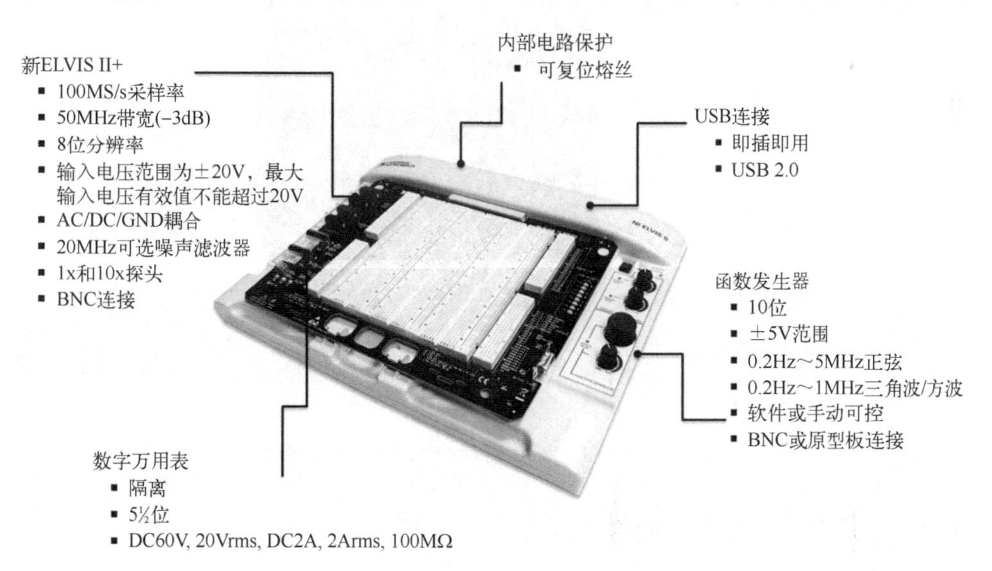

图 10.1　NI ELVIS II+所提供的仪器功能

NI ELVIS II+创新实验平台的主要特点如下：

1）用户可基于标准配置中的面包板搭建各种数字与模拟电路，并用平台中已经集成的仪器及软面板进行试验。

2）结合 NI Multisim 软件可以进行电路仿真，并通过软件快速比对仿真结果和实际搭建电路的测试结果。

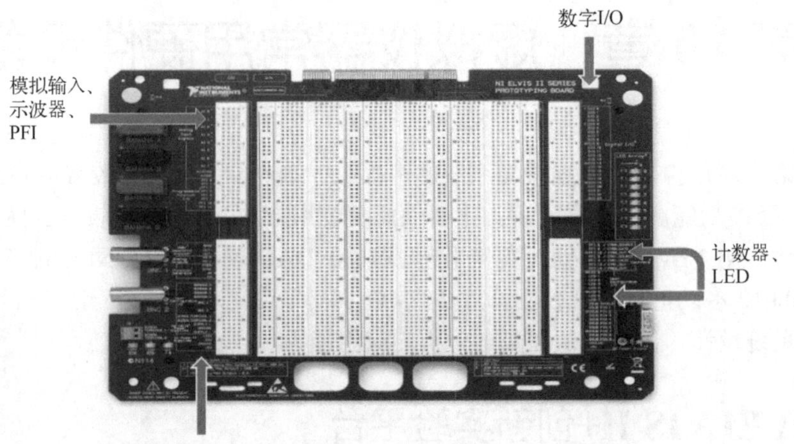

图 10.2　NI ELVIS II+上自带的原型面包板所提供的各种 I/O 接口

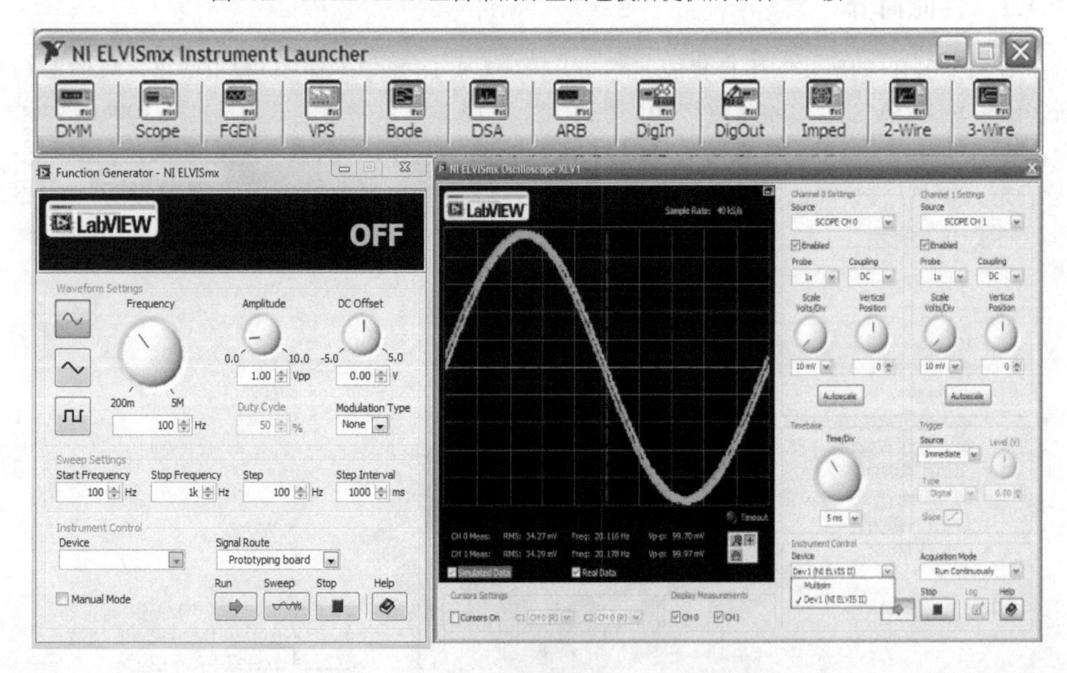

图 10.3　NI ELVIS II+自带的 12 种仪器前面板

3）支持连接多种传感器及执行机构。

4）也可选择第三方提供的现成电路板实现各种针对不同专业课程的实验，如基于信号与系统、FPGA 的数字电路设计、光纤通信原理、传感器的信号调理、生物医学工程、电机控制、嵌入式设计等的实验。

5）提供使用现成软面板软件实现不同的仪器功能，用户也可以通过 LabVIEW 编程实现自定义的数据处理、显示、存储等功能，或开发针对专业课程实验的软件程序。

6）通过 LabVIEW 网络应用可开发远程教学实验，进一步提高实验室使用效率。

10.1.2 平台测试

1. 软件安装

1）LabVIEW 软件安装。

2）Multisim 软件安装。

3）NI ELVISmx 软件安装。

2. NI ELVIS II 工作站硬件连接与配置

1）连接电源组件至 NI ELVIS II+工作站，然后将插头插入壁装插座。

2）使用 USB 线缆连接至计算机。

3）打开 NI ELVIS II 工作站，保证两个电源开关都打开，NI ELVIS II 才能正常工作。

4）打开配置管理软件 MAX。

5）双击 MAX 界面的“我的系统”中的“设备和接口”，找到 NI ELVIS II 工作站硬件图标，使用鼠标右键单击该设备，选择“自检”命令，通过自检说明硬件工作站是否处于正常工作状态。

10.1.3 创建任务

1）根据任务硬件要求在 NI ELVIS II+的原型面包板上搭接相关电路。

2）选择开始→所有程序→National Instruments→NI ELVISmx→NI ELVISmx Instrument Launcher 选项。单击 NI ELVISmx Instrument Launcher 界面中对应的仪器面板图标。

3）在弹出的对应仪器前面板中进行参数配置。

4）单击 Run 按钮，查看对应软件仪器面板和硬件电路相关运行效果。

10.2 NI ELVIS III 创新实验平台

10.2.1 性能简介

NI ELVIS III 集成了常见的 7 种工业级仪器，包括四通道 100MS/s 示波器、数字万用表、双通道 100MS/s 函数发生器、±15V 程控电源、16 通道逻辑分析仪等，如图 10.4 所示。

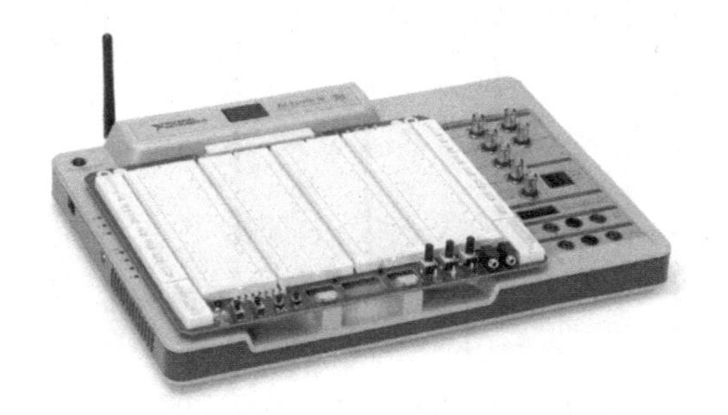

图 10.4 NI ELVIS III 多功能教学平台

为了更好地支持新工科教学，引入了互联网平台开发理念，NI ELVIS III 不仅支持通过 USB 连接 PC，而且支持 WiFi 与以太网等多种连接方式，可直接通过网页访问，通过 PC、手机、平板电脑等移动终端直接调用仪器，适用于远程虚拟仿真教学场景，便于调试。支持多用户同时访问，体现实验项目的团队合作性。

NI ELVIS III 为开放硬件平台，对软件平台有很强的开放性与兼容性。硬件平台可以与 Multisim、Multisim Live 电路仿真平台联合调试，直接对比仿真结果与真实电路测量结果；ELVIS III 的仪器资源以及 IO 资源可直接通过 NI LabVIEW 软件编程开发，以实现自动化的电路控制与测试系统，大大提高实验效率。同时 ELVIS III 也对其他常用软件与编程环境保持兼容，支持通过 C 语言、Python 语言编程，支持导入 MATLAB 及 Simulink 模型。

NI ELVIS III 虚拟仪器平台的主要性能指标如下：

1）4 通道 100MS/s 示波器，14 位分辨率，50MHz 带宽。

2）双通道 100MS/s 信号发生器，14 位分辨率，15MHz 带宽。

3）16 通道 LA/PG 逻辑分析仪。

4）四位半数字万用表。

5）±15V 可编程电源，最大电流为 500mA。

6）集成 Zynq-7020 系列 FPGA，采用 RIO 架构技术，支持图形化系统编程。

7）16 通道模拟采集，1MS/s 采样率，16 位分辨率。

8）4 通道模拟输出，1.6MS/s，16 位分辨率。

9）40 通道数字输入/输出。

10）内置 200MB 存储空间，原装驱动包，开机自动安装。

11）支持通过 LabVIEW 图形化编程语言开发。

12）支持 C、Python、Mathworks 系列软件（Matlab、Simulink）。

13）支持 Multisim Live，支持基于常用浏览器的仪表调用。

NI ELVIS III 配套原型开发板，如图 10.5 所示，与 ELVIS III 直接兼容，原型开发板集成了模拟和数字的可编程 IO 接口以及常见的接口器件（包括开关、LED、变阻器、音频接口等），用户可在开放的面包板上设计搭建电路，同时也可将原型版中的面包板替换为自己开发的设备，搭建综合性嵌入式系统。

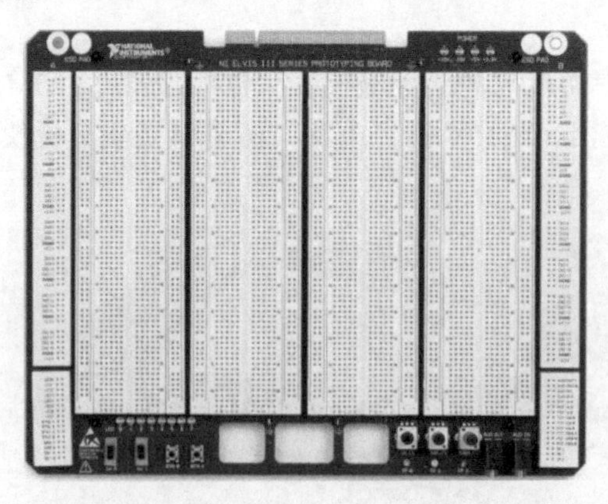

图 10.5 NI ELVIS III 系列原型开发板

NI ELVIS III 是一个多学科实验平台，结合 NI LabVIEW 以及不同的插板可完成电子电路、控制、通信、嵌入式设计等学科实验，可以使实验室投入发挥最大效益；同时基于 NI ELVIS 的硬件资源和 LabVIEW 软件的强大功能，在课程设计等教学环节中结合不同学科背景，使读者融会贯通，符合当今宽口径人才培养的教学改革思路。ELVIS III 教学解决方案如图 10.6 所示。

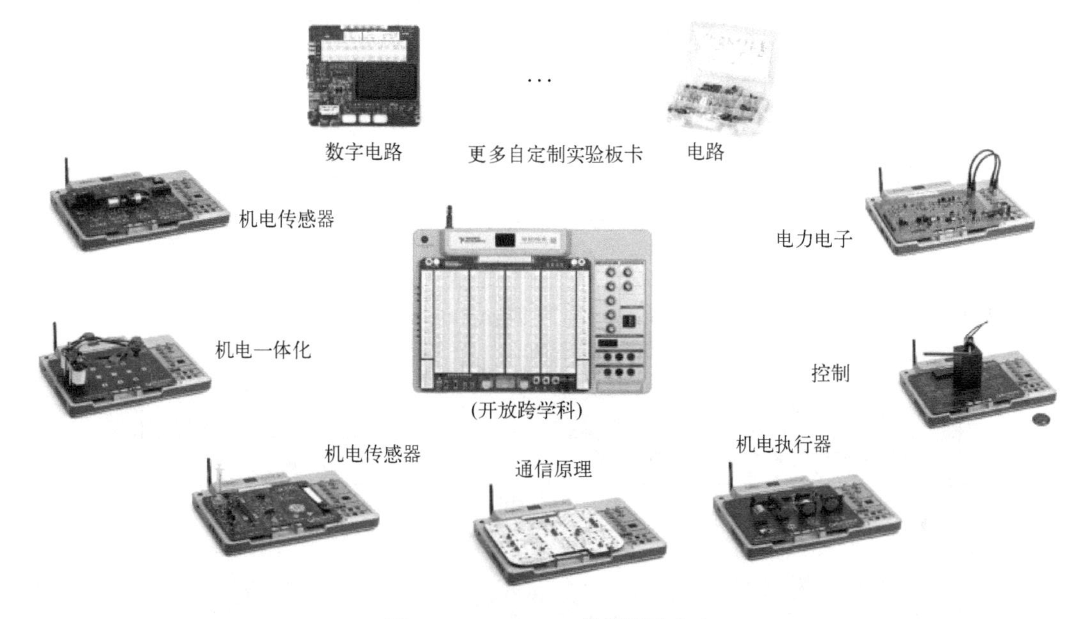

图 10.6 ELVIS III 教学解决方案

10.2.2 平台测试

1）确保 NI ELVIS III 工作站背面的电源开关已关闭。

2）连接电源。

3）根据以下内容连接 WiFi 天线和（或）相关电缆：

对于没有网络访问或编程的软前面板的初始配置和启动，可从通过 USB 连接到设备开始；对于以太网连接配置，可从通过以太网连接到设备开始；对于无线连接配置，可从通过无线网络连接到设备开始。

4）将电源插入墙上插座，然后打开 NI ELVIS III 工作站背面的电源开关。

5）确保工作站上的应用板电源按钮已关闭，电源按钮中的集成 LED 不应亮起。

6）安装 NI ELVIS III 原型板（或兼容的应用板）。

7）使用两个 M4 安装螺钉将 NI ELVIS III 原型板固定到工作站上。

8）打开工作站上的应用板电源按钮，电源按钮中的集成 LED 应亮起，原型开发板上的四个固定用户电源 LED 也应点亮。

9）将电缆的 Type-C 端连接到 NI ELVIS III 后部的 USB 口。

10）将 USB 电缆的另一端连接到主机。如果连接成功，则可以在 NI ELVIS III 的 OLED 显示屏上看到 USB 连接的 IP 地址；按住 NI ELVIS III 工作站左侧的用户可编程按钮（按钮 0），直到打开显示屏，USB 连接的 IP 地址显示在图标后面。

10.2.3 创建任务

1）在 LabVIEW 启动界面中单击 Create New Project 按钮，如图 10.7 所示。

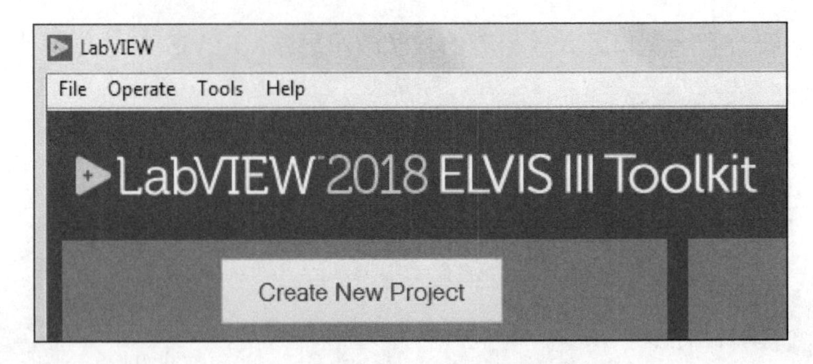

图 10.7 单击 Create New Project 按钮

2）在打开的 Create Project 对话框中，选择 Templates 中的 NI ELVIS III。

3）在右边的项目列表中选择 NI ELVIS III Project，如图 10.8 所示。

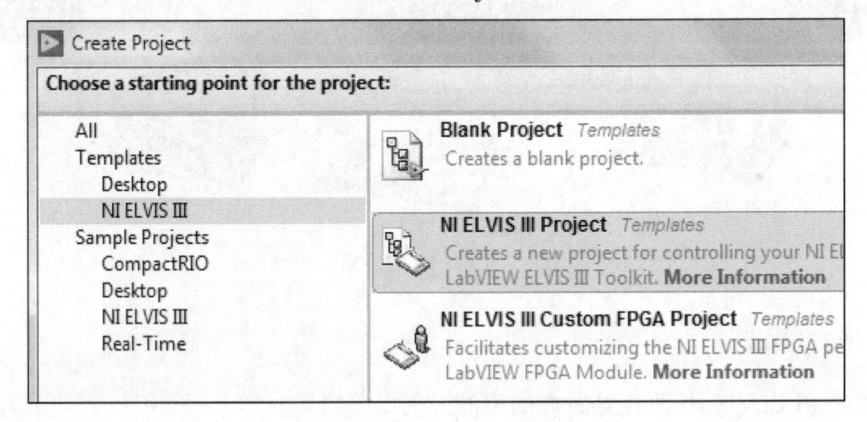

图 10.8 选择 NI ELVIS III Project

4）在新项目中单击 Next 按钮。

5）在 Project Name 中输入 My First ELVIS III Application。

6）在项目路径中输入该项目的文件路径。

7）在目标选项中，选择 NI ELVIS III。

8）单击 Finish 按钮。LabVIEW 保存项目并打开 Project Explorer 窗体。

9）查看创建的 NI ELVIS III 应用树形目录，可以看到 Main.vi，如图 10.9 所示。

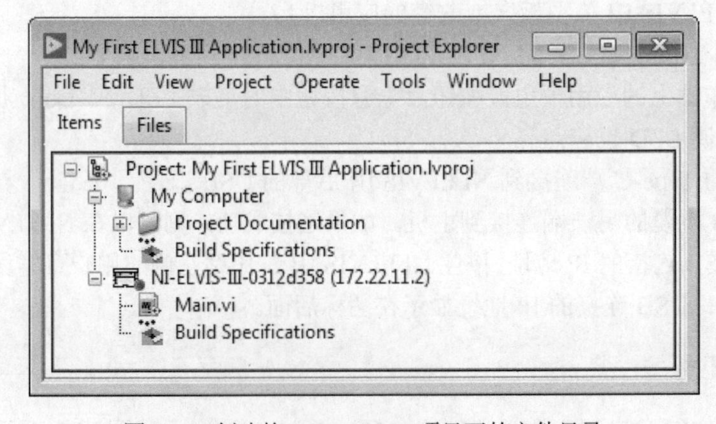

图 10.9 创建的 NI ELVIS III 项目下的文件目录

10.3　NI myDAQ 教学平台

10.3.1　性能简介

如图 10.10 所示，不同于一般的 USB 便携式数据采集设备，NI myDAQ 是为工程类专业学生量身定制的，可以帮助学生在实验室内外的任何时间、任何地点进行工程创新实践的创新教学实践平台。与 NI ELVIS 相似，NI myDAQ 可与电路设计软件 Multisim 和图形化系统设计环境 LabVIEW 无缝集成。NI myDAQ 能够让学生将多个学科的知识相互综合，并进行创新实践。只要学生有计算机，就可以通过 USB 连接 NI myDAQ 来实现多种仪器和电源等功能，同时又有足够的开放性，非常适合帮助学生完成各种动手实践、设计型实验或开展基于项目的学生科技创新活动，提高学生的动手能力和解决实际问题的能力，使学生具备“系统级”设计的能力，同时充分发挥学生的创造性，适应教学改革的要求和卓越工程师的培养目标。

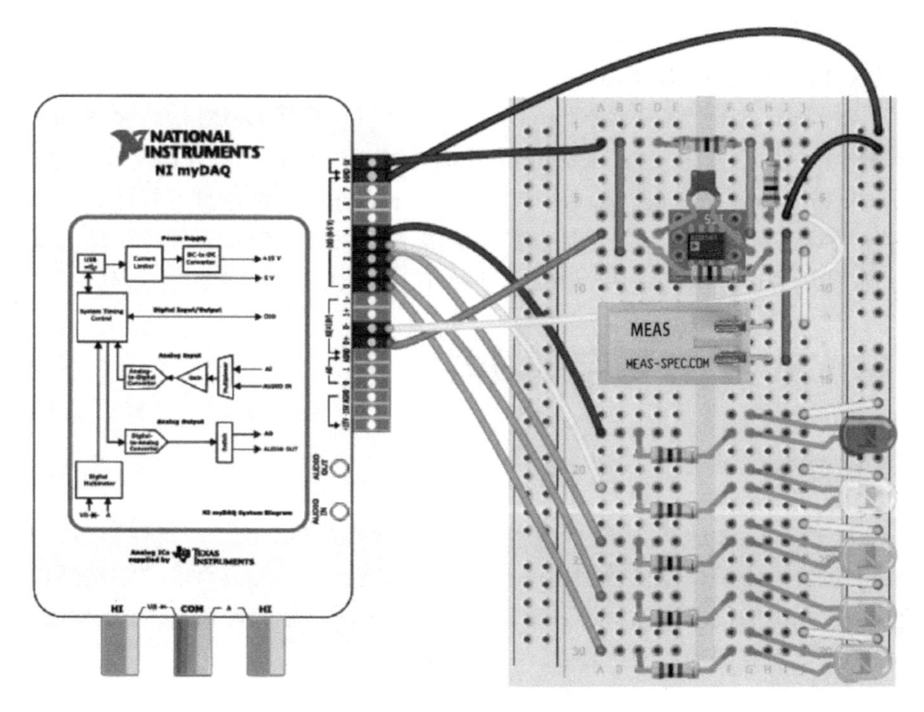

图 10.10　NI myDAQ 教学平台

该平台主要性能特点如下：

1）小巧便携，无须外部供电，USB 连接，学生可随身携带，非常适合随时随地进行创新实践。

2）8 种硬件仪器于一身，包括示波器、数字万用表、任意波形发生器、波特图仪、动态信号分析仪、函数发生器、数字输入、数字输出。

3）两个差分模拟输入通道（200kS/s 每通道，16 位）。

4）两通道模拟输出（200kS/s 每通道，16 位）。

5）两通道音频接口（1 输入、1 输出，3.5mm 插孔）

6）8 个数字输入和输出。

7）+5V，±15V 电源输出。

8）I/O 部分电路采用特别设计，即使连线错误，一般也不会损坏数据采集硬件。

10.3.2 平台测试

平台通过 USB 连接 PC，连接简单，便于调试。该平台支持 Multisim 对电路行为和交互式电路建模进行学习，在 Multisim 环境中可以使用虚拟仪器综合实验平台仪器，通过鼠标单击将仿真与实际测量结果进行比较。该平台带有启动器，可访问 8 种仪器软面板，能够提供交互式的接口对仪器进行配置。虚拟仪器综合实验平台是开源的，可以在 LabVIEW 中进行定制，同时可以使用 LabVIEW Express VI 和 LabVIEW SignalExpress 的步骤对设备进行编程，对采集到的数据完成自定义及更为复杂的分析。

10.3.3 创建任务

1）从光盘安装，或从 ni.com/downloads 下载安装程序进行安装。先安装 LabVIEW 等应用程序开发软件，然后安装 NI ELVISmx 驱动程序。

2）使用封闭式 USB 线缆连接 NI myDAQ 至计算机，连接 DMM 线缆至 NI myDAQ。

3）选择开始→所有程序→National Instruments→NI ELVISmx for NI ELVIS & NI myDAQ→NI ELVISmx Instrument Launcher 选项，选择 Digital Multimeter 选项打开界面。

4）进行 DMM 软面板仪器的测量设置并单击 Run 按钮，测量已知电压源的电压，最大测量直流电压值为 60V，交流电压为 20V（有效值），测量完成后单击 Stop 按钮。

10.4 NI USB-5133 数字示波器

10.4.1 性能简介

如图 10.11 所示，NI USB-5133 低成本数字示波器具有两个通道，采样率高达 100MS/s，提供了灵活的耦合、阻抗、电压范围和滤波设置。示波器设备还具有多个触发模式和一个具有数据流及分析功能的仪器驱动程序。该设备是需要灵活测量配置和高达 100MHz 模拟带宽的高速便携式及桌面应用的理想选择。

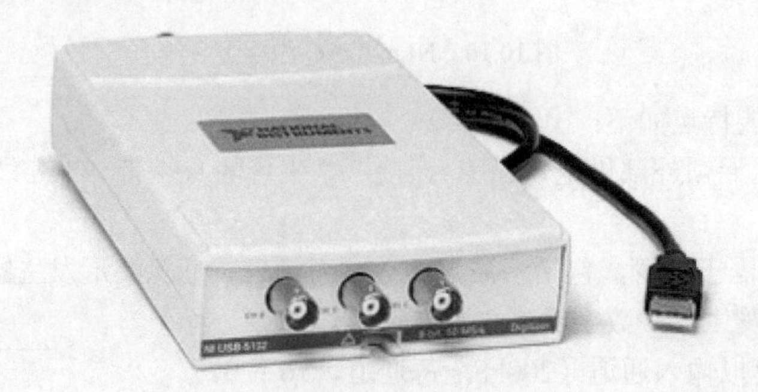

图 10.11 NI USB-5133 数字示波器

10.4.2 平台测试

1）一般刚买的 USB-5133 包括一些辅助附件，包括橡胶垫、指导书和驱动盘。

2）取出橡胶垫，将其进行检测后粘贴到示波器盒体的配套位置。

3）取出两个光盘后，放入计算机的光驱中，然后刷新一下，通过鼠标右键菜单复制光盘中的文件到本地磁盘，然后进行安装。

4）以上准备完毕后，将示波器和 PC 通过 USB 串口连接，需要查看指示灯是否亮起。

5）以上步骤顺利完成后，打开“设备管理器”；如果能够单独看到 NI 的设备栏，则打开即可查看到插入的设备。如果能够看到，则说明连接成功。

6）也可以打开 NI MAX，直接在设备和接口中查看插入的设备名称，单击“设备”选项就可以查看面板中的测试面板，表明可以直接使用了。

10.5 NI VB-8012 多功能一体式仪器

10.5.1 性能简介

如图 10.12 所示，VB-8012 是 NI 的一款多合一仪器，通过将示波器、信号源、电源、逻辑分析仪、万用表等多种仪器的核心部件放在一起，利用虚拟仪器技术，可以通过无线、USB 等方式跟计算机或者 iPad 进行互联。通过节省公共的电源、显示器等部件，进一步降低成本。

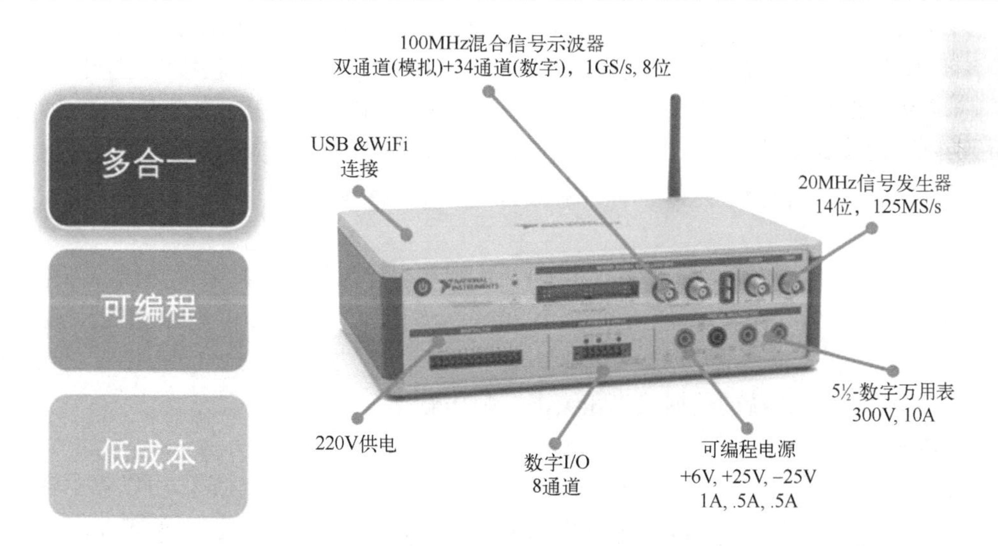

图 10.12 NI VB-8012 多功能一体式仪器

因为基于虚拟仪器的技术，其软件方面的功能可以非常丰富，并可以得到不断的维护升级。软件的波形显示和控制界面非常美观，深受年轻用户喜爱。同时软件的很多功能非常人性化，比如通过一键保存采集到的信号波形和文件方便后续分析，还具有放大和缩小波形的功能等。

与此同时，该设备还支持 LabVIEW 编程，可以利用 LabVIEW 控制 VirtualBench 中丰富的仪器资源，开发定制出一款特色的仪器，对于学生理解自动化测量仪器、非标准仪器等知识有帮助，有利于学生深入理解仪器设备的原理。

10.5.2 平台测试

1）连接电源线，然后将 VB-8012 连接到计算机的 USB 端口。

2）浏览计算机，并双击 NI VirtualBench，运行 VirtualBenchLauncher.exe（如果启用了 Windows 自动播放功能，则 VirtualBench 应用程序将自动运行）。

3）将抓钩和接地导线连接至示波器探头，然后将探头连接至 CH1。

4）将示波器探头滑动开关设为 1X。

5）单击自动，配置示波器对探头补偿标签生成的 5V、1kHz 方波进行可视化。

10.6 YLCK-03 实验平台

YLCK-03 实验平台配置了 RS485 多通道输入/输出数据采集卡、单片机数据采集卡（液晶），对象模块为温度测控单元和转速测控单元。通过该实验系统，学生可以熟练掌握虚拟仪器 LabVIEW 软件的使用及虚拟仪器仪表设计。

10.6.1 性能简介

1．信号源及数据采集卡部分

提供高稳定的±15V、±5V、直流稳压电源，并具有过电流、过电压自保护、自恢复功能，装有电压/频率显示表、LCD 液晶显示器，控制芯片外扩电压、电流、数字信号输入接口，接收各类传感器信号，准确转换并显示物理量信号，同时外扩单片机编程接口，便于二次开发。

RS-485 总线多路数据采集卡：8 路模拟量输入、4 路模拟量输出、8 路开关量输入、4 路继电器开关量输出（2 路常闭、2 路常开）。各实验台可通过地址设置联网，通过一台计算机可根据地址采集实验台的任何传感器数据信息，同时支持 MODBUS-RTU 协议。

2．温度控制系统

该模块主要由温度传感器、温度变送器、冷却风扇、加热源、功率加热器等部分组成，可以输出工业标准 0～5V（对应 0～100℃）信号，作为外部控制系统中的传感器测量信号。选择内控方式可完成仪表信号检测和控制功能，选择外控方式能通过 LabVIEW、MATLAB 完成计算机温度控制系统的数据采集和输出控制功能。

3．转速控制系统

该模块主要由转速传感器、可调转速风机、功率放大器等部分组成，可以输出转速测量的脉冲信号和工业标准的 0～5V（对应 0～2400r/s）信号，同时能通过 LabVIEW、MATLA B 软件进行转速的测量和 PID 控制。

4．软件系统

实验箱数据采集卡软/硬件提供动态链接库函数，可完成上位机的数据采集，实现与其他检测设备连接，自行开发检测控制程序。

实验箱含有 RS-485 总线多功能数据采集控制器（8 路模拟量输入、4 路模拟量输出、8 路数字量输入、4 路数字量输出），能通过 RS-485 总线构成网络测控实验系统，能进行各设备地址的设定和更改，可构成网络温度、转速测控实验系统。

实验平台提供虚拟仪器 LabVIEW 闭环温度、转速 PID 控制软件及虚拟仪器 LabVIEW 源程序。

实验平台提供基于 MATLAB 的温度、转速 PID 闭环实时控制软件及源程序。

实验平台提供单片机传感器数据采集、量纲变换处理、液晶显示实验等实验项目。

5. 实验列表

实验一　LabVIEW 程序开发环境熟悉
实验二　虚拟温度计的设计
实验三　加法函数节点的应用
实验四　布尔运算节点操作
实验五　利用 VIs 设计函数发生器
实验六　数组函数的应用
实验七　簇函数的应用
实验八　字符串函数的应用
实验九　While 循环移位寄存器的应用
实验十　子 VI 的创建与调用
实验十一　常用数字信号发生器
试验十二　信号的瞬态特性测量
实验十三　常见信号的频谱（幅值-相位）
实验十四　Butterworth 滤波器
实验十五　串口通信——A-D 实验
实验十六　串口通信——D-A 实验
实验十七　串口通信——DI 实验
实验十八　串口通信——DO 实验
实验十九　串口通信综合实验
实验二十　基于 LabVIEW 温度 PID 控制系统
实验二十一　基于 LabVIEW 转速 PID 控制系统

10.6.2　平台测试

1）将 PC 与实验箱用串口线和 RS-232/485 转换器进行连接。

2）将 K 型热电偶插入温度源上面板的圆槽内，热电偶红、黑接线端分别与实验箱内温度模块传感器的正、负端连接。

3）标准信号输出接口的正、负端分别与 A-D 模块 0 通道正、负端连接。

4）将温度源电源线插入实验箱内温度控制系统模块面板内的加热输出插口。

5）温度控制系统模块上的加热方式和冷却方式开关调整到外控处，加热手动调节逆时针旋转到底。

6）将万用表的红、黑探针分别插入 D-A 模块 0 通道蓝、黑插口中，调整到直流电压 20V 档。

7）打开温度源电源开关和实验箱电源开关。

8）运行“控制系统 LabVIEW 软件 v1.0”可执行程序。

9）设置参数。串口号选择“COM1”，功能选择“A/D”，通道选择“通道 0”，板卡地址为“1”。

10）单击工具栏上的运行按钮，观察“返回值”选项区域中的“下位机模拟量”及和其对应的“下位机模拟量电压”参数，同时观察温度计数和波形图表的变化，如图 10.13 所示。

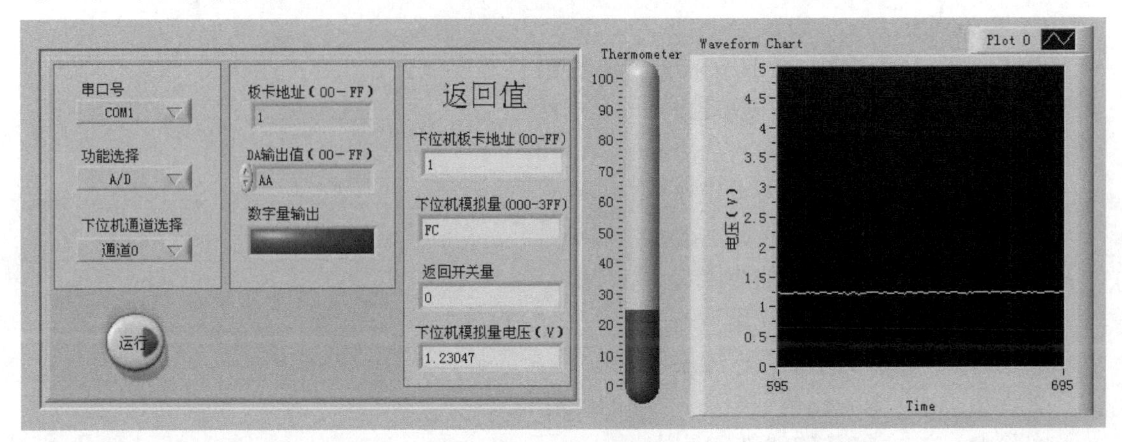

图 10.13　A-D 实验结果

11）将加热方式开关调整到内控处，等待一段时间，观察面板变化，如图 10.14 所示。

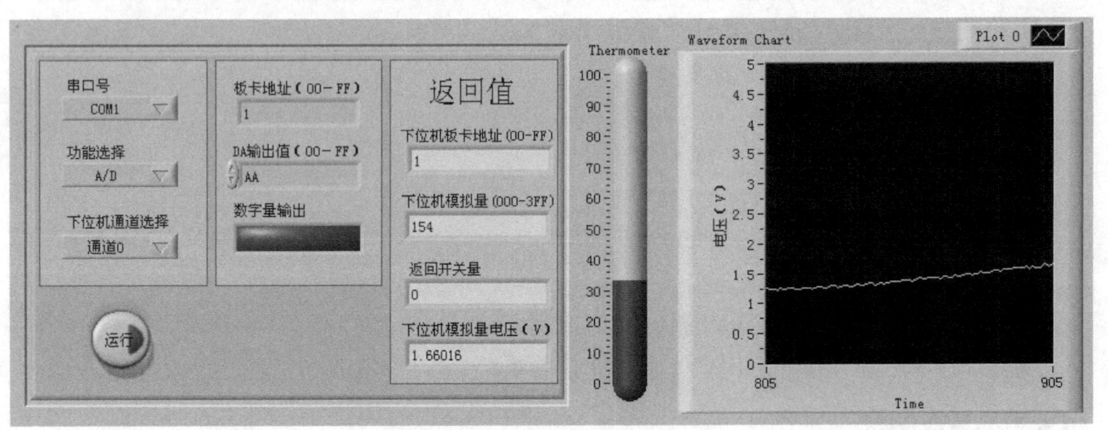

图 10.14　加热时 A-D 实验结果

12）改变功能选择为“D/A”，下位机通道选择“通道 0”设置 DA 输出值为“80”（十六进制），观察万用表示数，如图 10.15 所示。

13）修改 DA 输出值，观察万用表示数。

14）改变功能选择为“DI”，观察返回开关量值，为 111111111。

15）改变开关量输入值，如将通道 0 与地短接，观察返回开关量值，如图 10.16 所示。

16）改变功能选择为“DO”，下位机通道选择“通道 0”，单击“数字量输出”下面的开关控件，使其变为亮绿色。

17）观察实验箱内的 DO 模块，发现 DO 通道 0 的 LED 点亮。

18）依次改变“下位机通道选择”和“数字量输出”状态，观察 DO 通道 LED 的状态。

19）单击按钮，使其变为，然后关闭该可执行程序。

20）关闭温度源和实验箱电源开关，整理实验设备。

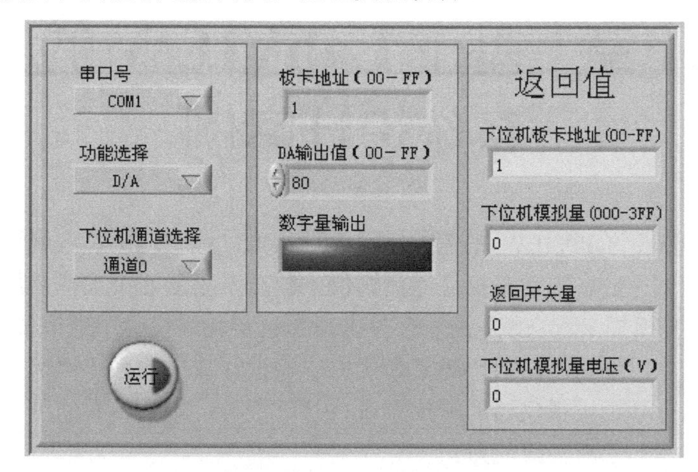

图 10.15　D-A 实验结果

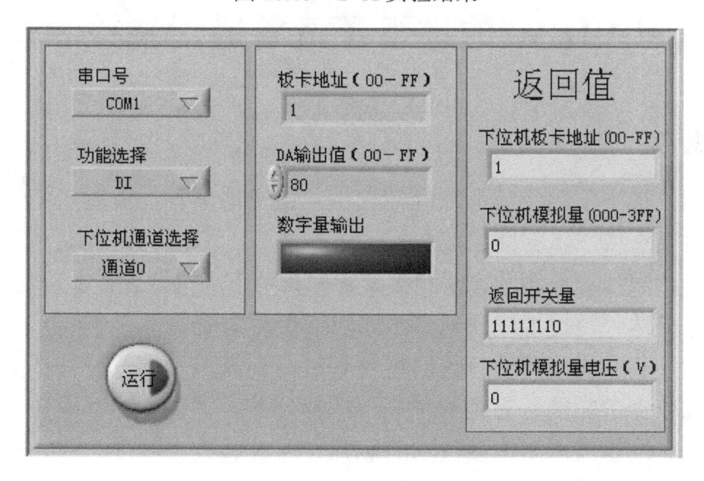

图 10.16　观察返回开关量值

第 11 章　基于 LabVIEW 的测控系统设计案例

本章介绍八个基于 LabVIEW 的测控系统设计案例，包括地下蒸汽管道泄漏检测系统、电动机性能综合测试平台、电动车报警器测试仪、数据采集器四个虚拟仪器系统软硬件设计案例，以及火灾报警模拟演示系统、酒店客控虚拟仿真实验系统两个虚拟仪器软件设计案例。所有设计案例均为本书编写团队科研成果和优秀毕业设计成果，系统调试、运行正常，可供本科生、研究生进行基于虚拟仪器的测控系统设计时参考。本章的案例可以培养和锻炼学生综合设计、应用开发和创新实践能力。

11.1　基于 LabVIEW 的地下蒸汽管道泄漏检测系统

11.1.1　项目简介

由于种种原因，地下蒸汽管道泄漏经常发生。由于地下管道泄漏点隐蔽，不易查找，如果维修不及时，将会造成严重的能源浪费。

目前关于地下蒸汽泄漏检测的方法很多，各有其特点和局限性。本节基于虚拟仪器技术，采用相关分析法，快速、便捷地建立地下蒸汽泄漏检测系统。

虚拟仪器技术，其实质是将传统仪器硬件和最新计算机软件及硬件技术充分结合起来，以实现并扩展传统仪器的功能。它是一种基于图形开发、调试和运行程序的集成化环境。基于虚拟仪器的地下蒸汽管道泄漏检测技术的研究，通过试验，取得了较好的效果。

11.1.2　系统工作原理

管道发生泄漏时，泄漏点发出的声音（超声波）信号会沿着管壁向管道两端的排气孔传播，相关检测法就是利用安装在两个排气孔上的超声波传感器拾取泄漏点发出的超声波，用 LabVIEW 软件对这两路信号进行分析，根据相关函数最大值对应的时间确定两个信号的延时，由此判断泄漏点的具体位置。相关测漏系统原理图如图 11.1 所示。

L_{AB} 是测试管道的长度，A、B 为管道两端，O 为漏点。L_{OA}、L_{OB} 分别为漏点距两端的距离（假设 $L_{OA}>L_{OB}$），令泄漏的蒸汽超声的速度为 V_O，超声从漏点 O 传到 A 点的时间为

$$T_{OA}=L_{OA}/V_O \tag{11.1}$$

超声从漏点 O 传到 B 点的时间为

$$T_{OB}=L_{OB}/V_O \tag{11.2}$$

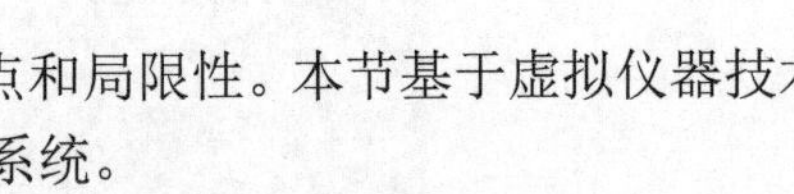

图 11.1　相关测漏原理图

超声从漏点 O 传到两端的时间差为

$$\Delta t=T_{OA}-T_{OB}=(L_{OA}-L_{OB})/V_O \tag{11.3}$$

而 $L_{OA}+L_{OB}=L_{AB}$，则有

$$L_{OA}=(\Delta T v_O+L_{AB})/2 \tag{11.4}$$

$$L_{OB}=(L_{AB}-\Delta T v_O)/2 \quad (11.5)$$

蒸汽管道的长度 L_{AB} 和漏汽声的速度 V_O 是可知的，V_O 的大小取决于管材、管径和管道中的介质，单位为 m/s，只要知道了时间差Δt，就可以知道泄漏点的具体位置。

11.1.3　系统硬件设计

1．传感器与信号调理电路

本系统选用 TCT40210S1 通用型超声传感器，信号前置放大电路选用 AD 公司的专用高精度仪器三运放 AD620。AD620 是由三个精密运放集成的差分专用仪器运放，它具有低偏移、高增益（信号可直接放大到 1000 倍）、高共模抑制化的特点，特别适合于放大传感器信号。由于传感器接收到的大量的低频噪声（如 50Hz 的工频噪声）强度远大于它所接收到的超声信号，所以在传感器与 AD620 之间必须接一个无源高通滤波器。第二级是一个有源高通滤波电路，选择通带为 38～42kHz。第三级是一般的放大电路，经放大以后，信号范围为–10～10V。电路原理图如图 11.2 所示。

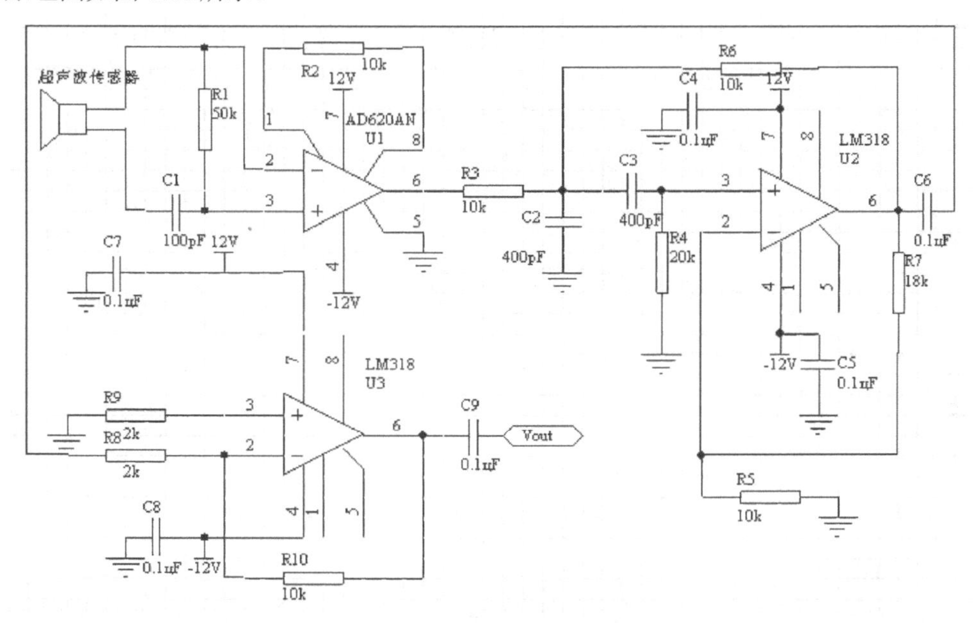

图 11.2　信号放大电路原理图

2．信号采集卡

系统选取的采集卡为 HS801。HS801 是一款双通道、8 位，单通道最大采样率为 100MS/s、双通道最大采样率为 50MS/s 的测量仪器。运用丰富的软件，HS801 可成为数字存储示波器、频谱分析仪、伏特计、瞬态波形记录仪和任意波形发生器，可产生和测量模拟、数字信号，并可保存和显示。

11.1.4　系统软件设计

1．软件算法研究

（1）相关函数的实现方法

两个信号的互相关函数是一个有用的统计量，使用它可以了解两个已知信号之间的相似程度，或者两个已知（相似或相同）信号之间的时间关系。对两个信号进行时差调整，就可以求得相关函数的最大值，从而了解它们之间的相似程度。如果已知这两个信号是相似的，则这个时差就等于它们之间的时间延迟。

在 LabVIEW 中，有关相关函数的算法已封装为子 VI，系统执行相关步骤时只需直接调用相应的函数 Auto Correlation 和 Cross correlation 即可。

（2）相关分析及相关函数的修正

LabVIEW 在 Analyzer→signal processing→time domain 函数子模板中提供了求相关函数的两个 VI，即 Auto Correlation 和 Cross correlation，所用的算法为

$$\hat{R}_{xy}(\tau)=\frac{1}{N-\tau}\sum_{i=1}^{N}x(i)y(i+\tau) \qquad (11.6)$$

这一算法仅适用于确定信号中的瞬态信号，一般情况下需要加以修正。这里提供的修正 modi correlation.vi 用于完成这一修正算法。此 VI 对 LabVIEW 求出的相关函数进行修正，将每个相关值除以 $N-\tau$，N 是 LabVIEW 求出的相关输出数组的长度，τ 是时移的位置。参数 Rxx in 是 LabVIEW 求出的相关函数输出值，Rxx out 是修正后的相关值，samples 是取样数，d 是输出相关函数首尾截去百分比，n 是截短后的取样数，图形代码如图 11.3 所示。

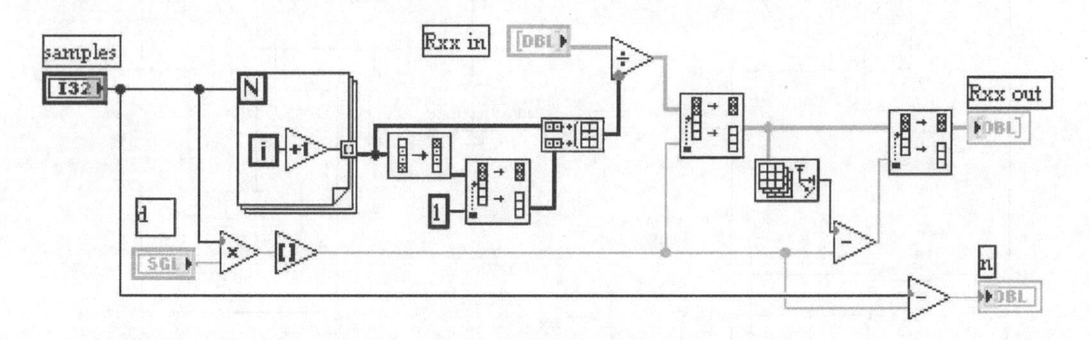

图 11.3 相关函数修正

2．主界面设计

程序的调用流程：automation Open→Reference node /Invoke Node→Automation Close。当调用其他程序后原来的程序退出流程：Current VI's Path→Open VI Reference→Property Node→Close Reference。将各个按钮的 case 输出端进行或运算，连接到控制本程序运行的 stop if true 处。主界面流程图如图 11.4 所示，程序图形代码如图 11.5 所示。

3．信号频率范围确定

泄漏点发出的超声波信号被淹没在大量的噪声信号中，在不确定信号频率值之前无法采取滤波处理，所以在此之前应首先确定泄漏信号的频率值。

因泄漏信号被淹没在大量的噪声信号中，故不能确定其频率值，但可以将此信号与已知频率的相关信号进行互相关。当已知频率信号的频率接近采集到的信号中包含的有用信号的频率时，即便不用修正后的相关函数，也会明显地出现一峰值，此时对应的已知信号的频率即为泄漏信号所在的频段。此方法虽然不能精确得知其频率值，但可以快速确定泄漏信号的频率范围。本程序就是应用互相关函数分离出淹没在白噪声里的周期信号。

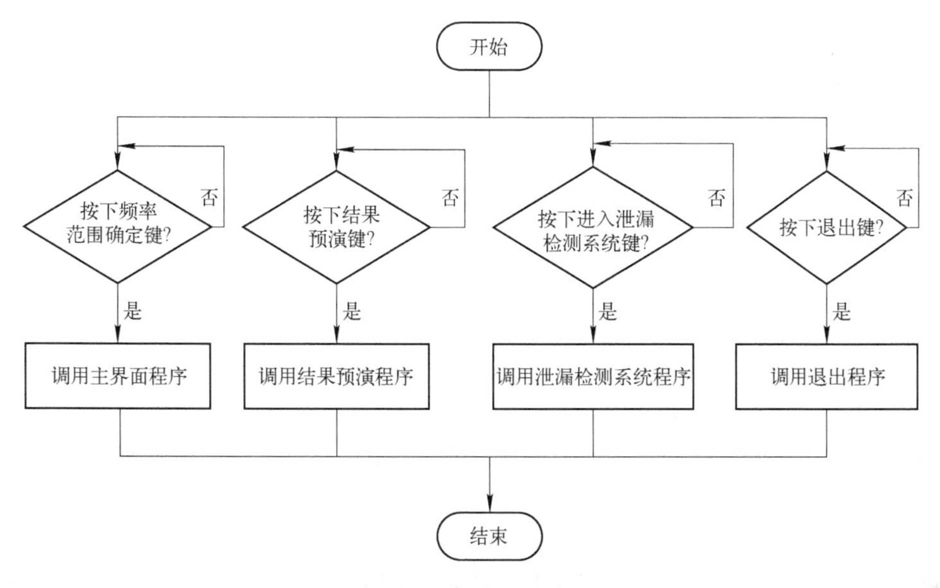

图 11.4　主界面流程图

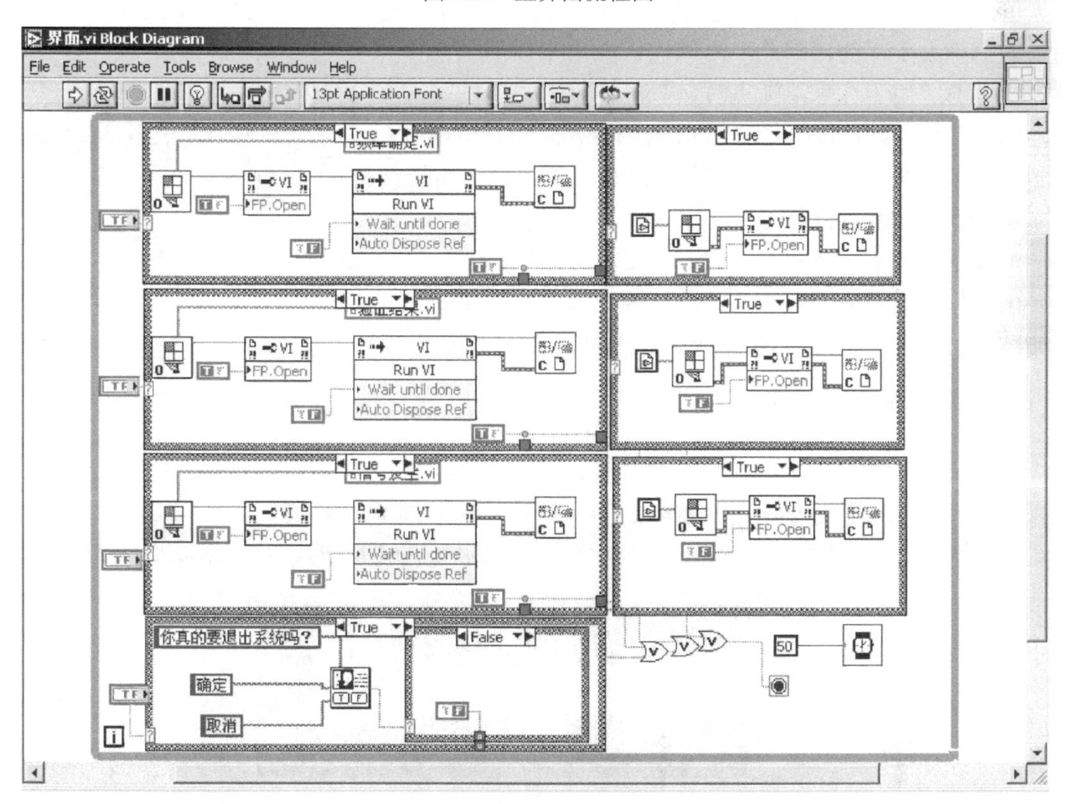

图 11.5　主界面程序图形代码

4. 管道泄漏检测系统

（1）信号发生

本设计分析调试时采用虚拟仪器自带信号源模拟现场采集信号。信号发生的主体就是 Sine Wave.vi、Square Wave.vi、Triangle Wave.vi 等信号发生函数，对波形发生函数进行设置，如设置信号的采样点、幅值、相位以及波形延时。对于标准信号，可以加入白噪声干扰信号。

（2）信号的滤波处理

滤波的主要目的是设法使噪声与有用信号分离，并予以抑制和消除。由于蒸汽管道发生泄漏时发出的信号频率未知且噪声频带很宽，故对信号的滤波处理提出了较高要求。

本系统采用的软件滤波为 LabVIEW Signal Processing 中的 Butterworth Filter。

（3）相关分析

本系统的核心算法就是相关算法，系统采用 LabVIEW 中自带的函数 Auto Correlation 和 Cross correlation。两路测量信号经传感器采集卡读入计算机，由 LabVIEW 进行处理，本次设计就是在纯软件条件下进行仿真模拟。由信号发生器产生两路信号并加入白噪声，经过 Butterworth Filter 滤波处理，再进行相关运算。我们对两路信号进行互相关计算，由于两路信号是有时间差的，所以在图形上显示时必然会偏离零点，在图形中显示互相关会有一明显的波峰。

（4）波形最大值的测量以及时间差的求取

本程序采用 Statistics 这个函数对最大值和最小值以及范围等进行设置，测出两路信号的最大值后就可以对时间差进行求取。但此时要注意一个问题，因为本程序用的 Statistics 函数测量的值是大于零的，因此，时间差求取出来以后只会是大于零的。用于计算泄漏点时，只能在管道总长的一半范围内计算，如本程序是在 50m 范围内，而不是整个的 100m 范围内，所以必须对程序加以修正。

（5）确定泄漏点位置

泄漏点位置根据公式 $L_{OA}=(\Delta t\times V_0+L_{AB})/2$ 计算求得。

由于只能在管道的一半内计算，因此泄漏点计算修正如图 11.6 所示（其中，Δt 是计算公式的一半）。

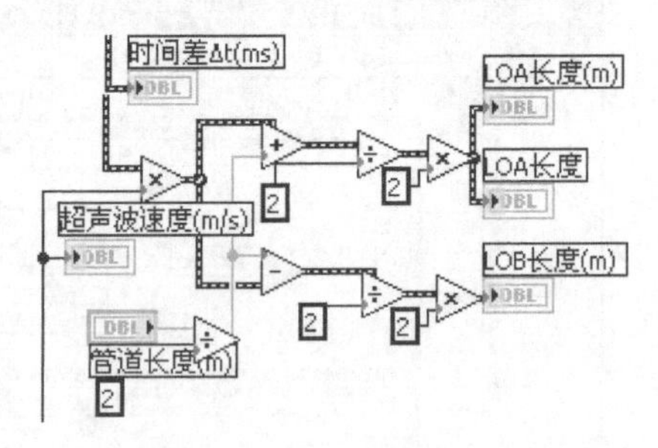

图 11.6 泄漏点计算修正

11.1.5 系统测试与分析

软件模拟试验：选择管道总长为 100m（管道直径影响忽略），选择 40kHz 的超声波，采样频率 1MHz，超声波在钢中的传播速度取 5850m/s。改变泄漏点的位置，共进行 6 次试验，并对测试结果进行比较分析。图 11.7 是泄漏点距离 *A* 点为 10m 的试验结果波形。

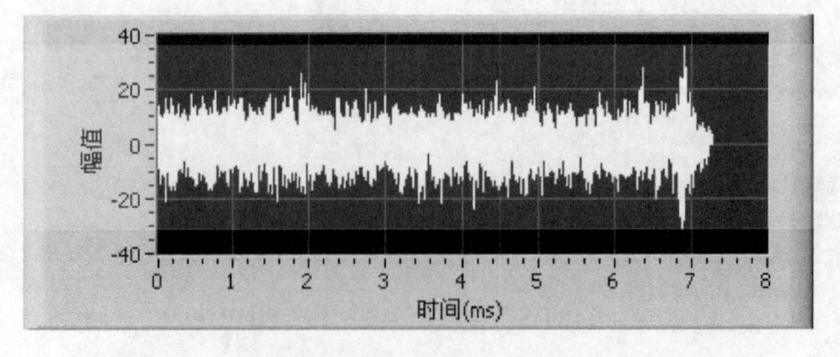

图 11.7 泄漏点距离 *A* 点为 10m 的试验结果波形

从图 11.7 中可以看出相关函数有一个明显的峰值，这个峰值所对应的点就是延时点。通过相关函数分析，可以得到双通道信号的时间差，在知道管道长度、材料、波速等情况下，就可以定位蒸汽管道泄漏点。

11.2　基于 LabVIEW 的电动机性能综合测试平台

11.2.1　项目简介

针对直流电动机性能参数测试的需要，结合当前电动机测试技术的发展趋势，应用 LabVIEW 图形化软件平台，采用电压、电流、转速、转矩等传感器和 USB 数据采集卡设计一套电动机性能综合测试平台，实现电动机速度控制、参数测量、曲线显示、数据保存、历史数据查询及报表打印等功能。该测试平台的推广应用，可以提高电动机测量的效率、精确度和可靠性，科学、公正地评价电动机性能，推进电动机质量的改善。

11.2.2　系统方案设计

（1）电动机性能综合测试平台

电动机性能综合测试平台主要由电流、电压、转速和转矩传感器，PWM/SPWM 控制器，加载机及驱动电路，U18 数据采集卡，上位机及 LabVIEW 图形化软件等部分组成。传感器测量信号经过信号调理电路输出至数据采集卡输入端口，并将信号传送到上位机及 LabVIEW 图形化软件处理与显示。上位机通过数据采集卡 D-A 端口输出两路控制信号，其中一路信号通过 PWM/SPWM 控制器调节电动机转速，另一路信号输出至加载机及驱动电路，给电动机施加负载，通过转矩传感器测量电动机的转矩。系统总体结构框图如图 11.8 所示。

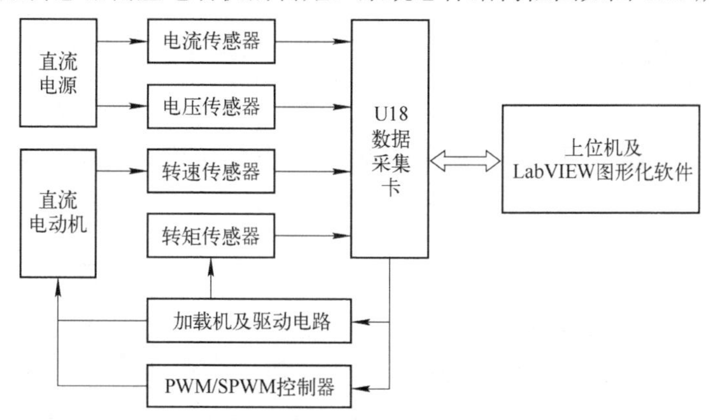

图 11.8　系统总体结构框图

（2）电动机速度控制与测量

调节上位机及 LabVIEW 图形化软件测试平台界面上的转速控件，将设定的转速值通过数据采集卡的 D-A 端口输出 1～4V 电压信号，加至 PWM/SPWM 驱动电路以控制电动机运转速度。电动机转速通过霍尔转速传感器测量，通过测量电路将测量的脉冲信号整形后，输入至数据采集卡的定时/计数器端口，上位机通过计算实时显示电动机转速值。电动机速度控制与测量框图如图 11.9 所示。

（3）数据采集

系统选用的 U18 数据采集卡具有 16 路 12 位 A-D 通道、4 路 12 位 D-A 通道，16 路开关量输入/输出、3 个 16 位定时计数器。

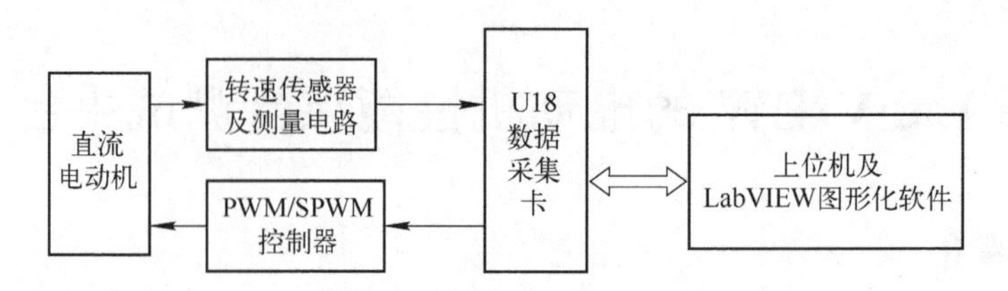

图 11.9 电动机速度控制与测量框图

电压传感器可将被测 0～200V 直流电压按照一定的比例关系输出为 0～5V 直流电压，主要由一次线圈、二次线圈、磁心和霍尔传感器构成。

选用 HBC-LSP 闭环系列霍尔电流传感器测量直流电动机输入电流，额定电流为 50A，灵敏度为 40mV/A。被测电流 I_P 通过导线穿过一圆形铁心时，将在导线的周围产生磁场 B，磁场的大小与通过导线的电流 I_P 成正比。根据霍尔效应，霍尔电动势 U_H 与 I_P 成正比。根据传感器输出电压大小可测量电动机输入电流。

采用霍尔转速传感器测量转速。将 m 个磁铁粘贴在旋转体上。当被测物体转动时，磁铁也随之转动，霍尔传感器固定在磁铁附近，当磁铁转动经过霍尔传感器时，传感器便产生一个脉冲信号。测量时间 T 内的脉冲数 N，便可求出被测物体的转速 $n = N/(mT)$。被测物体上的磁铁数目 m 决定了转速测量的分辨率大小。

转矩测量需要选用合适的转矩测量装置，将扭力测量应变片粘贴在被测弹性轴上，组成测量应变电桥，电桥供电电压为 24V 直流电源，电桥输出电压与转矩成正比。由此可测量电动车电动机在一定负载作用下的转矩。

11.2.3 系统软件设计

系统软件包括电动机转速控制、电动机扭矩控制、电动机转速测量、电动机扭矩测量、电动机电压测量和电机电流测量六个模块。测试人员登录系统主界面，然后按照测试任务进行相应的操作。系统软件设计主流程图如图 11.10 所示。

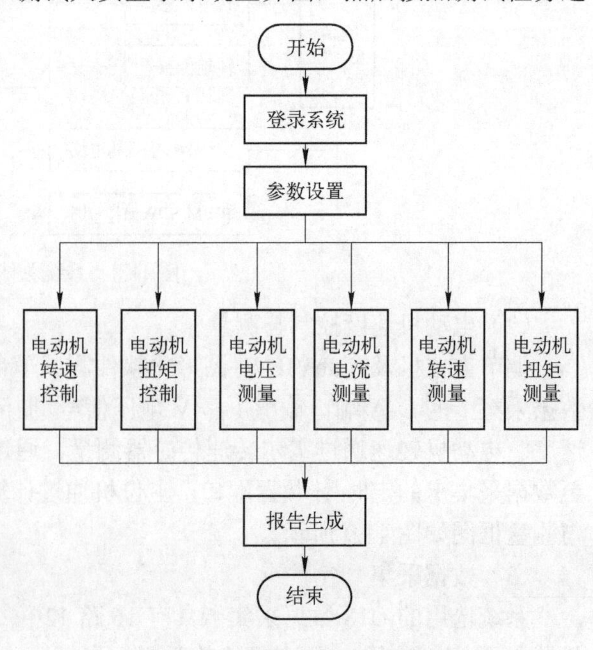

图 11.10 系统软件设计主流程图

为了便于编程，U18 数据采集卡提供了 LabVIEW 驱动和 Windows 驱动。安装驱动之后，驱动函数存放在 LabVIEW 前面板编程菜单 user.lib 文件夹中。

（1）转速与扭矩控制

系统参数控制包括转速控制和扭矩控制两个控制模块。转速和扭矩都采用模拟量控制方式，虚拟仪器的两个控件旋钮分别产生转速和扭矩的控制信号，从数据采集卡的 DA0、DA1 口输出 0～5V 电压，通过硬件电路电动机转速控制器（SPWM）和扭矩控制器（V/I 转换器），实现对转速与扭矩的实时控制。转速和扭矩控制程序设计如图 11.11 所示。

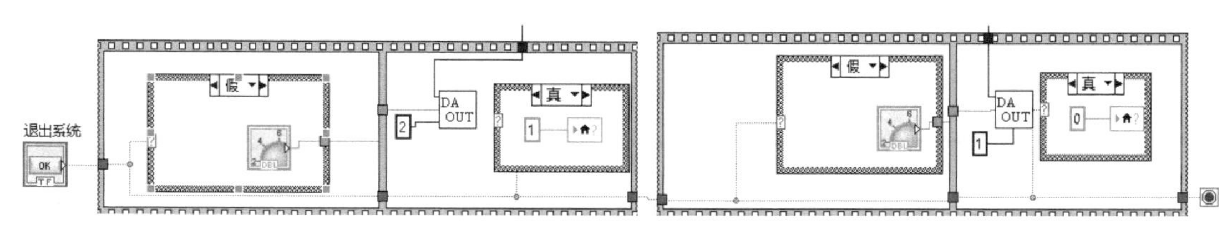

图 11.11　转速和扭矩控制程序设计

（2）参数测量

系统参数测量包括电压测量、电流测量、扭矩测量和转速测量四个测量模块。通过这四个参数的测量与显示，可以对电动机的性能进行直观的评估。参数测量程序如图 11.12 所示。

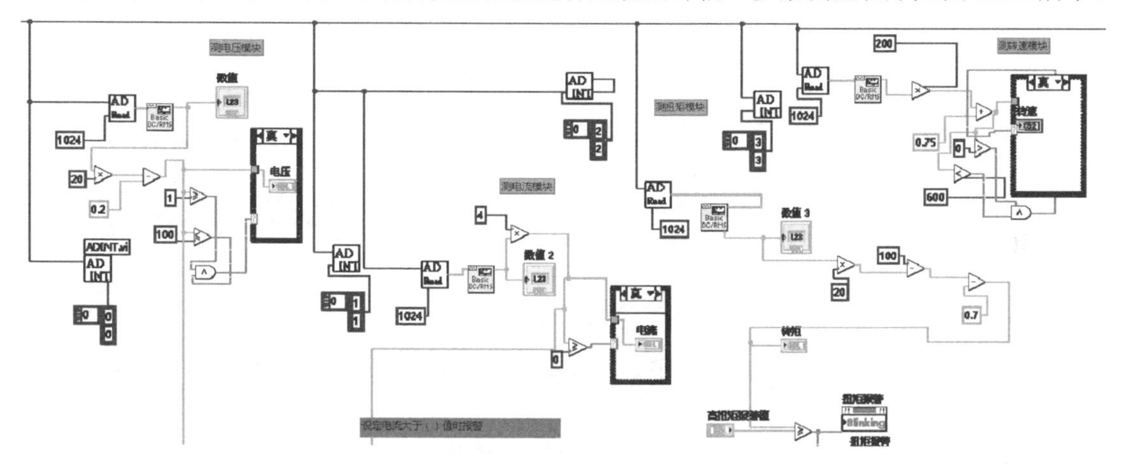

图 11.12　参数测量程序

（3）参数显示

测试系统在前面板用一个表格控件创建一个数据显示表格，设置行和列的属性值，使其产生一定的单元格，从而能实时显示序号、电压（V）、电流（A）、输入功率（W）、扭矩（N·m）、转速（r/m）、输出功率（W）、效率、时间（s）等数据，数据实时显示程序如图 11.13 所示。创建好表格以后，设置其行属性为 20，列属性为 9，将自动生成 20 行 9 列的单元表格。用局部变量将测量或者计算得到的数据通过数组转换等操作依次写入表格中。

（4）功率与效率计算

输入功率 $P_{in} = UI$，单位为 W；

输出功率 $P_{out} = Mn / 9.55$，单位为 W（M 为扭矩，9.55 为转换系数）；

效率 $\eta = P_{out} / P_{in}$。

（5）数据报表输出

为方便对电动机性能进行系统与深入的分析，通过软件设计来增加数据报表输出功能。报表以 Word 格式存储与输出打印。在 LabVIEW 中实现报表功能，需要安装 NI 公司提供的 Report Generation 工具包。安装后，相关 VI 将会出现在函数选板→编程→报表生成中。数据报表输出程序如图 11.14 所示。

（6）扭矩零位信号分段补偿

对于扭矩的测量，其零位会随电动机转速的变化而变化。实验表明，电动机转速增大，其干扰越大。为了减小其误差干扰，系统程序中采用了扭矩信号在转速不同时分段进行补偿，从而实现零位精确校正。零位校正程序如图 11.15 所示。

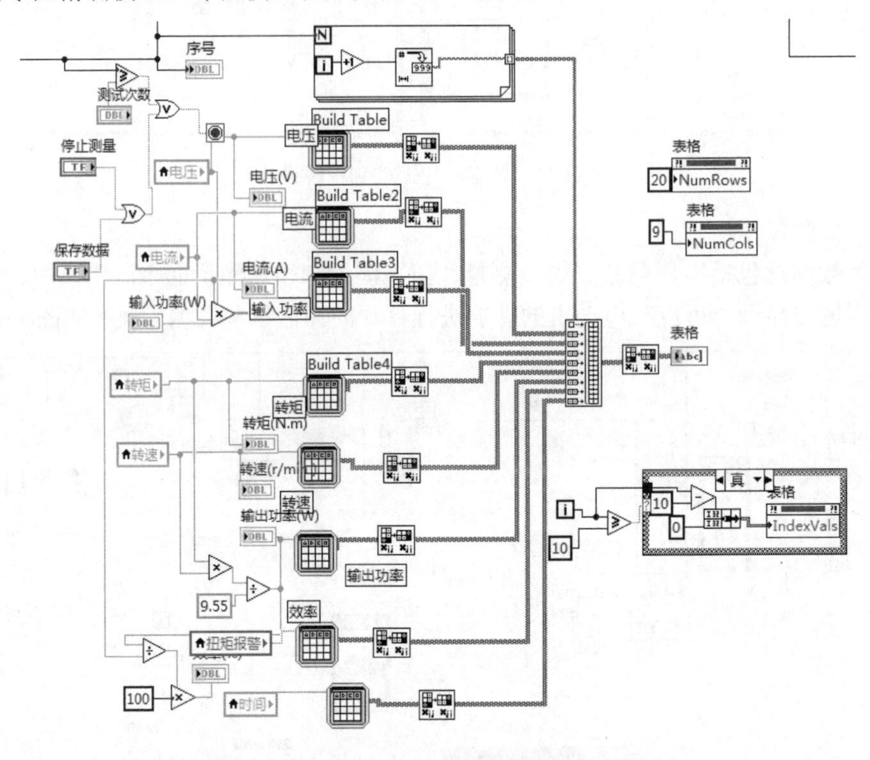

图 11.13　数据实时显示程序

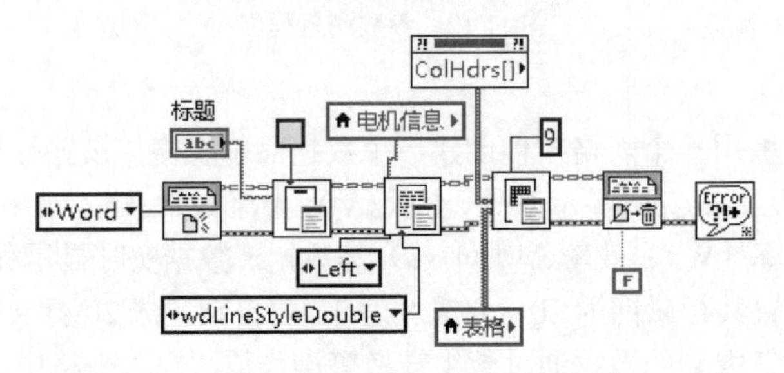

图 11.14　数据报表输出程序

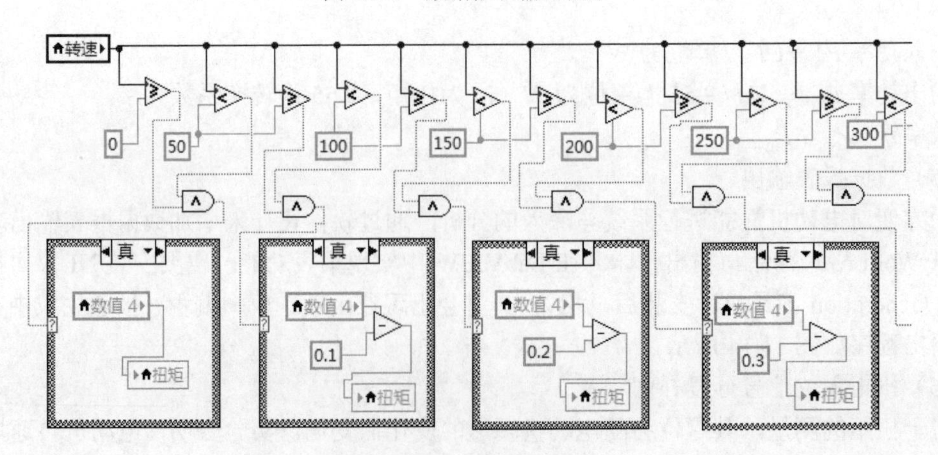

图 11.15　零位校正程序

利用转速的局部变量设计一个输出控件，将其每隔 50 单位分为一个区间，每一个区间内的扭矩零位随转速增加而增大 0.1。利用条件结构，使转速在对应区间内的条件输出为真，再显示结构内的扭矩校正数值。扭矩校正测量公式为

$$M_{校正} = M_{实际} - \mathrm{INT}\left(\frac{n}{50}\right) \times 0.1 \tag{11.7}$$

式中，$M_{实际}$ 为模拟通道测量计算值，单位为 N • m；n 为电机测得的实际转速，单位为 r/m。

11.2.4　数据处理算法研究

（1）基本平均直流滤波算法

基本平均直流滤波算法是 LabVIEW 自带的一个滤波算法。系统采用基本平均直流算法分别对电压、电流、转速和扭矩的测量数值进行优化。基本平均直流算法是根据 N 个采样参数 X_1，X_2，…，X_N 寻找 y，使得 y 与各个采样值之间的偏差的二次方和最小，即 $E = \sum_{i=1}^{N}(y - X_i)^2$ 最小。由一元函数求极值的原理求得 $y = \frac{1}{N}\sum_{i=1}^{N} X_i$。该算法对周期性波动的信号具有良好的平滑效果，可以有效地对噪声干扰和随机干扰信号进行滤波。

（2）MATLAB“smooth”平滑曲线算法

“smooth”平滑曲线算法可将散点折线图绘制成光滑的曲线图，使图像更加美观。尤其是在处理同一图像上的多条散点折线时，更有利于反映数值变化的趋势。在制作转速–效率、扭矩–效率关系曲线时，采用该算法取得了较好的平滑效果。

11.2.5　系统运行测试

打开电机测试系统登录界面，进入系统主程序界面。转动界面上的“转速控制”按钮即可启动电动机，再单击“自动测试”按钮，进入测试阶段，转动“扭矩控制”旋钮，可实现在控制扭矩与转速的情况下对电动机性能进行测试。测试完成时，单击“输出报表”按钮，即可将此次测试数据及相关信息输出至 Word 以形成报表。测试系统运行主界面如图 11.16 所示。

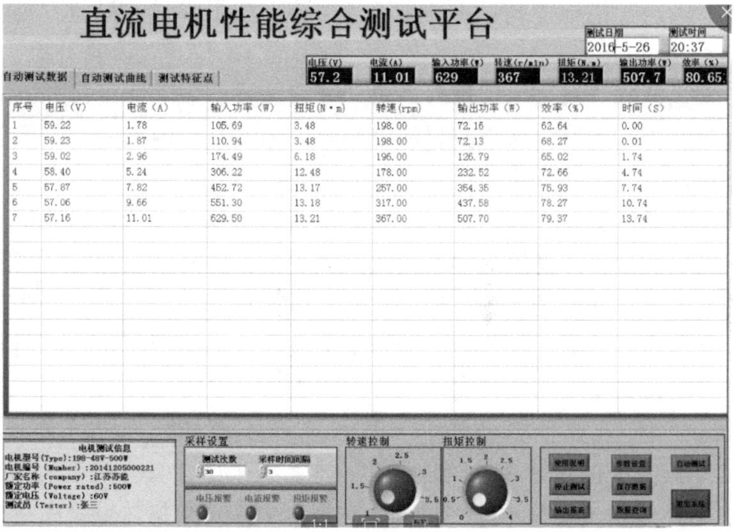

图 11.16　测试系统运行主界面

单击“数据查询”按钮，则打开数据历史查询.vi。进入历史查询界面，选择查询日期后单击获取数据，历史数据则在表格显示控件中显示出来。

11.3 基于 LabVIEW 和 HD Audio 声卡的电动车报警器测试仪

11.3.1 项目简介

电动车报警器在设防状态下，由外界振动而触发报警器发出报警信号，而报警声音的大小和频率等参数是报警器出厂时质量检验的主要指标。传统的电动车报警器测试方法，主要根据听觉判断报警器性能，高分贝噪声对企业测试及生产人员的身心健康、工作质量和效率会产生较大的影响。

为了改善报警器及周边企业环境噪声污染，提高产品测试的自动化水平，减轻测试人员的劳动强度，设计一种基于 LabVIEW 和 HD Audio 声卡的电动车报警器测试仪。该测试仪采用隔音降噪技术、虚拟仪器技术，计算机自带声卡，采集报警器声波信号，并对其进行滤波、放大和频域分析，检测信号最大峰值和对应频率。通过设置报警器参数异常报警极限值，自动判别报警器性能是否合格。该测试仪采用人性化系统设计，具有测量频带宽、精度高、速度快、使用方便等优点，可以广泛应用于各种报警器生产企业的产品测试。

11.3.2 系统设计

本系统包括隔音降噪装置、遥控报警器、遥控器、拾音器、HD Audio 声卡、LabVIEW 应用软件和计算机等部分。

1. 隔音降噪装置

声学系统一般由声源、传播途径和接收器三环节组成。本系统声源为报警器，设计要求遥控报警器发出的报警声必须达到 110dB 以上；接收器为人的耳朵，每个人的听觉灵敏度不可改变。因此，为了使生产、测试时报警器发出的噪声不会对人们的正常工作环境造成影响，采取隔声、吸声、消声等措施控制噪声传播途径，该方法是降噪的最佳方案，从而可使测试环境噪声降低到 65dB 以下。

隔音降噪装置包括隔音箱体、消声管、自动开启装置、振动器等部分。隔音箱体的主要材料为隔音板和吸音棉，当声波传播到材料表面时，激发孔隙内部的空气振动，使得空气与材料产生摩擦作用，使声能量得到衰减。消声管主要由 PVC 塑料管、吸音棉和隔音板材料构成。除了吸音棉、隔音板有吸音效果之外，PVC 管也具有隔音功能，它能将入射到其侧壁和内部隔音板的声波反射出去，使透射的声波大大减小。自动开启装置安装在隔音箱盖板上表面，采取电动或气动方法开合隔音箱盖板，方便测试人员每次可同时放置八个以上报警器，放置后再自动闭合隔音箱盖板。箱体内安装一个振动器，模拟振动状态，测试设防状态时报警器的工作性能。拾音器安装在箱体侧壁上部，获取报警器实际音频信号。

2. HD Audio 声卡

声卡是实现声波/数字信号转换的一种硬件。本系统采用计算机自带的 HD Audio 声卡作为模-数转换器，将声波信号转换成数字信号。它具有大带宽数据传输、高精度音频回放、支持多声道麦克风音频输入、更低的 CPU 占用率和可以通用的底层驱动程序等特征。

11.3.3　虚拟仪器设计

1．数据采集程序设计

在 LabVIEW 的图形与声音输入中，有现成的各种子 VI，如 Sound Input Configure.vi、Sound Input Read.vi 和 Sound Input Clear.vi。按照 LabVIEW 的标准对其进行连线，可以对输入的声音信号的采样模式、每通道采样数等参数进行设置。在连续采集模式下，可根据需要反复调用“读取声音输入”。声音格式设置包括采样率、通道数和每采样比特数。采样率通常为 44100 S/s、22050 S/s、11025 S/s，默认值为 22050 S/s；对于多数声卡，通道数为 1，表示单声道，为 2 表示立体声；每采样比特数通常是 16 比特和 8 比特，默认值为 16。LabVIEW 的声卡模块和声卡采集程序框图分别如图 11.17、图 11.18 所示。

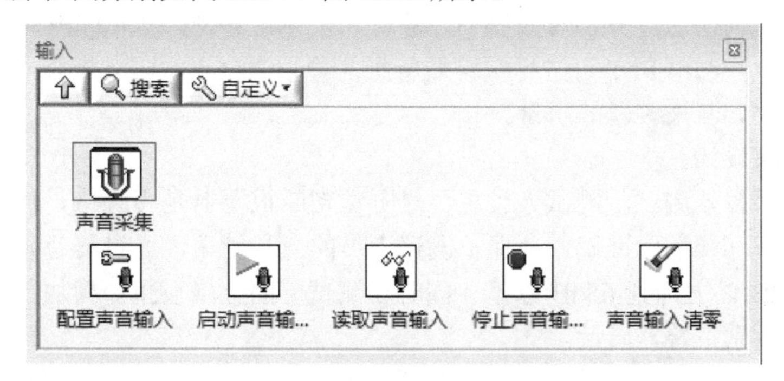

图 11.17　LabVIEW 的声卡模块

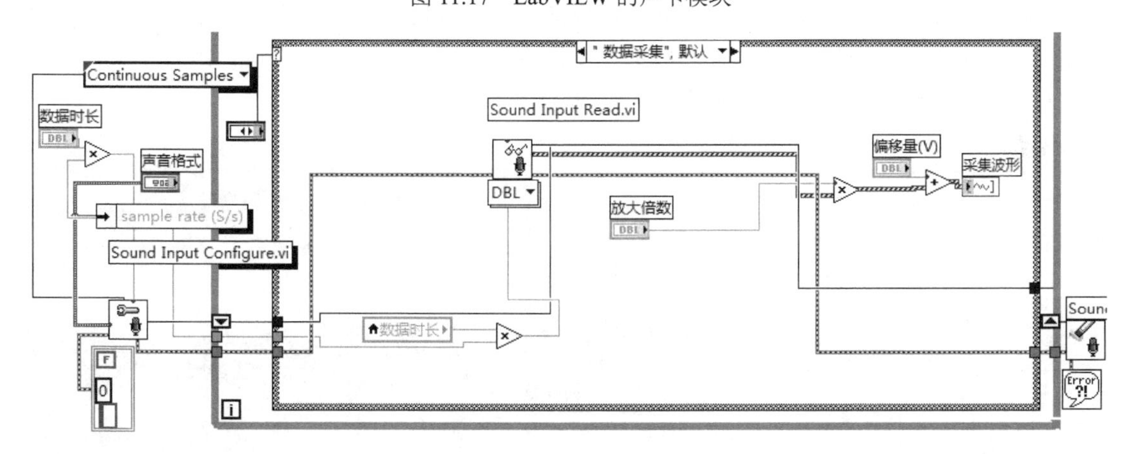

图 11.18　声卡采集程序框图

2．数据处理程序设计

（1）信号滤波

LabVIEW 自带的滤波器有 FIR 滤波器、IIR 滤波器、切比雪夫滤波器和巴特沃斯滤波器等。本设计中使用了 FIR 滤波器，根据报警器音频信号特征，设置滤波器的各参数，如拓扑结构、窗函数类型、滤波器类型、截止频率等。比较滤波前后波形，滤波器能有效滤除外界干扰信号。

（2）声波信号频谱分析

频域分析主要是对信号进行 FFT 变换，使用频谱可以方便观察和分析信号频率的组成。

FFT 是可以进一步改进 DFT 运算量的高效算法。

$$X(k)=\mathrm{DFT}\left[x(n)\right]=\sum_{n=0}^{N-1}x(n)W_N^{\ kn} \qquad K=0,1,\cdots,N-1 \tag{11.8}$$

$$x(n)=\mathrm{IDFT}\left[X(k)\right]=\sum_{k=0}^{N-1}X(k)W_N^{\ -kn} \qquad n=0,1,\cdots,N-1 \tag{11.9}$$

式中，$W_N=\mathrm{e}^{-\mathrm{j}2\pi/N}$，根据这种方法来计算 DFT，对于 X（K）的每个 K 值，需要进行 4N 次实数相乘和 4N–2 次相加，对于 N 个 k 值，共需 $N\times N$ 次乘和 $N\times(4N-2)$ 次实数相加。利用 DFT 中 W_N^{kn} 的周期性和对称性，使整个 DFT 的计算变成一系列迭代运算，可大幅度加快运算过程和减小运算量。DFT 变换说明对于时间有限的信号（有限长序列），也可以对其进行频域采样，而不丢失任何信息。只要时间序列足够长，采样足够密，频域采样可较好地反映信号的频谱趋势。因此，选用 FFT 可进行报警器音频信号频谱分析，测量报警器信号的频率及其对应幅值，以此来判断报警器的质量。

（3）报警模块设计

对于传统的报警器测试，测试人员主要靠听觉判断报警器是否合格，往往会造成误判。为了提高生产效率和测试的准确性，保护测试人员的身心健康，通过隔音降噪装置将报警器实际声强由 110dB 以上降到 65dB 以下，同时在测试界面上增设报警模块，根据测量信号的幅值和频率自动判别报警器质量。

报警模块可以检测、显示时域信号最大幅值和频域信号最大峰值及频率，通过与设置的报警参数上下限比较，当频率过高时会显示异常报警，当检测到的最大幅值小于预设的报警幅值时就会显示异常报警。报警时，指示灯由绿变红，同时蜂鸣器发出报警声音。报警模块程序框图和前面板分别如图 11.19、图 11.20 所示。

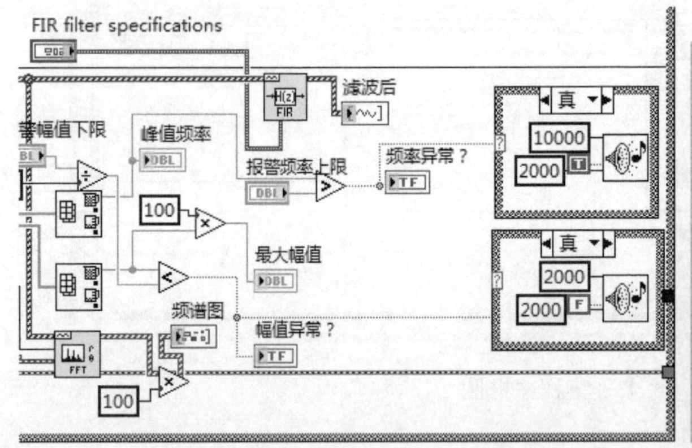

图 11.19 报警模块程序框图

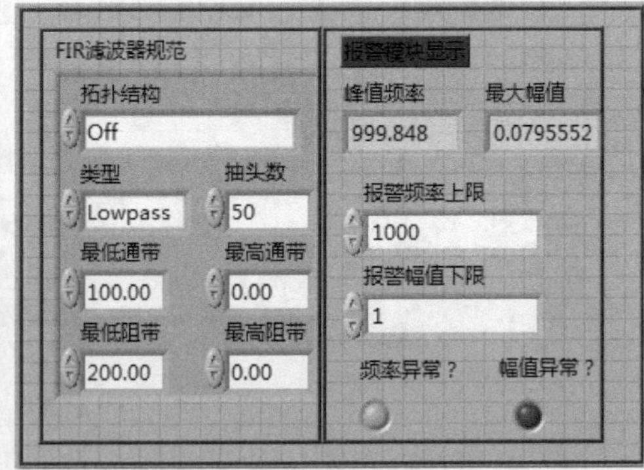

图 11.20 报警模块前面板

3. 前面板设计

前面板主要分为参数设置面板、数据采集前面板和数据分析前面板。在参数设置面板中可设置时域信号的采样时间、放大倍数和偏移量等参数，使采集的信号波形图显示在最佳位置。数据采集前面板可实现时域信号的采集和滤波功能，显示滤波后的报警器声波信号波形。数据分析前面板将滤波后的实用波形和频谱图在同一界面上显示。数据分析前面板程序框图如图 11.21 所示。

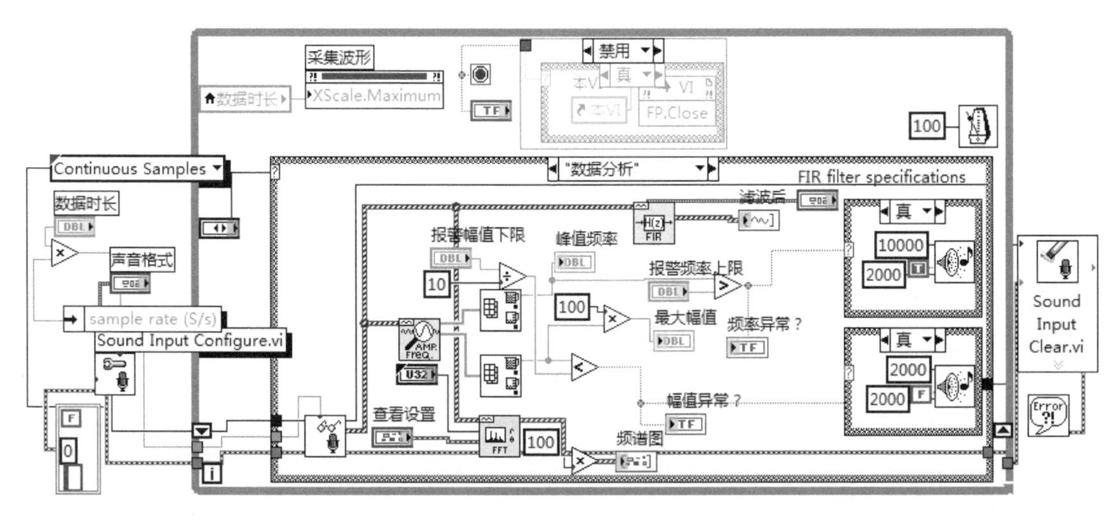

图 11.21　数据分析前面板程序框图

11.4　基于 LabVIEW 和 USB 接口的数据采集器

11.4.1　项目简介

为了满足工程测量对数据采集的需要，采用 LabVIEW 图形化开发软件平台，结合单片机技术和 USB 接口技术，应用高精度、高速度的 A-D 转换器件和 D-A 转换器件，设计具有 8 路 12 位数据采集、1 路 8 位 D-A 输出的数据采集器，同时具有环境温度测量、数据（波形）处理和分析功能，可以广泛应用于工程技术领域。

11.4.2　系统方案设计

基于虚拟仪器和 USB 接口的数据采集器主要由数据采集模块、模拟量输出模块、温度测量模块、存储器模块、AT89C52 单片机、USB 接口电路、PC 及 LabVIEW 图形化软件等构成，系统组成框图如图 11.22 所示。

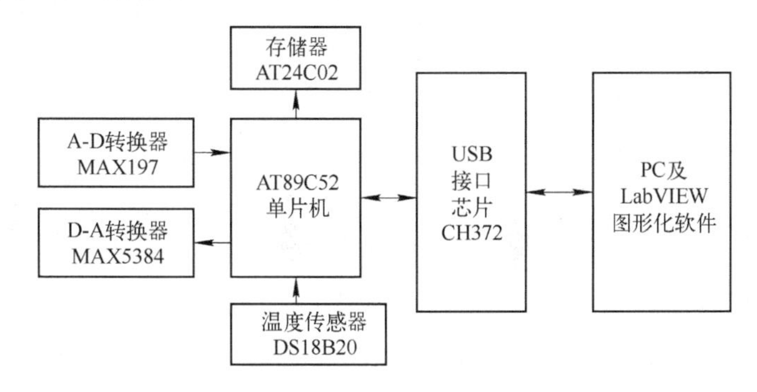

图 11.22　系统组成框图

多路模拟信号接入 MAX197 的 8 个输入通道进行模-数转换，AT89C52 单片机将接收到的 MAX197 采集数据通过 USB 接口总线上传至 PC；数据输出部分选用 MAX5384 进行 D-A

转换，输出 PC 所设定的电压值。应用程序设计采用 NI 公司基于 G 语言的 LabVIEW 软件进行设计。

11.4.3 系统硬件设计

1. 数据采集器的微处理器

这里采用 AT89C52 单片机作为数据采集器的微处理器。该芯片具有 8KB Flash 闪速存储器，256B 内部 RAM，32 个 I/O 口线，3 个 16 位定时/计数器，一个 6 向量两级中断结构，一个全双工串行通信口。其中，P0 口与 MAX197 引脚 7～14 相连，实现 12 位数字量的输入；P1 口与 CH372 引脚 10～17 相连，实现 12 位数字量的输出；P2 口中的 P23 与 DS18B20 的数字输出端（引脚 2）相连，实现环境温度数字信号的输入；P3 口中的 P30、P31 分别与 MAX5384 的 SCLK、DIN 相连，实现单路 8 位 D-A 转换，P3 口其余引脚主要应用其第二功能。

2. USB 接口电路

这里选用 CH372 为 USB 总线的接口芯片。该芯片具有 8 位数据总线，读、写、片选控制线，以及中断输出，可以方便地接到单片机系统总线上；CH372 内置了 USB 通信中的底层协议，具有方便的内置固件模式和灵活的外置固件模式；全速 USB 设备接口，兼容 USB 2.0，即插即用；通过 Windows 程序提供设备级接口，通过 DDL 提供 API 应用层接口。应用时，将 8 位数据线（D0～D7）与 AT89C52 的 P1 口连接，上端通过 USB 接口与 PC 的 USB 相连，实现数据采集器与 PC 的通信。USB 接口电路图如图 11.23 所示。

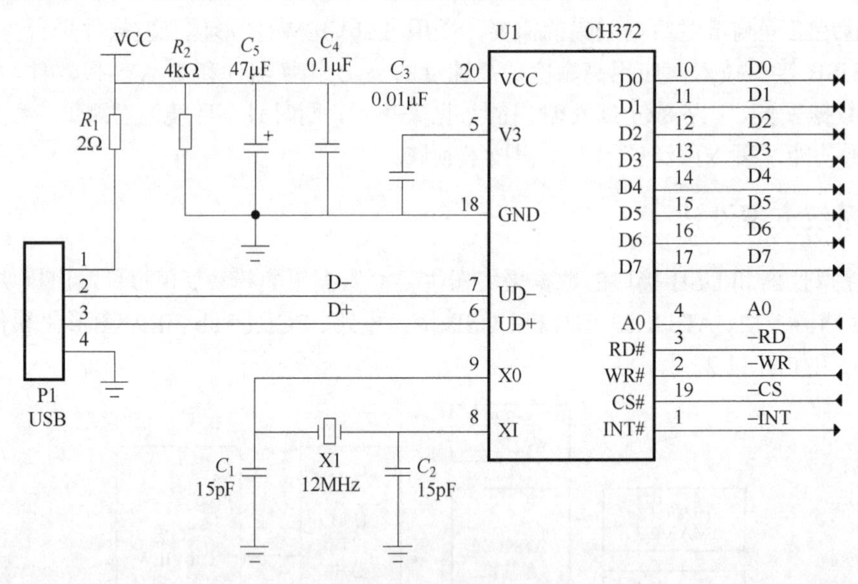

图 11.23 USB 接口电路图

3. A-D 转换电路

这里选用 MAX197 芯片为 A-D 转换器。MAX197 是一种多量程、12 位 A-D 转换器，工作电压为 5V。该芯片有 8 个独立的模拟输入通道，有 4 个可编程输入量程：±10V、±5V、0～5V、0～10V，具有 5MHz 的带宽、8+4 并行数据接口，参考电压为 4.096V，最高采样频率可达 100kHz。8 路模拟信号通过 CH0～CH7 输入，转换为 12 位数字信号。A-D 转换电路如图 11.24 所示。

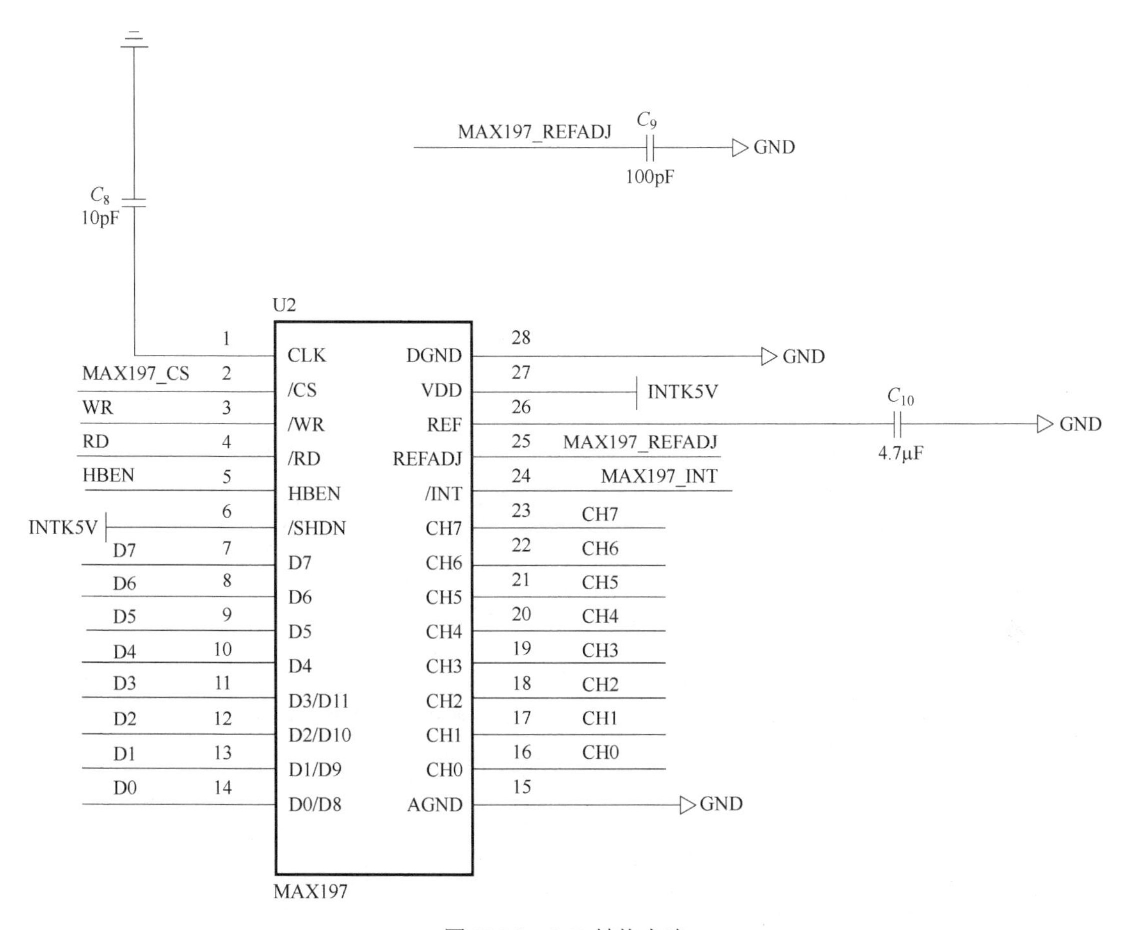

图 11.24　A-D 转换电路

4．D-A 转换电路

这里选用低功耗 8 位 D-A 转换器 MAX5384 作为本系统中的 D-A 转换器，实现模拟量输出的功能。该芯片采用串行接口，操作频率可达 10MHz，内部参考电压为 4V，并且支持的电压范围为 4.5～5.5V。MAX5384 只需要 150μA 电流就可以工作，并且提供了一个电压输出缓存。MAX5384 启动时会清空 D-A 转换器的寄存器，并且保持到新的命令写入 D-A 转换器的寄存器，这种特性对外围设备提供了额外的安全保护。D-A 输出信号的大小通过 PC 虚拟仪器前面板进行调节。

5．温度测量

这里选用 DS18B20 芯片作为本系统环境温度测量传感器。DS18B20 具有独特的一线接口，不需要外部元件，简化了设计；可用数据总线供电，电压范围为 3.0～5.5V；测量温度范围为−55～+125℃；可编程 A-D 转换位数为 9～12 位。在模拟信号测量时，对于由于温度影响产生的误差进行软件修正，以提高测量的精度。

6．E^2PROM 电路

这里采用 AT24C02 芯片作为系统中的 E^2PROM。要实现 USB 自定义 PID 和 VID 的功能，应外接 E^2PROM 来存储 PID 和 VID。AT24C02 是 I^2C 总线串行 E^2PROM，其容量为 1KB，工作电压在 1.8～5.5V 之间，是 CMOS 生产工艺。

11.4.4 系统软件设计

系统软件设计包括单片机各功能模块程序设计、驱动程序设计和应用程序设计三部分。

1．单片机各功能模块程序设计

单片机各功能模块包括温度检测、8 通道模拟信号数据采集、单通道 D-A 输出、单片机与 PC 通信等。该部分程序设计主要采用 C 语言进行编写。8 通道模拟信号数据采集流程图如图 11.25 所示，单片机与 PC 通信流程图如图 11.26 所示。

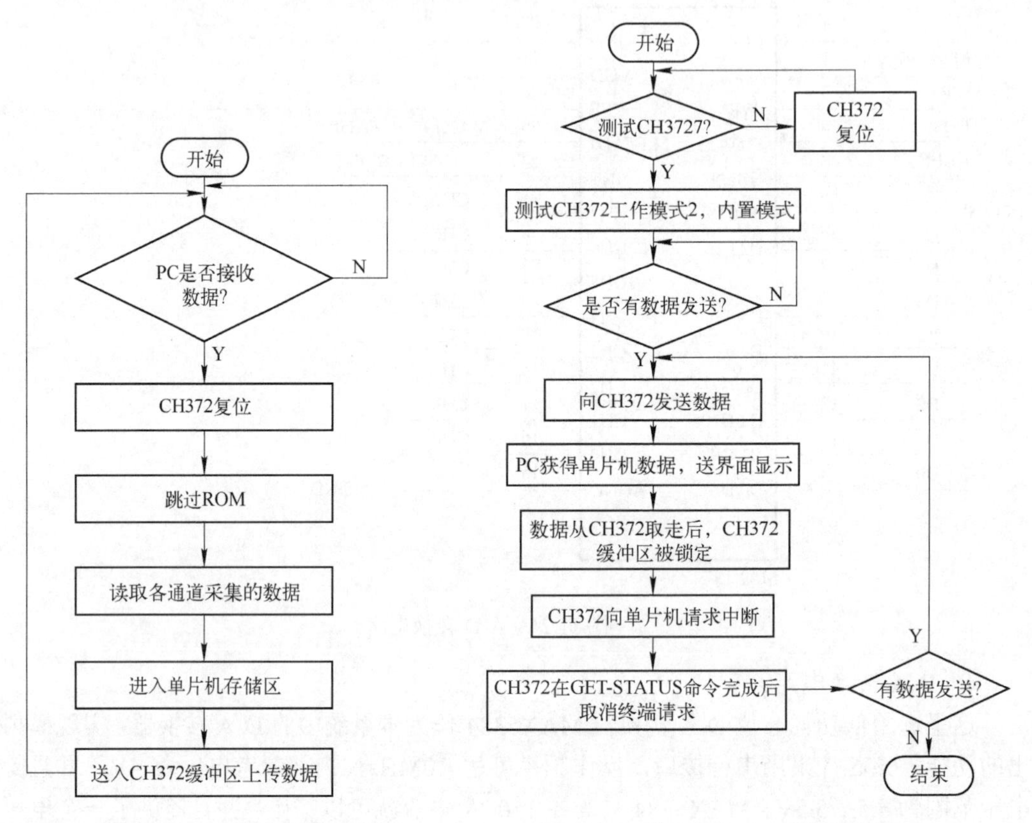

图 11.25　8 通道模拟信号数据采集流程图

图 11.26　单片机与 PC 通信流程图

2．驱动程序设计

按照 USB 2.0 规范，符合 USB 2.0 的总线驱动程序应该采用 WDM 类型，通用的 USB 驱动程序是一个标准的 WDM 驱动程序。USB 设备驱动程序通过创建 URB（USB 请求块）并使用 USB 驱动程序接口（USBDI），将 URB 提交总线驱动程序来完成硬件操作。

在 Windows 操作系统下，开发 WDM 驱动程序可选择 DDK 开发工具，主要有 4 个驱动例程：入口例程、即插即用例程、分发例程和电源管理例程。由于篇幅限制，这里仅简述即插即用例程的设计。

功能驱动程序的 AddDevice 函数的基本功能是创建一个设备并把它连接到以 PDO 为底的设备堆栈中。AddDevice 程序中的部分代码如下：

```
    NTSTATUS Ezusb-PnPAddDevice（IN-PDRIVER-OBJECT
DriverObject,IN-PDEVICE-OBJECT PhysicalDeviceObject）
```

```
{
NTSTATUS                    ntStatus=STATUS-SUCCESS;
PDEVICE-OBJECT              fdo=NULL;
PDEVICE-EXTENSION           pdx;
ntStatus=IoCreateDevice（DriverObject,
                        Sizeof（DEVICE-EXTENSION），
                        &deviceNameUnicodeString,
                        FILE-DEVICE-UNKNOWN
                        0,
                            FALSE,
                            DeviceObject);
    if（NT-SUCCESS（ntstatus）}
{
//Initialize our device extension
Pdx=（PDEVICE-EXTENSION）((*DeviceObject）->DeviceExtension);
  RtlCopyMemory（pdx->DeviceLinkNameBuffer,

deviceLinkBuffer,
                      sizeof（deviceLinkBuffer));
                ...
```

3．系统应用程序设计

这里采用 NI 公司的 LabVIEW 图形化软件进行系统应用程序设计，主要包括系统主界面、数据采集、数据处理与分析、模拟信号演示等部分。

系统主界面设计主要为用户提供一个人性化的人机对话操作界面，具有数据采集、信号处理与分析、模拟信号演示、模拟信号输出等功能，极大地方便用户使用。

数据采集程序具有通道选择、参数设置、数据采集、数据保存等功能。数据采集程序如图 11.27 所示。

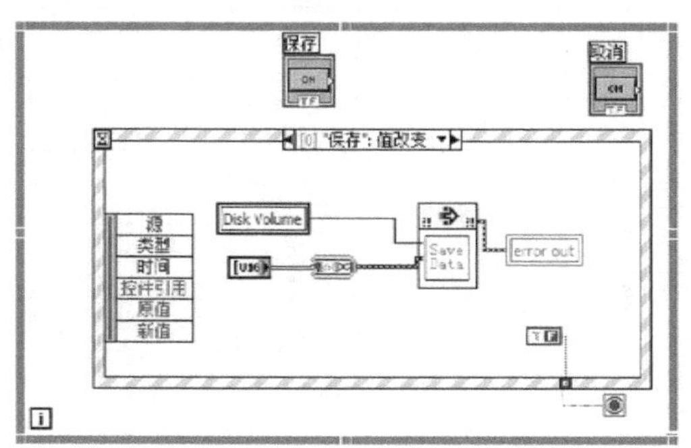

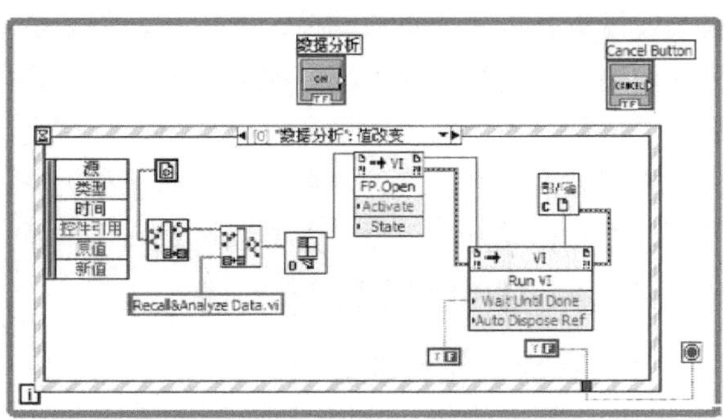

图 11.27　数据采集程序

数据处理与分析程序主要包括信号的运算（加、减）、信号放大、信号滤波、相关分析、频域分析等功能。数据处理与分析程序如图 11.28 所示。

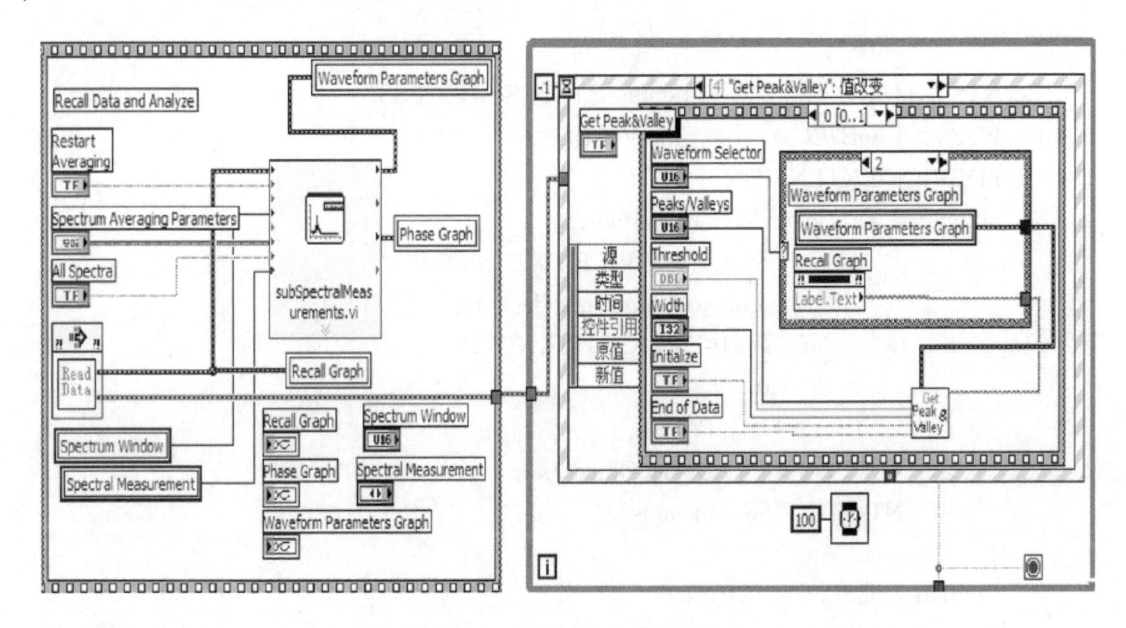

图 11.28 数据处理与分析程序

11.5 基于 LabVIEW 的火灾报警模拟演示系统

11.5.1 项目简介

本项目采用虚拟仪器技术，模拟演示某建筑物发生火灾的情景以及发生火灾时建筑物相关设备的联动状况，发出火灾报警信号，并告知我们发生火灾的位置及时间和火灾级别大小。

这里模拟 5 层楼房的火灾报警控制系统，每层模拟 3 个房间，每个房间模拟 3 个火灾信号源，分别为温度、烟雾和光照，其中一个发生异常时不报警，两个以上同时发生异常时报警。当检测到火灾发生时，系统将自动关闭卷帘门，将电梯运行到底层，同时自动关闭电源并发出报警，告知火灾位置，加上动画效果和声音效果，具有良好的人机对话界面。此外，系统还自动保存火灾发生的时间和地点等数据，方便以后查询。演示系统的总体结构图如图 11.29 所示。

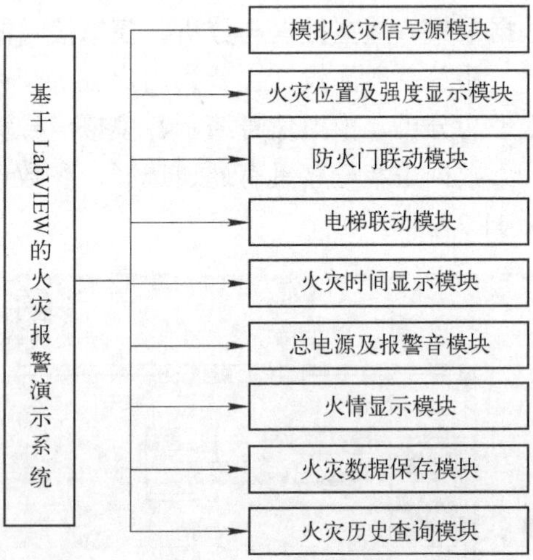

基于 LabVIEW 的火灾报警演示系统
- 模拟火灾信号源模块
- 火灾位置及强度显示模块
- 防火门联动模块
- 电梯联动模块
- 火灾时间显示模块
- 总电源及报警音模块
- 火情显示模块
- 火灾数据保存模块
- 火灾历史查询模块

图 11.29 演示系统的总体结构图

11.5.2 系统功能模块设计

1. 火灾演示系统

火灾演示系统由如下部分构成：模拟火灾信号源模块、火灾位置及强度显示模块、电梯联动模块、防火门联动模块、火情显示模块、火灾时间显示模块、火灾数据保存模块、火灾历史查询模块、总电源模块、报警音模块。

（1）模拟火灾信号源模块与火灾位置及强度显示模块

将圆形指示灯分别命名为温度、烟雾、光，用这 3 个布尔控件分别模拟火灾发生时的温度、引起的烟雾及发出的光，并经过与、非逻辑门来实现报警装置的要求，即两个或两个以上探测器异常时发生报警。假设火灾发生时温度、烟雾、光 3 个探测器检测到的信号分别为 A、B 和 C，无火灾发生时检测到的信号分别为 $\overline{A}$、$\overline{B}$、$\overline{C}$，房间有火灾发生时为 Y，因为要求当两个或两个以上的探测器异常时发生报警，所以房间火灾情况的逻辑表达式为 $Y=AB+AC+BC$，从图 11.30 所示的程序中也可以看出这种逻辑关系。

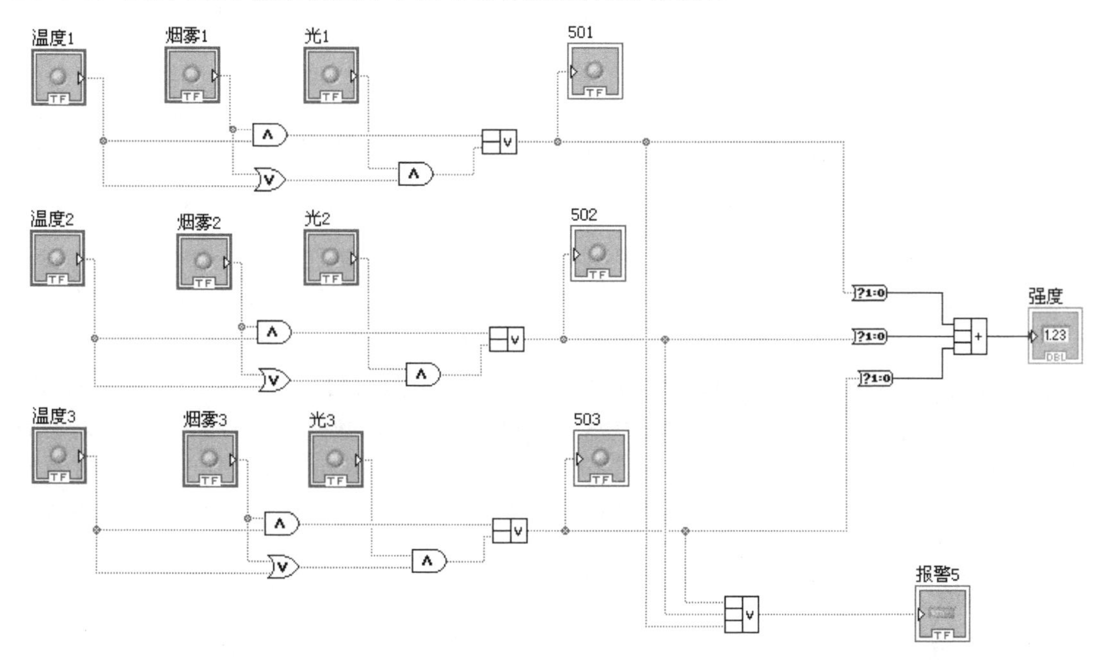

图 11.30　模拟火灾信号源模块与火灾位置及强度显示的程序

采用方形指示灯控件作为火灾报警灯，圆形指示灯控件显示火灾发生的房间号，数值显示控件用来显示火灾房间的火灾强度。由于火灾信号是布尔信号，必须经过一个布尔值至(0,1)转换函数，将布尔值 FALSE 或 TRUE 分别转换为十六位整数 0 或 1，经过复合运算计算出强度，由数值显示控件显示出火灾强度，火灾强度即各个楼层内发生火灾的房间数。

（2）电梯联动模块

在前面板设计中采用垂直指针滑动杆模拟电梯。指针刻度为 1～6，模拟 1～6 层的电梯。程序框图中采用条件结构，当条件为真时，即发生火灾时，滑动杆指针指示值为 1，即电梯自动运行到一层（即最底层），达到迫降的目的。条件为假时，即不发生火灾时，电梯正常运行，由 1 层上升至 6 层，再由 6 层下降至 1 层。

设计中采用 For 循环结构，将连接到总数（N）接线端的值 n 作为循环执行的次数，计数接线端（i）可提供当前的循环总数，取值范围是 0～n–1。电梯上升模块中的“等待下一个整数倍毫秒”函数的作用是等待直至毫秒计时器的值为指定值的整数倍时执行一次循环内的任务，下降模块中的“等待（ms）”函数的作用是等待指定长度的毫秒数后执行一次循环内的任务，它们都用来控制循环执行的速率。在本设计中，For 循环结构的 N 端接 10，“等待下一个整数倍毫秒”函数和“等待（ms）”函数接 200，所以在运行时，电梯上升过程即指针滑块由 1 开始每 0.2s 加 1，直至加到 10 为止，下降过程即指针滑块由 10 开始每 0.2s 减 1，直至减为 1 为止，这样可以形象地模拟出电梯由 1 层上升至 6 层，再由 6 层下降至 1 层的运行状态。

（3）防火门联动模块

无火灾时的防火门联动模块如图 11.31 所示，有火灾时的防火门联动模块如图 11.32 所示。

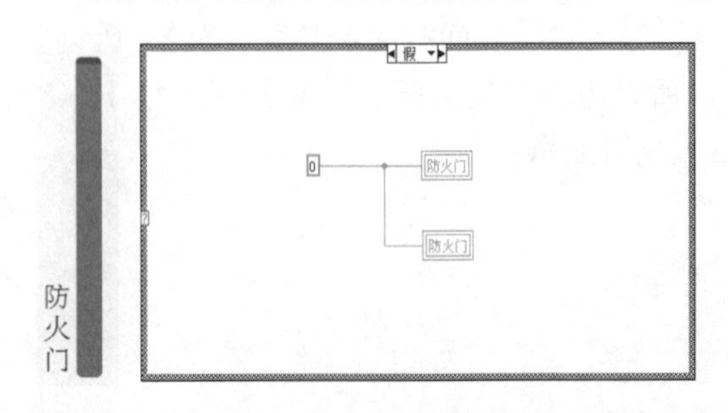

图 11.31　无火灾时的防火门联动模块（条件为假）

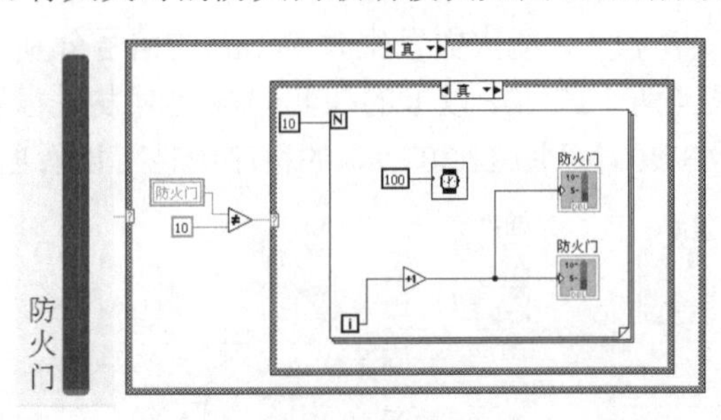

图 11.32　有火灾时的防火门联动模块（条件为真）

在前面板设计中采用垂直填充滑动杆模拟防火门。滑杆上端值为 0，最下端的值为 10。当楼层内有火灾发生时，火灾楼层以及相邻楼层防火门关闭，防止火灾的蔓延。程序框图中采用条件结构，当条件为假时，即不发生火灾时，垂直填充滑动杆的值为 0，即防火门保持在最顶端的状态不变。当条件为真时，即有火灾发生时，防火门开始动作，慢慢关闭。For 循环结构的 N 端接 10，表示循环执行 10 次，“等待（ms）”函数接 100，用于控制循环执行的速率为每 0.1s 执行一次，所以在运行时，垂直填充滑块由 0 开始每 0.1s 加 1，直到值为 10 为止，由此可以模拟出防火门关闭的运行状态，使得火灾报警控制器更好地显示防火的动作和过程。

（4）火情显示模块

无火灾和有火灾时的火情界面及程序分别如图 11.33、图 11.34 所示。

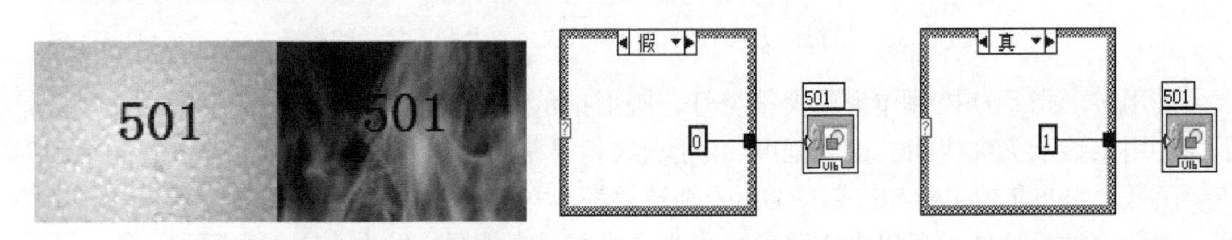

图 11.33　无火灾与有火灾时的火情界面　　　图 11.34　无火灾与有火灾时的程序

在前面板设计中使用图片下拉列表控件装入图片，发生火灾与不发生火灾时，该控件将显示不同的图片以更形象地模拟火灾现场情况，给人更直接的视觉感受。

（5）火灾时间显示模块

当检测到火灾信号时，系统将会显示火灾发生的日期及时间，并可以自动保存日期及时间数据到文本文件，以便以后随时查询。火灾时间显示前面板以及程序如图 11.35 所示。

在前面板设计中使用字符串显示控件显示火灾发生时间。程序框图中采用条件结构，条件为真时，即发生火灾时，“获取日期/时间”控件获取计算机当前的时间标识，经时间格式转换控件将时间标识转换为字符串格式，通过“日期”字符串显示控件显示火灾日期，“时间”字符串显示控件显示火灾具体时间。条件为假时，即无火灾发生时，“日期”字符串显示“0000/00/00”，“时间”字符串显示控件显示“00/00”。

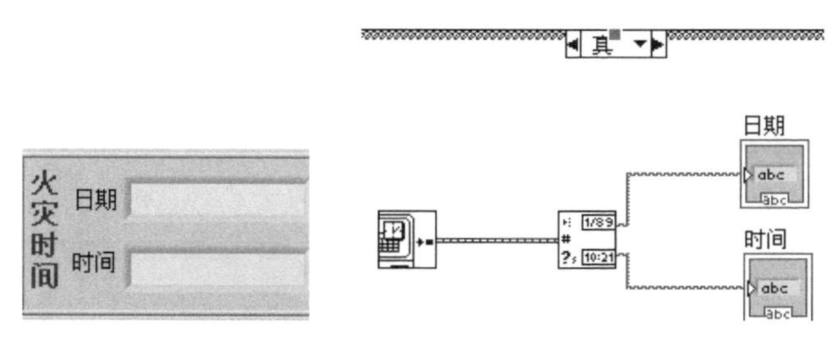

图 11.35　火灾时间显示前面板与程序

（6）火灾数据保存模块

此模块采用的控件较多，包括获取时间控件、时间格式转换控件、格式化写入字符串控件、当前路径控件、创建路径控件、创建文件控件、设置文件位置控件、写入文本文件控件及关闭文件控件等。火灾数据保存模块程序如图 11.36 所示。

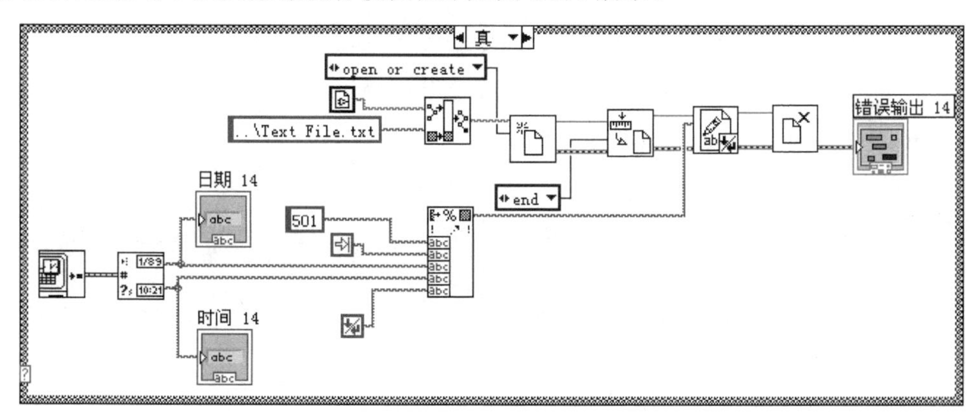

图 11.36　火灾数据保存模块程序

在当前路径下，打开一个名为 Text File 的已有文本文件。如果文件不存在，则创建一个名为 Text File 的文本文件，系统获取火灾发生时计算机的当前时间标识，经过时间格式转换控件将时间标识转换为字符串格式，利用格式化写入字符串控件在 Text File 文本文件的末尾写入新的火灾时间及地点字符串数据，即在保存原有的火灾时间及地点数据的基础上，系统自动写入新的火灾数据，方便工作人员的查看及以后的查询或打印。

（7）火灾历史查询模块

在前面板上放置了确定按钮控件以及字符串显示控件，分别模拟查阅按钮以及火灾历史显示窗口。按下查阅按钮，历史显示窗口内显示具体火灾发生的位置以及时间，方便直观。此系统可随时查询历史发生火灾的时间及地点数据。火灾历史查询模块程序如图 11.37 所示。

程序框图的设计中有如下控件：当前 VI 路径、创建路径、读取文本文件、关闭文件。在当前 VI 路径下，根据相对路径查找当前路径下之前所创建及保存的记录火灾发生数据的文本文件，名为 Text File，读取文本文件的数据，通过字符串显示控件将读取到的数据显示出来，最后关闭文件。采用事件结构，当确定按钮按下时，值改变，该事件响应确定按钮值的变化，执行时间结构中的程序指令。

（8）总电源模块

将前面板中放置的垂直翘板开关命名为总电源。程序框图中，在总电源之前放置一个非门。在火灾信号为TRUE时，即有火灾发生时，经过非门后，信号变为FALSE，使总电源关闭；反之，火灾信号为FALSE时，即没有火灾时，经非门信号转换为TRUE，总电源不关闭。这样可很好地模拟出有火灾发生的情况下，系统将自动关闭总电源的动作，保护建筑物以及人的生命和财产的安全。

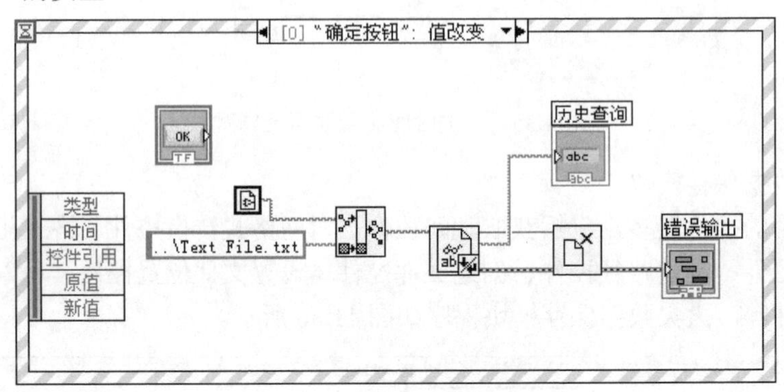

图11.37 火灾历史查询模块程序

（9）报警音模块

报警音模块程序如图11.38所示。

该程序中采用当前路径、创建路径、播放声音文件的控件等。在当前路径与相对路径创建的新路径下找到声音文件，播放声音文件控件将声音文件播放出来。在火灾发生时，系统发出火灾报警音，告知大家有火灾发生，使人们尽快实施应对火灾的措施。

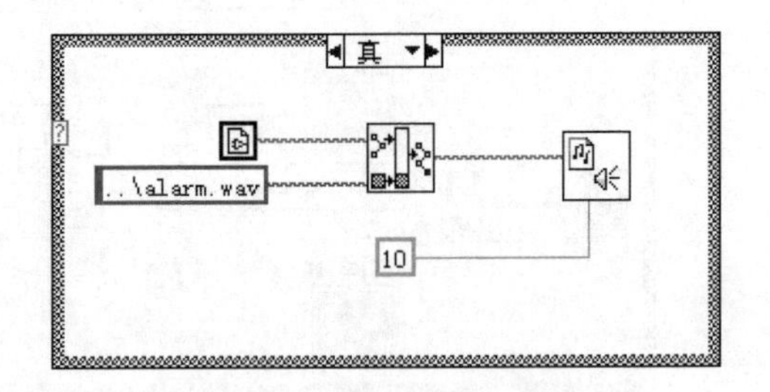

图11.38 报警音模块程序

（10）模拟大楼模块

本设计以5层作为例子，每层有3个房间，当没有火灾发生时，相应的房间显示水的图片，防火门保持在顶端，电梯正常运行。当有火灾发生时，相应的火灾房间显示火的图片，该火灾楼层以及相邻的楼层防火门启动，慢慢关闭，防止火势的蔓延，同时电梯下降到最底层，保护大楼建筑以及人的生命及财产安全。

2．火灾历史显示

火灾历史显示程序如图11.39所示。

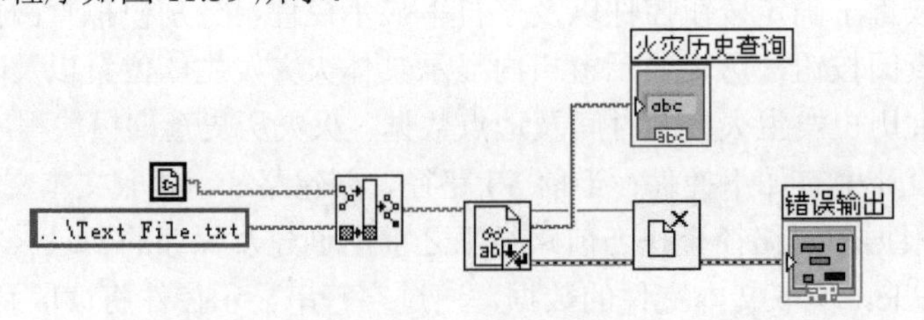

图11.39 火灾历史显示程序

此模块与演示系统中的火灾历史查询模块类似，为了有更好的人机操作环境，使用户能随时查阅火灾历史信息，所以在系统主界面的设计中放置了“火灾历史显示”按钮。用户可在主界面上直接查询火灾历史，按下“火灾历史显示”按钮，系统调用火灾历史查询界面，在窗口内显示出火灾发生的时间及位置的具体信息。

程序的设计中采用的控件有当前 VI 路径、创建路径、读取文本文件、关闭文件。在当前 VI 路径下，根据相对路径查找当前路径下之前所创建及保存的记录火灾发生数据的文本文件（Text File），读取文本文件的数据，通过字符串显示控件将读取到的数据显示出来，最后关闭文件。

11.5.3　运行与测试

火灾发生时演示系统的主界面如图 11.40 所示。

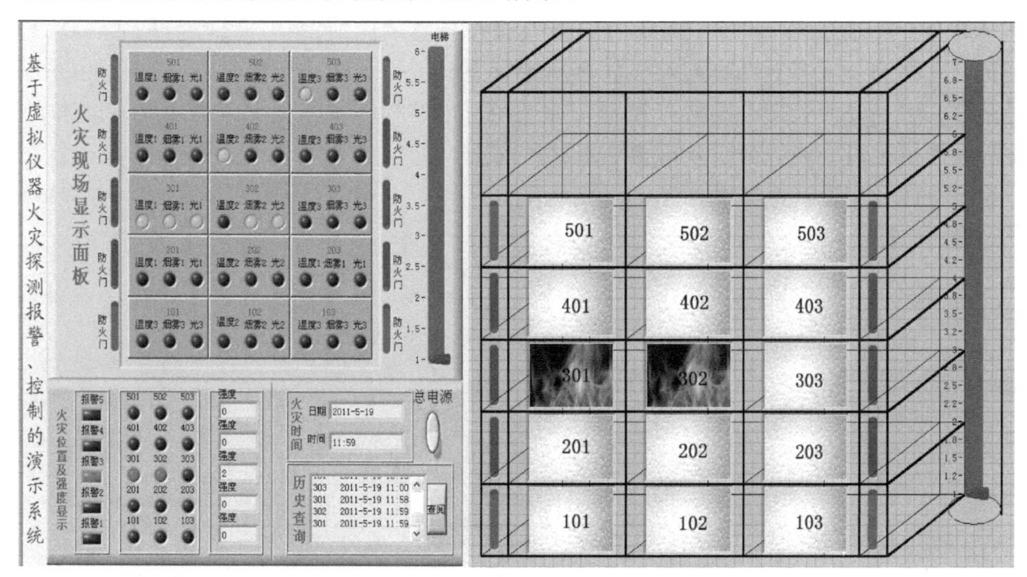

图 11.40　火灾发生时演示系统的主界面

下面模拟 301 号房间的 3 个探测器都发生异常，302 号房间有两个探测器发生异常，402 和 503 号房间都只有一个探测器发生异常。

当火灾发生时，在该系统上可以清楚地显示火灾发生的日期、时间、位置、火灾强度等相关情况。301 号房间与 302 号房间都满足两个以上火灾探测信号发生异常，所以都表示有火灾发生，即 3 楼有两个房间发生火灾，所以面板上会显示火灾强度 2。402 号房间与 503 号房间都只有一个火灾探测信号异常，不满足条件，所以没有火灾发生。另外，电梯及防火门的联动情况也可以被清楚地观察到，3 楼以及与其相邻的 2 楼和 4 楼的防火门都关闭了，防止了火势的蔓延，电梯降到了最底层，总电源关闭；也可以直接在界面上查询历史数据。大楼的仿真，加上图片效果和声音效果，使得该设计更直观，更形象，更人性化。

11.6　基于 LabVIEW 的酒店客控虚拟仿真实验系统

11.6.1　项目简介

为适应国家虚拟仿真实验系统的建设需求，节省实验设备的投资，满足测控技术与仪器、自动化等专业对创新性、综合性实践教学，培养学生的创新意识和实践应用能力，提出了基于虚拟仪器技术的酒店客控虚拟仿真系统的设计方案。利用 LabVIEW 为系统软件平台设计一套实践教学的虚拟仿真实验系统，实现对酒店客房温湿度（即温度和湿度，后文同）、灯光、电源、窗帘的控制，具有服务请求、原理介绍、访客显示和应急报警功能模块。该系统能模拟传感器进行相应的数据采集，再由 LabVIEW 平台分析处理，并对客房内的各个设备进行控制，从而更形象、更直观地将酒店客控以虚拟仿真的形式展现出来。

11.6.2 系统总体方案设计

虚拟仿真平台整体系统方案设计为：一个软件设计平台，采用 LabVIEW 虚拟仪器软件模拟仿真整个控制系统；两个终端系统，分别模拟仿真酒店前台管理终端与酒店客房终端，以带有交互性的一主多从的框架对酒店客房控制系统进行全面模拟仿真；6 个功能模块，分别对酒店客房的电源管理、温湿度控制、灯光和窗帘控制、访客显示、客房服务请求、应急报警等功能模块进行流程分析及虚拟仿真软件实现。

系统总体方案设计框架图如图 11.41 所示。

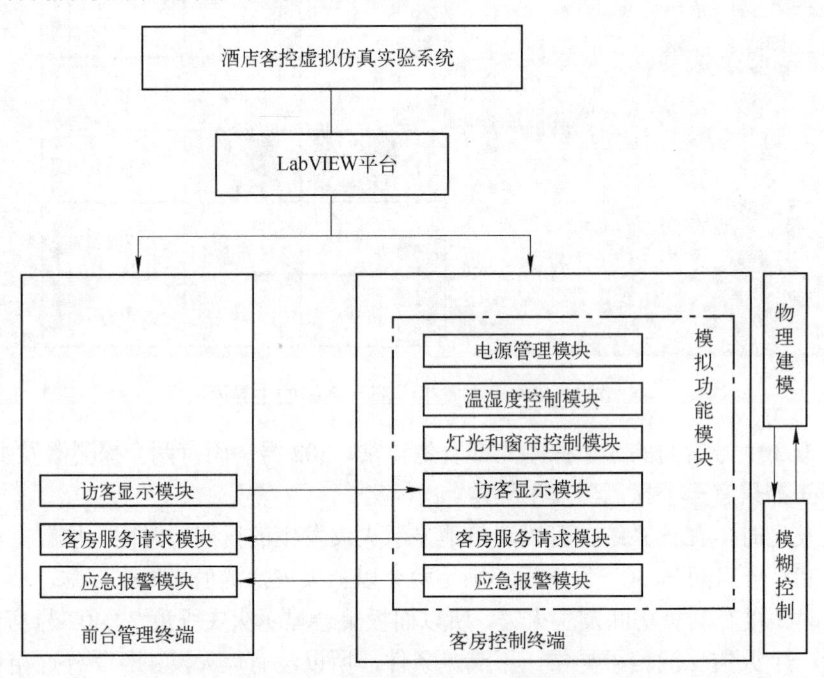

图 11.41 系统总体方案设计框架图

11.6.3 系统终端设计

1. 前台管理终端

酒店前台管理终端的主要作用是管理众多客房，用来登记、激活或关闭房间，并且显示酒店各个客房的状态。在前台管理终端还要通过通信机制，与各个客房完成访客监控、客房服务请求和应急监控等功能。因此在 LabVIEW 虚拟仿真平台中，通过一主多从的软件框架和不可重入 VI 程序的动态调用实例化来实时模拟客房的激活或者关闭，并且可以支持任意数量的客房独立并行运行。前台管理终端框图如图 11.42 所示。

2．客房控制终端

酒店客房控制终端虚拟仿真设计主要由电源管理、温湿度控制、灯光和窗帘控制、访客显示、客房服务请求、应急报警等子系统组成，其组成框图如图 11.43 所示。

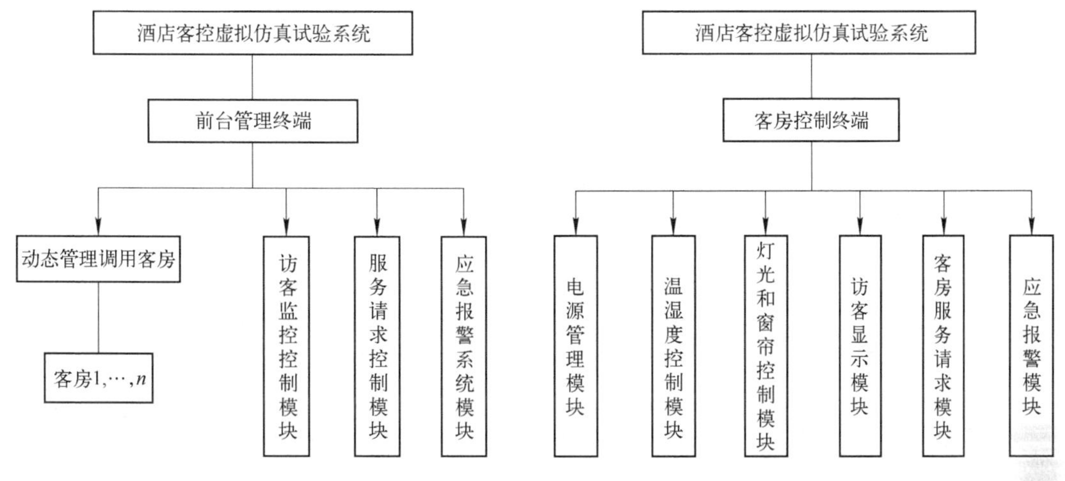

图 11.42　前台管理终端框图　　图 11.43　客房控制终端框图

酒店客控虚拟仿真实验系统以 LabVIEW 为系统软件平台，通过模拟传感器数据及物理建模仿真，实现对温湿度、光感度、烟雾浓度的数据采集，按照要求编写相应的程序，从而实现对酒店客控系统的功能设计。

11.6.4　系统功能模块设计

1．电源管理模块

电源管理模块为客控系统的总电源开关，由该模块来为客房内的各个设备供电。当电源开关打开时，客房内的空调、灯等设备开始工作；当电源开关关闭时，客房内的各个设备不工作。电源管理模块工作流程图如图 11.44 所示。

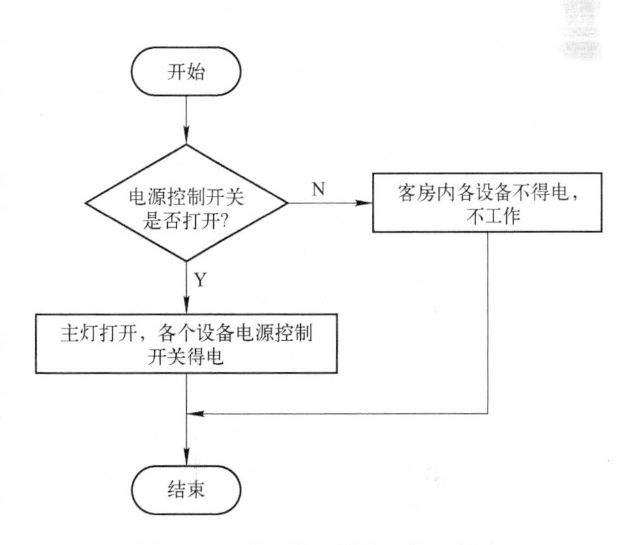

图 11.44　电源管理模块工作流程图

2．温湿度控制模块

温湿度控制模块主要通过模拟传感器模块来采集温湿度，如模拟热敏电阻及湿敏电阻进行数据采集，在 LabVIEW 平台上，用基本的物理建模来模拟客房的温湿度变化，实现当前环境的温湿度与室外温湿度对比。若高或低于当前室内温度，客房内的空调将自动控制其进行制冷加湿以及制热除湿的操作。温湿度控制模块工作流程图如图 11.45 所示。

3．灯光和窗帘控制模块

灯光和窗帘控制模块主要通过传感器模块来采集光照强度，如模拟光敏电阻获取当前环境的光照强度，由 LabVIEW 平台进行分析处理，用自定义控件来实现灯光和窗帘的控制，从而实现控制客房吊灯的开关，并实现窗帘的闭合以及打开。灯光和窗帘控制模块工作流程图如图 11.46 所示。

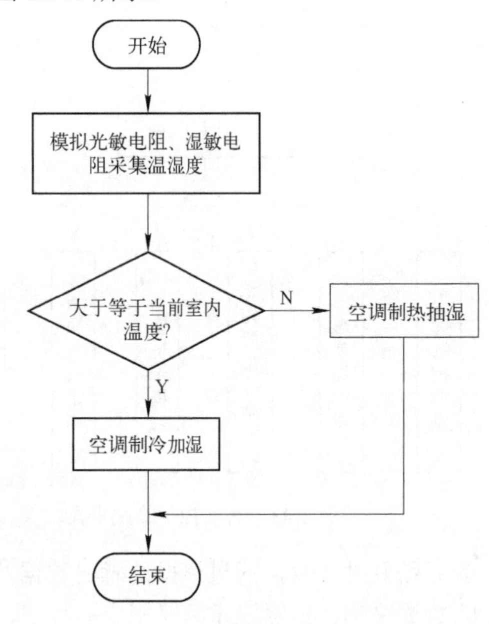

图 11.45　温湿度控制模块工作流程图

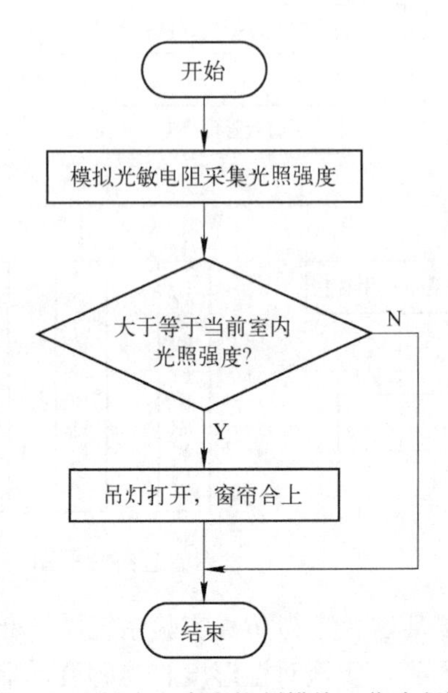

图 11.46　灯光和窗帘控制模块工作流程图

4．访客显示模块

访客显示模块是模拟了高档酒店或小区的访客监控,通过调用计算机的摄像头进行视频采集来模拟前台的访客摄像头,并且模拟了酒店的消息分发机制,被呼叫房间可以显示前台访客监控，更加体现了虚拟仿真的智能化。访客显示模块工作流程图如图 11.47 所示。

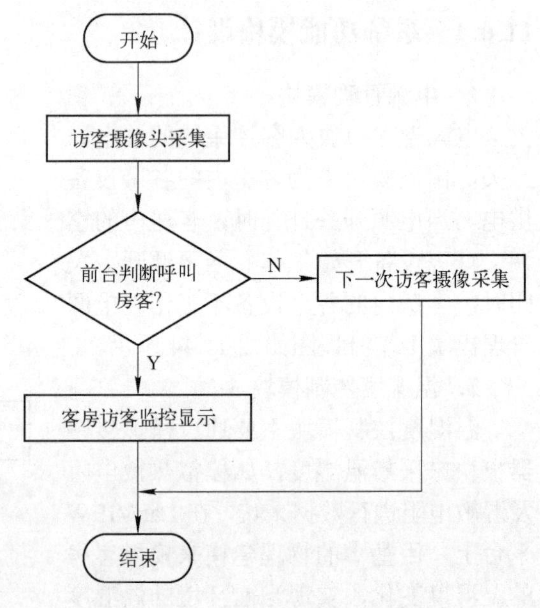

图 11.47　访客显示模块工作流程图

5．客房服务请求模块

客房服务请求模块是为了为住户提供更好的服务和设置,当住户在客房内需要一些客房服务时，如衣物清洗、客房清扫、点餐等服务，在 LabVIEW 平台中通过调用 VI 来实现住户与前台的通信,住户只需在相应的服务平台界面按照自己的需求按下对应的服务按钮即可,此时酒店的前台工作人员会在前台服务系统收到消息,并根据对应消息完成住户所需求的服务。客房服务请求模块工作流程图如图 11.48 所示。

6．应急报警模块

应急报警模块主要通过传感器模块来判断当前的烟雾浓度情况，如模拟烟雾传感器来判断当前环境下的烟雾浓度情况，当环境烟雾过大以至于发生火灾或紧急情况时，客房的应急报警装置将启动，警报灯发出报警铃声的同时闪烁报警灯来实现应急报警通知，从而保障住户安全；当没有发生火灾或紧急情况时，应急报警装置则不会启动。应急报警模块工作流程图如图 11.49 所示。

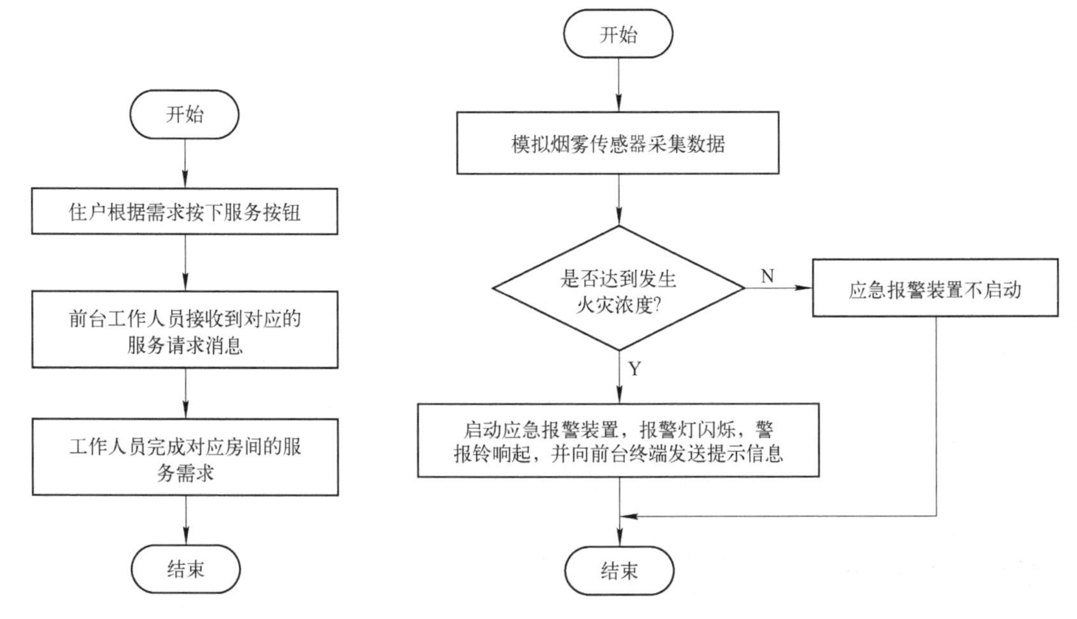

图 11.48　客房服务请求模块工作流程图　　图 11.49　应急报警模块工作流程图

11.6.5　系统软件设计

酒店客控虚拟仿真实验系统以 LabVIEW 平台为核心，由传感器模块进行数据模拟，由 LabVIEW 进行处理分析，从而实现相应功能。本设计将一个演示主界面作为基础显示界面，该界面放置不同的功能按钮，用户根据需求按下按钮，会跳转到对应服务端界面，不同的服务端界面显示不同的功能，从而完成整个实验系统的设计。

1．系统主界面设计

系统主界面由 4 个按钮组成，分别为前台演示、客房控制、原理介绍和退出，分别代表着不同功能。每个按钮都根据对应功能制作成自定义控件的形式，图片加文字可以更加直观地体现出该按钮的功能。当用户按下按钮时，对应功能的子 VI 就会弹出，用户运行子 VI，便可以看到对应的功能。系统主界面如图 11.50 所示。

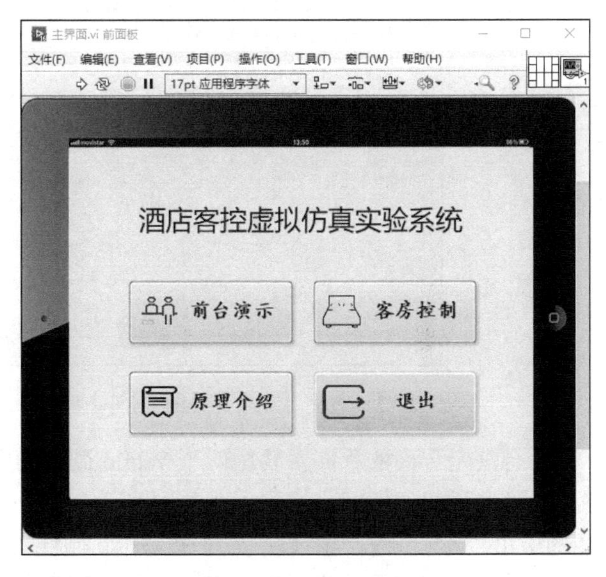

图 11.50　系统主界面

主界面的程序用到 While 循环、事件结构、条件结构，通过队列结构来实现对 VI 的调用，这种方法可以避免调用子 VI 而出现的程序卡死、无法退出和执行下一操作等问题。当用户按下按钮时，对应按钮的事件就会触发，从而调用对应的子 VI，运行后可以看到对应的功能演示。当用户按下退出按钮时，程序就会停止运行，用户必须重新按下运行按钮才能进行对应操作。

2．前台管理终端设计

前台演示界面主要包含客房的入住情况、房间号、服务显示、访客显示、报警提示和退出这 6 个方面的信息。客房的入住情况是，当用户选择相应的房间后，会调用对应客房的子 VI，然后入住的房间号会在右侧显示出来，这样可以直观地看到客房的入住情况以及对应的房间号；服务显示部分与客房控制界面里的服务请求部分相对应，当客人在客房内按下服务请求的按钮时，前台服务显示界面就会显示对应的服务请求消息、房间号和时间，以便于前台工作人员及时接收服务请求的消息，并按需要完成对应的服务请求；访客显示部分是当有客人来访时，前台访客显示界面与客房控制界面内的访客显示界面一致，前台来访人员通过视频采集并传输到客房访客显示界面，用户可以辨别来访者是否是自己的朋友或认识的人，这在一定程度上起到了安全防范的作用；报警提示部分是当客房发生火灾或者有紧急情况时，前台演示界面的报警提示与客房控制界面内的报警系统相对应，报警铃声同步响起，并且在服务显示部分可以看到对应房间号、时间、已经报警提示，这一举措可以在第一时间内提醒住户及时撤离，避免发生伤亡情况。前台演示界面如图 11.51 所示。

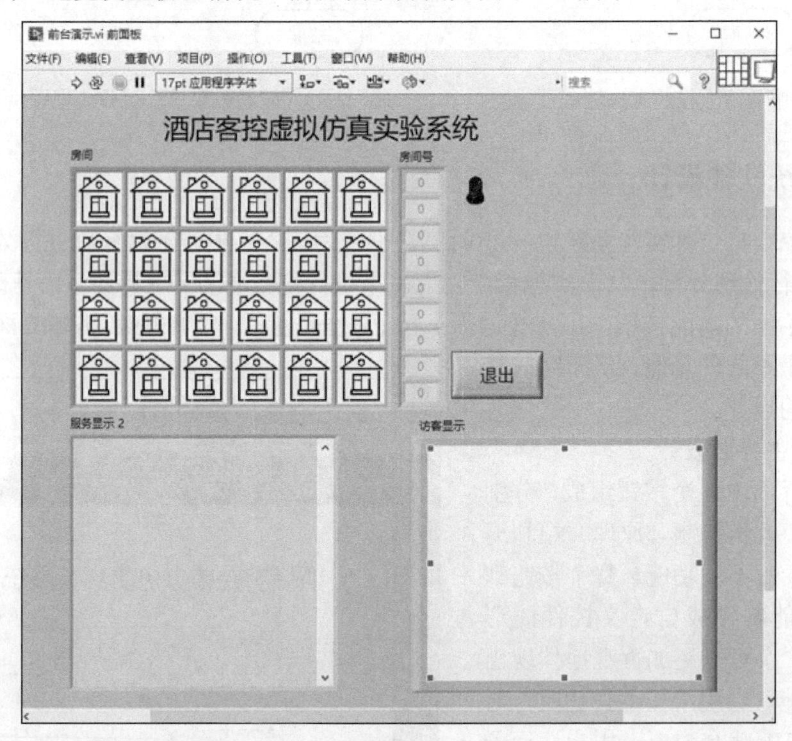

图 11.51　前台演示界面

前台演示界面的程序主要由两个 While 循环构成：一个 While 循环包含了客房入住情况、房间号部分程序的编写，用到了 For 循环，以及条件结构、属性节点、对话框、局部变量、VI 的引用、比较函数等函数；另一个 While 循环包含了访客显示、报警提示、服务显示部分程序的编写，用到了视觉模块、局部变量、属性节点、比较函数等函数，还有警报通信、服务通信 VI。

3．客房控制终端设计

客房控制模块是本次设计的核心部分，该模块集中实现了对电源、灯光、窗帘、温湿度的控制，实现服务请求、应急报警、访客显示的功能。客房控制模块的前面板主要由服务面板、客房控制部分组成，尽可能地模拟出现实生活中的客房内的环境。服务面板中包含服务请求、访客显示、应急报警系统和退出这 4 个选项，住户可以根据自己的需求单击对应的按钮，在右下方弹出对应的窗口，从而实现对相应功能的操作，更加清晰方便；客房控制部分主要由一个总开关来控制整个房间内的电源通断，然后由各个设备对应的开关实现对窗帘、空调、灯的控制。客房控制模块前面板如图 11.52 所示。

图 11.52　客房控制模块前面板

（1）电源控制模块

电源控制模块由一个总电源开关来控制整个房间内电源的通断。当住户入住房间后，按下总电源开关，房间内的灯将会打开，窗帘会合上，空调也会打开，并根据当前室内温湿度的情况自动调整；当住户离开房间时，再按下电源总开关，此时整个房间内的设备将自动断电，窗帘也会打开。总电源由一个自定义控件做成，形象直观，通俗易懂。

电源控制模块的程序主要由 While 循环，以及事件结构、比较函数等函数来实现对整个客房内电源的通断操作，从而实现对灯、窗帘、空调等设备电源的总控制。同时，为了更加符合实际生活，为主灯、吊灯、空调都设置了对应的小开关按钮，这样可以方便住户按需求对设备进行控制。总电源开关及控制模块部分程序分别如图 11.53、图 11.54 所示。

（2）温湿度控制模块

温湿度控制模块用模糊控制器来实现对温度的实时采集，与当前室内温湿度进行比较，从而实现对温湿度的自动调节。温度控制可以从实时温度的变化体现出来，当前室温高于室外温度时，空调则制冷，此时会有由自定义控件表示的制冷标志出现，从而体现出空调制冷这一现象；当前室温低于室外温度时，空调则制热，此时由自定义控件表示的制热标志出现，体现出空调制热的这一现象，将鼠标指针放在空调图标上，上方空白处会出现温度、湿度实时变化的曲线图。温湿度控制模块的前面板如图 11.55 所示。

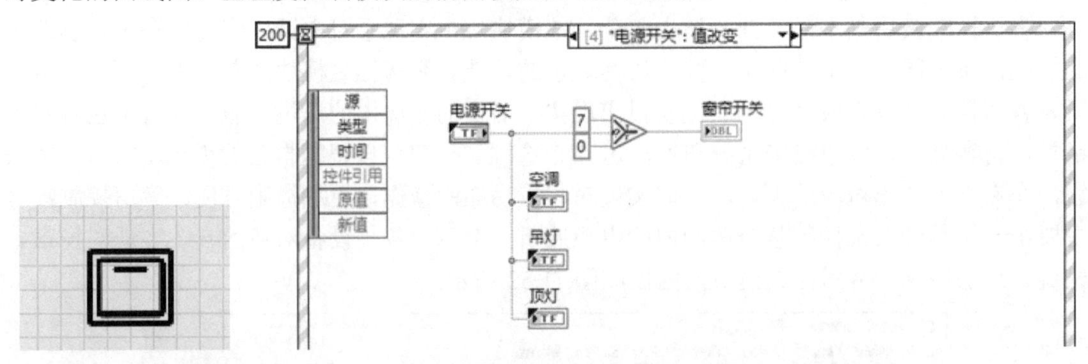

图 11.53　总电源开关　　　　图 11.54　总电源控制模块部分程序

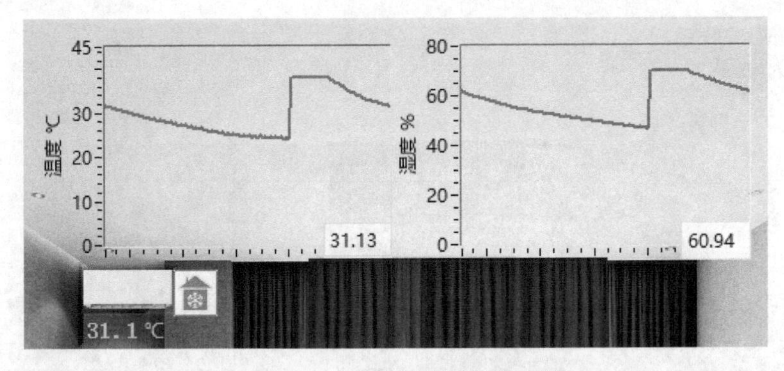

图 11.55　温湿度控制模块前面板

温湿度控制模块的程序由空调控制、温湿度控制、温湿度图表显示这 3 部分组成。其中，空凋控制和温湿度控制由事件结构、布尔函数、属性节点构成，实现空调的打开、关闭，以及空调上面指示灯的亮灭；温湿度控制和温湿度图标显示是温湿度控制模块非常重要的组成部分，这部分调用了温湿度模拟的子 VI。该子 VI 包含了一定的算法，可以实时模拟采集温湿度数据，使结果更加符合实际环境。温湿度控制模块中的温湿度控制程序如图 11.56 所示。

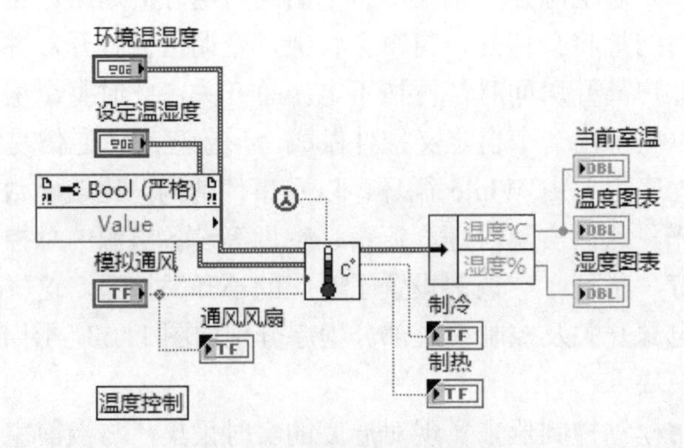

图 11.56　温湿度控制程序

温湿度模拟子 VI 主要用来对温湿度的模拟采集，其前面板包含设定温湿度、环境温湿度、当前温湿度等部分。当前温湿度值介于设定温湿度和环境温湿度之间，可以将制冷加湿或制热抽湿的现象用图表形式动态展示出来。温湿度模拟子 VI 前面板如图 11.57 所示。

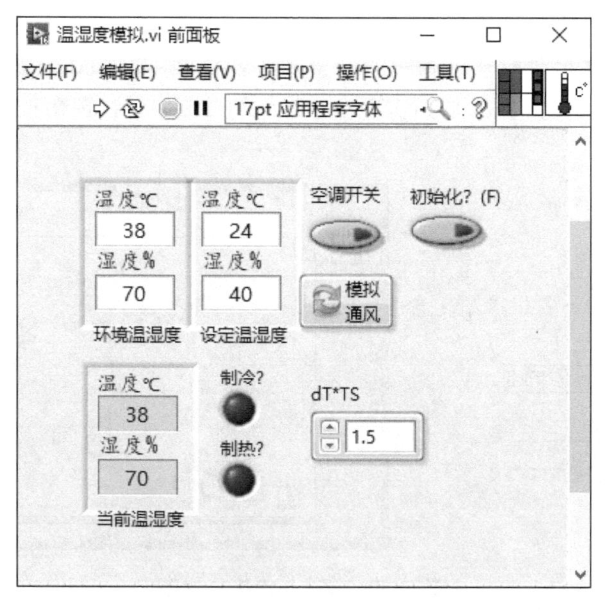

图 11.57　温湿度模拟子 VI 前面板

温湿度模拟子 VI 的程序用到 While 循环，以及 FL 模糊控制、公示节点、布尔函数、比较函数等函数，从而实现了对温湿度的实时模拟采集与控制。温湿度模拟子 VI 的部分程序如图 11.58 所示。

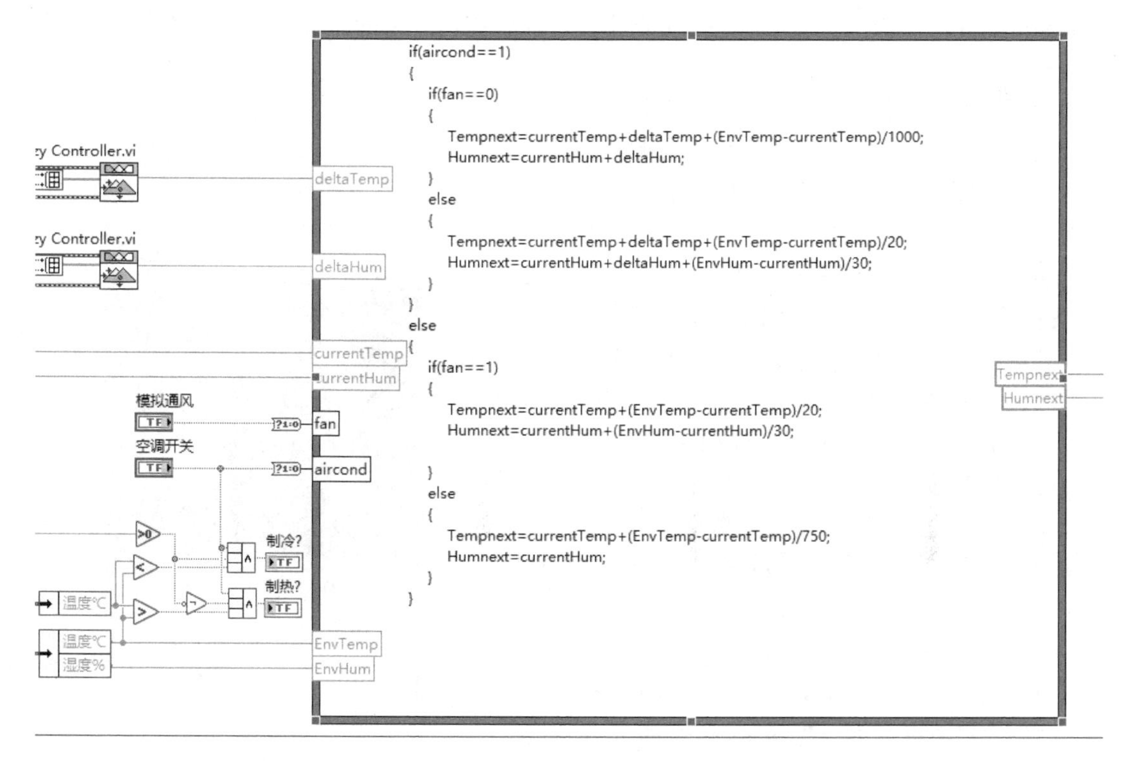

图 11.58　温湿度模拟子 VI 的部分程序

（3）窗帘控制模块

窗帘控制模块主要实现窗帘的自动开合操作，当房间内的总电源开关打开后，窗帘会自动合上，这里用自定义控件来实现窗帘的开合操作。程序主要由 For 循环，以及条件结构、比较函数、属性节点等函数构成，从而实现窗帘自动开合的控制。窗帘控制模块程序如图 11.59 所示。

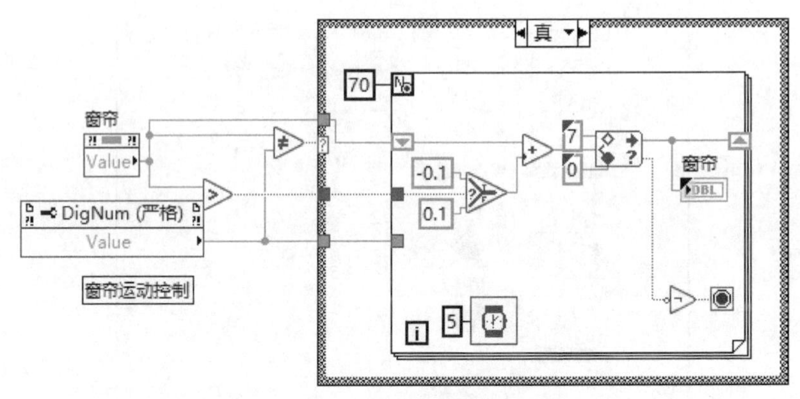

图 11.59 窗帘控制模块程序

（4）服务请求模块

服务请求模块主要由两部分共同完成，从而实现整个服务请求的操作。客房控制界面是消息发送端，前台演示界面是消息接收端。消息发送端主要由 3 个自定义控件制作成的服务按钮组成，分别为客房清扫、衣物清洗、点餐服务，当消息成功发送出去时，右边还会有发送成功的控件闪烁提示。当住户有服务需求时，在客房内对应的服务面板中选择服务请求选项，就可以看到对应的服务按钮，住户可以根据自己的需求按下按钮进行选择，此时，在前台演示界面中的服务显示模块中就可以看到对应的房间号、服务请求消息和时间。服务请求模块消息发送端前面板如图 11.60 所示。

图 11.60 服务请求模块消息发送端前面板

服务请求模块程序框图主要由 FGV-服务通信 VI 来实现两个界面之间的服务通信，用条件结构、属性节点、定时函数、簇与变体函数等来完成程序的编写，从而实现对应的服务消息发送功能。服务请求模块消息发送端程序如图 11.61 所示。

（5）访客显示模块

访客显示模块主要由图像采集部分组成，在前台演示界面和客房控制访客显示中同步显示，由选项卡控件、图像显示控件组成前面板访客显示界面。有访客来访时，前台终端进行图像采集，并将采集到的画面传输给客房终端的访客显示界面，从而让住户自己判断是否会见访客。访客显示模块客房端前面板如图 11.62 所示。

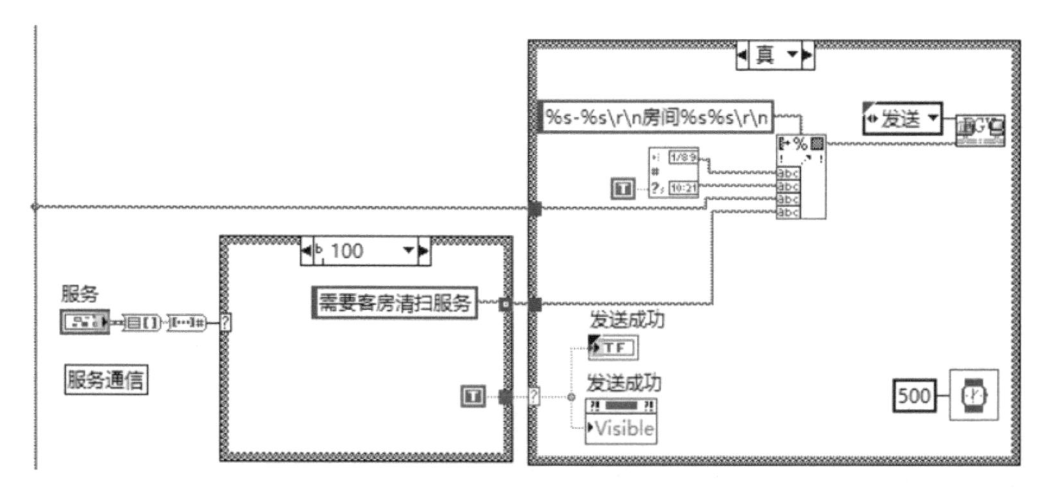

图 11.61　服务请求模块消息发送端程序

图 11.62　访客显示模块客房端前面板

访客显示模块程序主要实现图像的采集与传输。在前台终端与客房终端之间通过全局变量来完成图像的实时采集与传输。利用便携式计算机自带摄像头，配合 LabVIEW 中的视觉与运动工具包中 NI 的 IMAQ Vision 模块来实现图像采集，即实现打开、配置、捕捉、关闭这一过程。在客房控制中，用属性节点、局部变量、布尔函数、比较函数、条件结构等来实现图像的显示。访客显示模块客户端程序如图 11.63 所示。

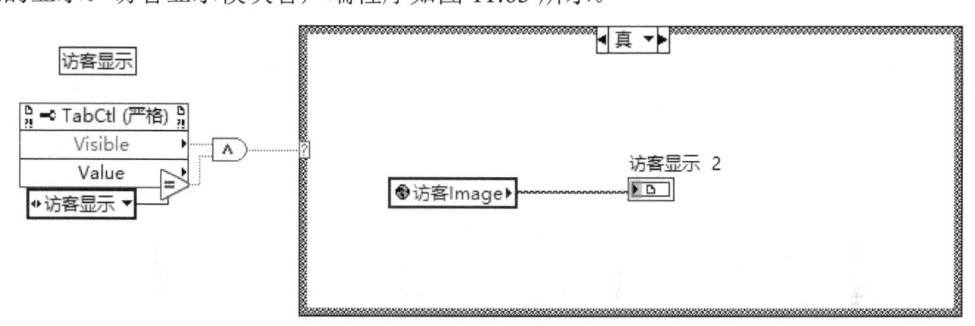

图 11.63　访客显示模块客户端程序

4．原理介绍模块设计

原理介绍模块前面板主要由网页显示窗口、4 个传感器按钮、退出按钮组成。当程序运行后，单击传感器按钮，就会跳转到该传感器工作原理界面。若要看其他传感器的工作原理，单击对应的按钮就会跳出原理介绍界面，单击退出按钮后程序停止运行。原理介绍模块前面板如图 11.64 所示。

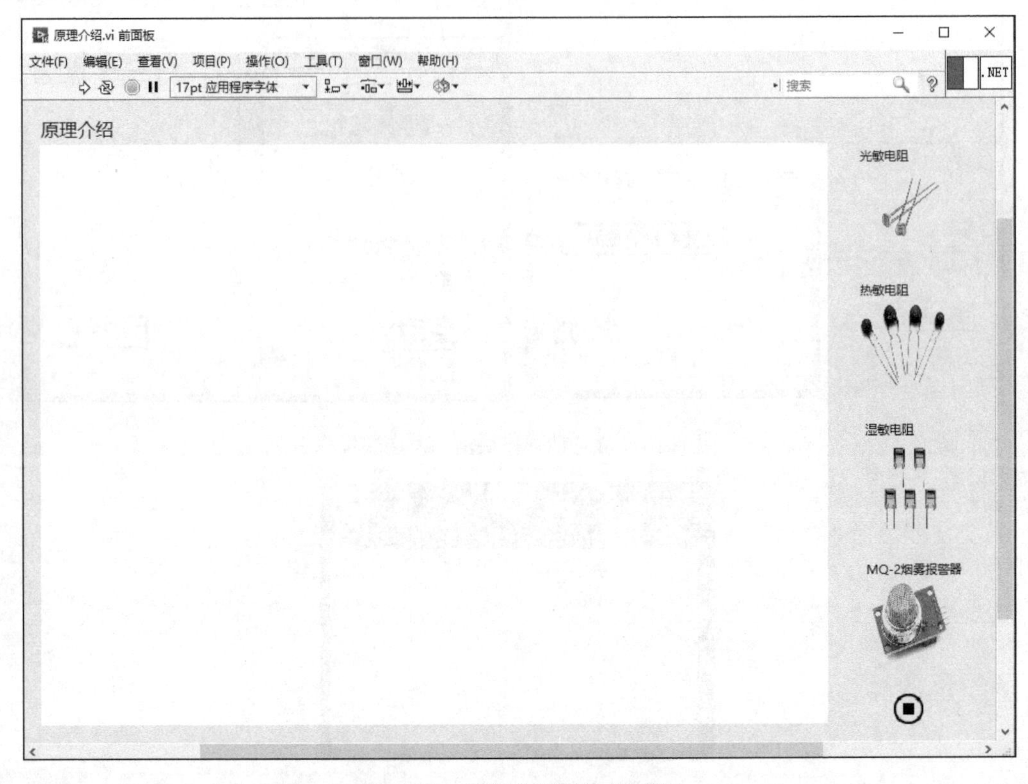

图 11.64 原理介绍模块前面板

原理介绍模块部分程序主要由 While 循环，以及事件结构、布尔控件、调用节点函数组成。当用户单击一个传感器按钮时，对应的事件分支就会触发，对应的网页属性节点就会根据对应的网页地址跳转到相应的网页界面。原理介绍模块程序如图 11.65 所示。

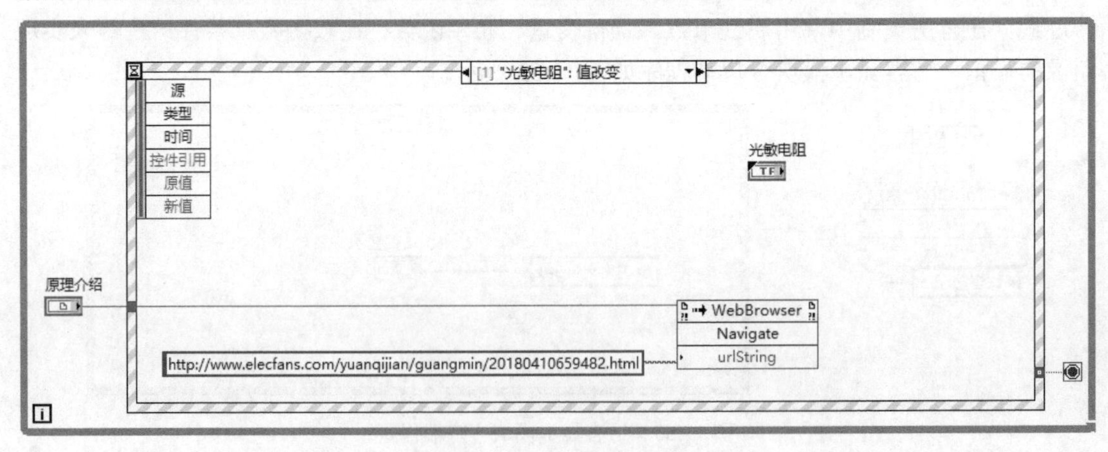

图 11.65 原理介绍模块程序

11.6.6 温湿度模糊控制器设计

为了更好地虚拟仿真客房的温湿度控制，根据基本的热量传导模型构建了物理模型，用于刻画客房与外界的温度变化，从而用于模糊控制器的被控对象的变化模型。

LabVIEW 包含模糊控制设计器工具包 Fuzzy Control，通过控制可以方便、高效地完成模糊控制的各个环节，即输入模糊化、隶属度函数设计、模糊规则设计、去模糊化等，并且可以直观显示输入/输出关系，并且输入测试用例观察模糊控制器的输出，从而进行调节。

温湿度模糊控制器采用双输入模糊控制器，控制器的输入为双变量，选用误差和误差变化率来进行判断控制，这样可以利用误差来调整控制精度，通过误差变化率反映控制过程中输出变量的动态特性。二维控制器也是目前采用较广泛的一类模糊控制器。在本例中设计了温湿度独立的两个模糊控制器，输入变量为温湿度的误差 TempE、HumE，以及温湿度的当前变化率 TempEc、HumEc，输出为温湿度控制的调节输出量 deltaTemp 和 deltaHum。

在模糊控制器设计中，将温湿度模糊控制器的输入变量误差和误差变化均划分为 7 个模糊语言值集合{NB, NM, NS, ZO, PS, PM, PB}，对应的隶属度函数取三角函数或梯形函数。温度模糊控制设计器如图 11.66 所示，对应的模糊控制器规则如图 11.67 所示。

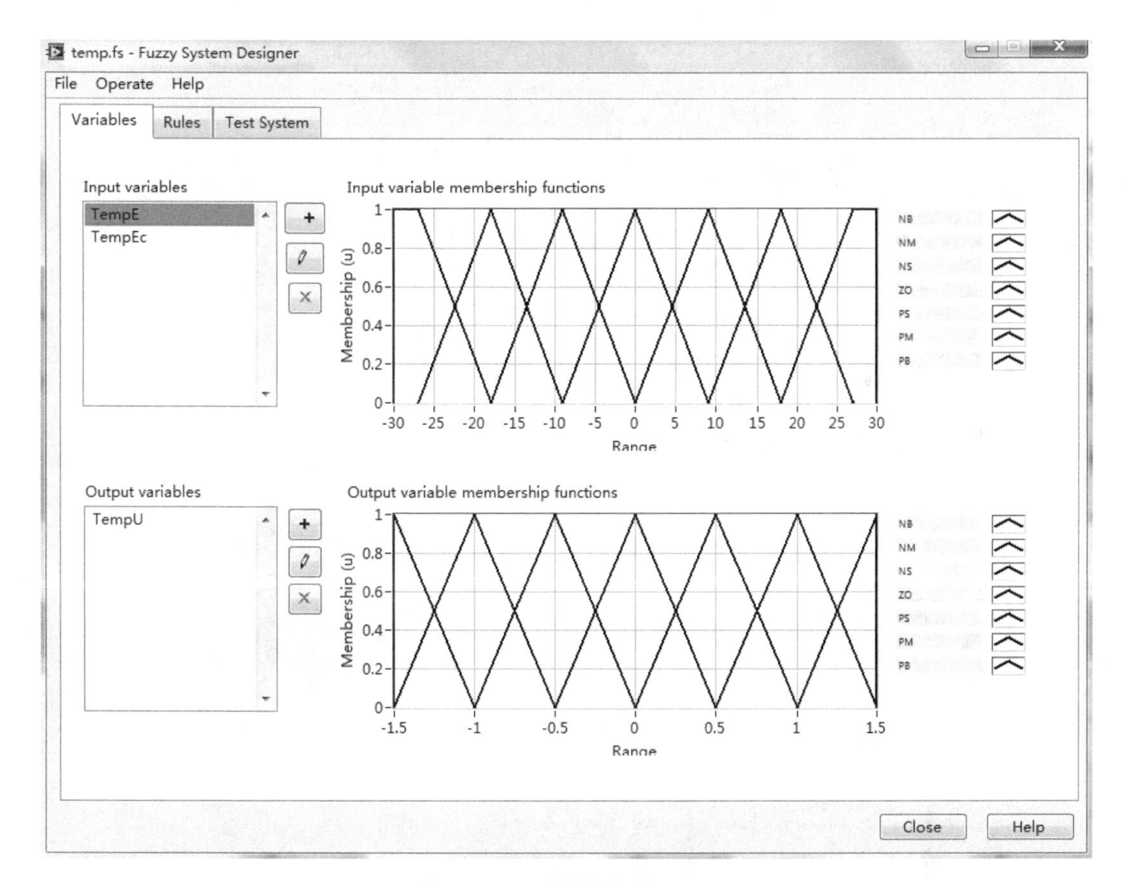

图 11.66　温度模糊控制设计器

图 11.68 所示为温度模糊控制器的输入/输出关系测试界面，通过右侧的三维图，可以清楚地了解所设计的模糊控制器的关系图，并且可以通过模拟输入变量观察对应输出是否符合预期，从而通过调整模糊控制规则列表进行调节。模拟测试设计的此控制器，能够较为真实、舒适地调节控制客房温湿度。

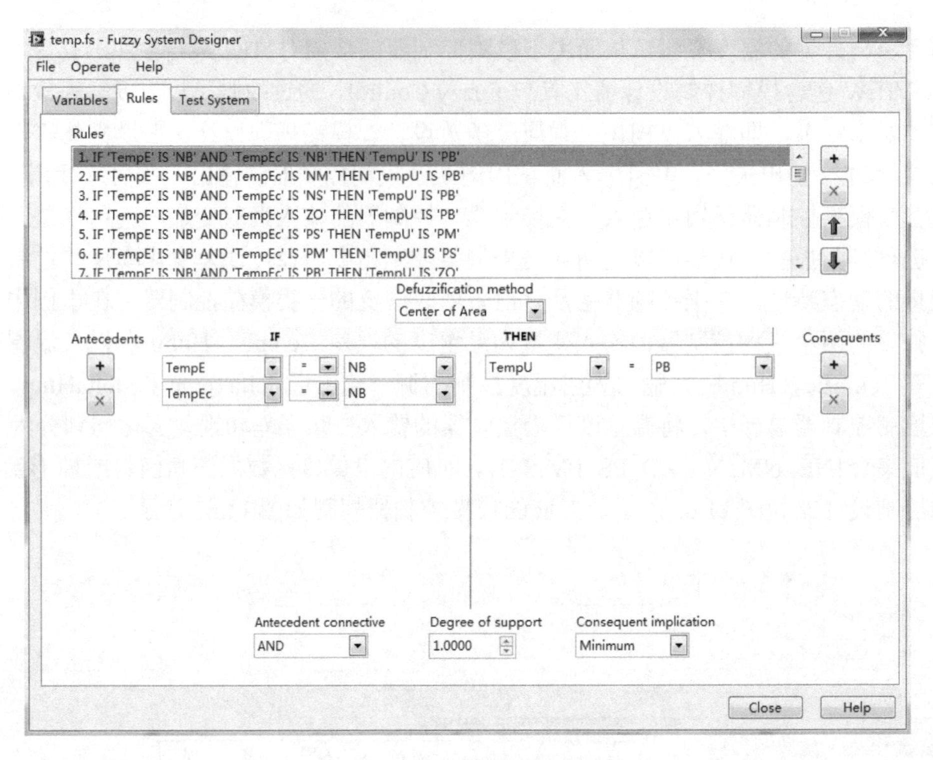

图 11.67 温度模糊控制器规则

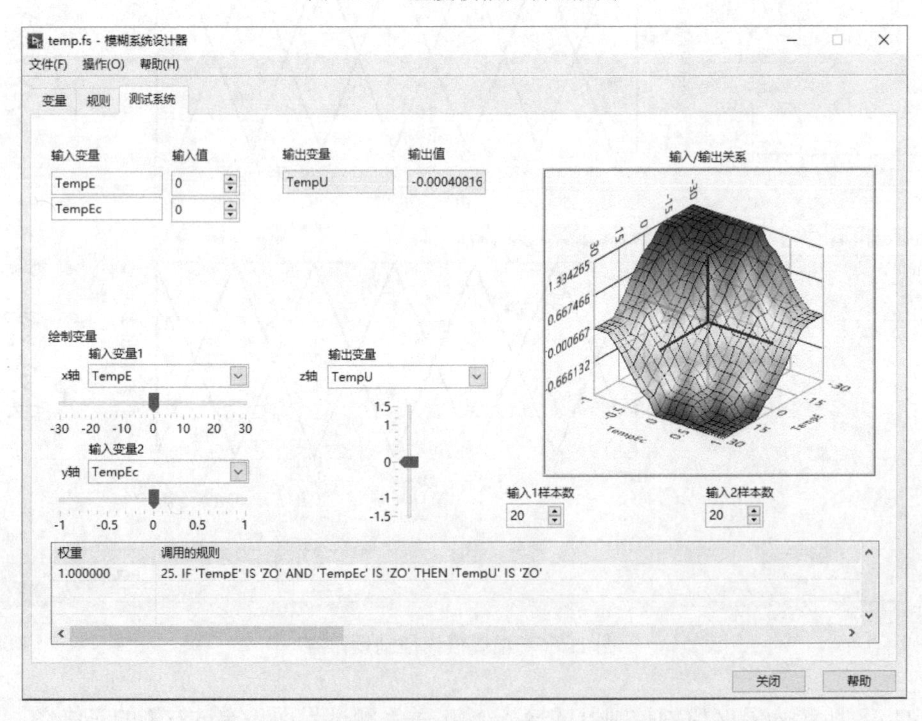

图 11.68 温度模糊控制器的输入/输出关系测试界面

11.6.7 系统仿真与测试

打开酒店客控虚拟仿真实验系统的主界面，可以看到前台演示、客房控制、原理介绍、退出 4 个按钮，运行后的界面如图 11.50 所示。

单击前台演示按钮即可跳转到前台演示前面板界面，可以看到房间入住情况、房间号、服务显示、警报灯、访客显示、退出等部分。当用户单击任意房间图标后，就会跳转到该房间的客控界面，用户单击总电源按钮后，房间内的空调、电灯自动打开，窗帘会自动合上，此时空调会根据当前室温自动调节温湿度，制冷或制热右边会出现对应的制冷或制热控制图标，将鼠标指针放在空调空间上，在上方空白处会显示温湿度变化曲线图，还可以将鼠标指针放在服务请求面板上，此时在最右侧会弹出一个服务请求选项的面板，用户可以选择对应的服务按钮，如服务请求、访客显示、应急报警、退房按钮。前台演示界面如图 11.69 所示。

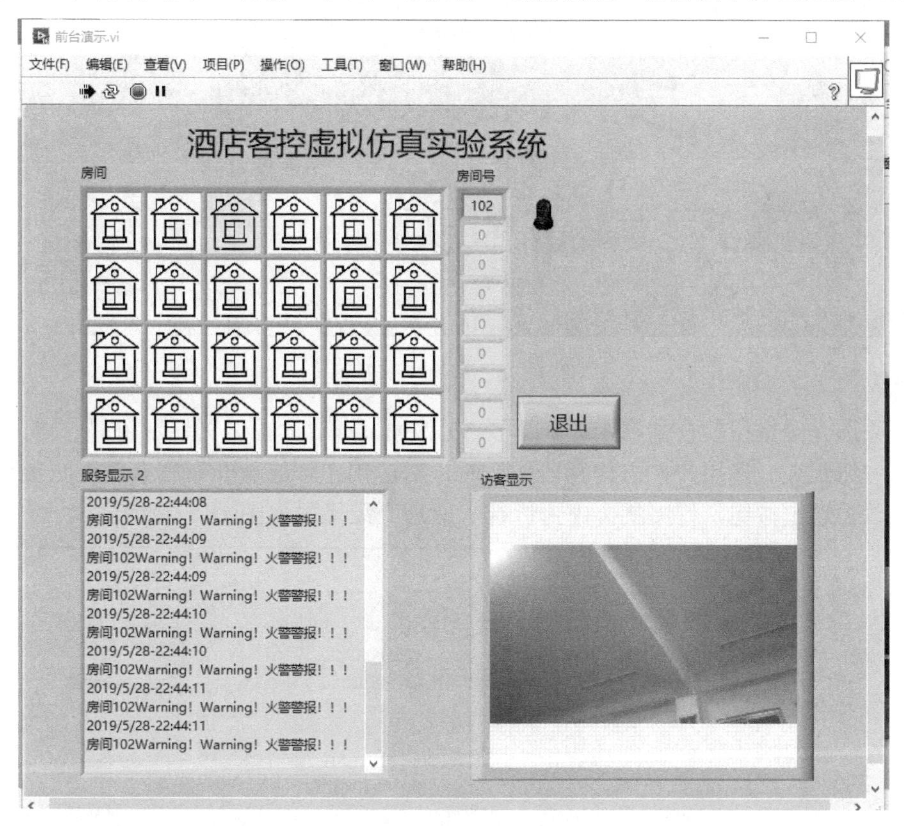

图 11.69　前台演示界面

当用户单击服务请求按钮后，在右下方会弹出对应的服务请求显示界面，上面有 3 个服务按钮，分别为衣物清洗、客房清扫、点餐服务。当用户单击衣物清洗按钮时，前台演示界面的服务显示界面就会显示对应的服务消息，并且包含房间号和时间。当用户单击访客显示按钮后，在右下方会弹出一个访客显示的图像显示界面，可以看到与前台演示界面中的访客显示一样的画面。当用户单击应急报警按钮后，在右下方会弹出模拟报警界面，可以看到模拟报警按钮、烟雾浓度显示仪表和警报铃。单击模拟报警按钮，就可以看到烟雾浓度显示仪表上的数值在增大，当烟雾浓度大于 5 时，警报铃和警报灯同时触发，警报铃发出声响，警报灯闪烁，此时在前台演示界面能看到报警消息提示，包含房间号、时间、报警信息，而且警报铃响起，警报灯闪烁。当用户单击退房按钮时，会弹出一个确定关闭房间的对话框，单击确定按钮，程序就会停止，单击取消按钮，程序继续运行。客房控制界面如图 11.70 所示。

图 11.70 客房控制界面

单击原理介绍按钮就会跳到原理介绍子 VI 界面，该界面由网页显示窗口、退出按钮、4 个传感器按钮组成。当用户单击传感器按钮时，对应的工作原理介绍就会在网页显示窗口显示出来，单击退出按钮，程序就会停止运行。原理介绍界面如图 11.71 所示。

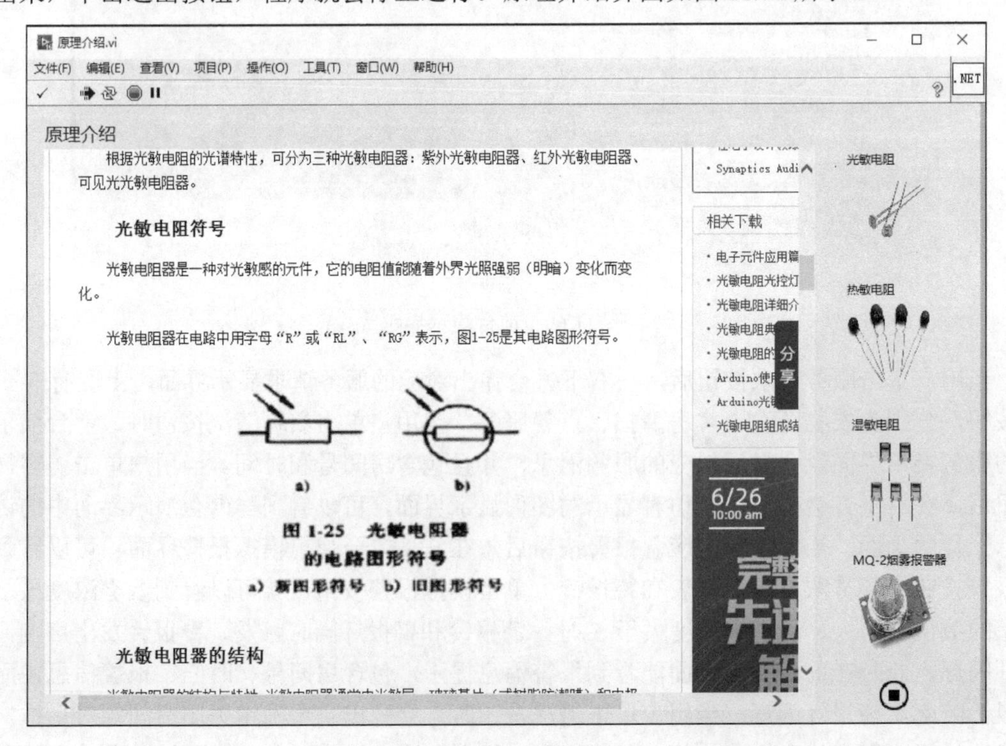

图 11.71 原理介绍界面

11.7　基于 GPRS 和 OneNET 的水质无线远程监测预警系统

11.7.1　项目简介

目前，随着我国工业化的推进，废水排放的种类和数量也随之迅速增加，由于我国缺少相关的水质监测预警系统，水体的污染变得日趋严重。严重的水污染不但降低了水体的使用功能，影响周边居民的饮水安全，而且进一步导致了水资源的短缺，影响我国社会的可持续发展。为了加强水质监管部门的监测力度，适应未来物联网时代的发展趋势，本节设计了一套基于 GPRS 技术、云服务器技术、LabVIEW 虚拟机技术和传感器技术的水质无线远程监测预警系统。系统引用了 3σ 准则和双阈值预警算法来提高系统的抗干扰能力。经过测试，系统能够实现对废水排放情况进行实时的数据采集、数据传输、数据存储、数据显示以及报警等功能，监测数据准确，实时性较好。

11.7.2　系统总体方案设计

水质无线远程监测预警系统的总体设计结构如图 11.72 所示。系统主要由采集、处理和传输数据的无线传感器节点，用于存储和传输数据的云服务器，以及进行实时显示和报警的虚拟机及手机 APP 三大部分组成。无线传感器节点上配备了 pH 传感器、溶解氧传感器、氨氮传感器等多种水质检测传感器。将多个无线传感器节点分别安放在化工企业的废水排放口或者其他废水排放区域，启动无线传感器节点后，其配备的传感器会将监测到的废水成分及含量转换成对应的电信号。电信号通过放大、A-D 转换之后，传送到微处理器中进行分析及处理，随后通过 GPRS 模块将处理好的数据发送到云服务器端。云服务器端会对接收到的数据进行保存与转发。虚拟机以及手机 APP 等监测终端能够通过互联网实时获取云服务器存储的数据，并及时对获取到的数据进行进一步的分析及处理，之后将数据以人性化界面显示在监管人员的面前。监管人员可以根据显示数据进行分析，做出相应的决策，并采取对应的措施，改善废水排放情况，维持良好的水环境，从而构建一个能够对化工企业废水质量进行无线远程实时监测的系统。

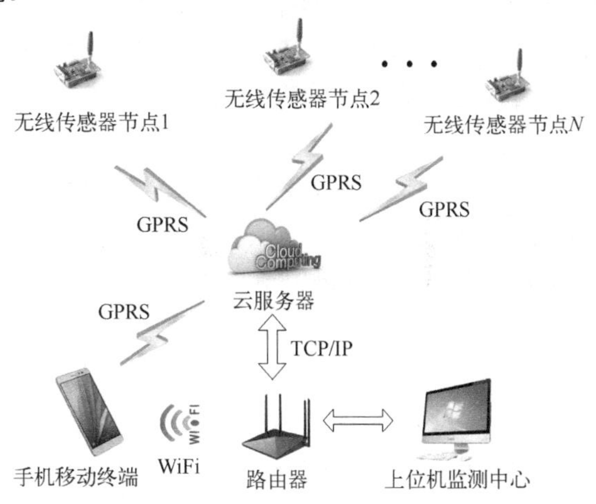

图 11.72　水质无线远程监测系统总体设计结构

系统的总体流程图如图 11.73 所示。系统启动后，首先对无线传感器节点进行初始化，进行定时采样并将采集到的数据进行处理。与此同时，无线传感器节点上的 GPRS 模块会与云服务器进行连接。当无线传感器节点与服务器端连接成功后，无线传感器节点便会将处理完成后的数据通过节点上的 GPRS 模块发送到云服务器端，之后无线传感器节点将会进入休眠状态，直到一个计时周期结束，无线传感器节点重新开始监测和发送数据到云服务器端。云服务器在接收到无线传感器节点上传的数据后，会将数据进行存储。然后远程监测中心以及手机移动终端会实时获取云服务器的数据，将接收到的数据进行实时处理、分析和显示，当系统监测到某些参数超标时，监控界面发出报警警示，如此循环。

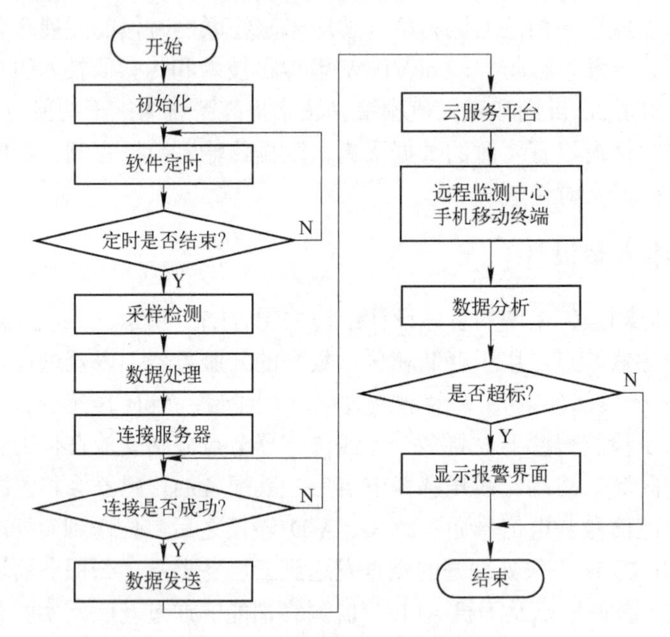

图 11.73 水质无线远程监测预警系统的总体流程图

11.7.3 数据处理算法研究

在传感器网络监测应用中，准确、有效的监测数据以及报警信息有助于监管部门及时做出正确而具体的分析与决策，能够有效地降低监测人员的操作失误甚至污染事件的发生。因此，在本系统中应用了多种算法来提高系统的可靠性。

（1）监测数据处理算法

对于监测数据来说，使用任何的检测仪器、理论模型以及在任何的检测条件下，系统的监测数据都或多或少地存在着误差。为了减少误差，系统在一定的时间段监测多个数据，取数据的平均值作为系统的监测数据，其公式如下：

$$\bar{x}=\frac{1}{n}\sum_{i=1}^{n}x_i \tag{11.10}$$

然而在系统监测过程中，往往会有很多的外界以及内部的干扰，如磁场的干扰、化工废水含量分布不均、传感器本身性能不佳等，都会导致监测到的数据发生跳变，使得监测的数据组中出现一个或多个错误的数据，监测数据 $\bar{x}$ 也会变得不再准确。为了消除这些错误数据的干扰，系统采用拉依达准则（3σ 准则），其标准误差 σ 公式如下：

$$\sigma=\sqrt{\frac{1}{n-1}\sum_{i=1}^{n}(x_i-\bar{x})^2} \tag{11.11}$$

$$y_i=\begin{cases} x_i & |x_i-\bar{x}|<3\sigma \\ \text{null} & \text{其他} \end{cases} \tag{11.12}$$

如果 $|x_i-\bar{x}|$ 的值小于 3σ，则 x_i 为有用值，其余的视为含有粗大误差值的坏值，将其忽略不计。最后将数据组中剩下的有用值进行平均取值，取其值作为最后的监数据 X。如式(11.13)所示，其中，m 为剩下的有用值的个数，X 为最终取值。

$$X=\frac{1}{m}\sum_{i=1}^{m}y_i \tag{11.13}$$

通过 3 种方式在一段时间内对水体温度进行检测，得到不同方式下采集到的温度数值，其对应的曲线关系图如图 11.74 所示。从图中可以看到，使用直接获取测量值的方法时，得到的数据波动性较大，有很大的干扰。采用取一段时间内测量值的平均值作为测量值时，曲线的波动性变好，但是很明显在 18 与 45 两个时间点测量的数据是错误的，使用均值的方法并不能很好地去除这两点的干扰。采用拉依达准则算法后的测量曲线波动性更小，同时又将 18 和 45 两个时间点的坏值剔除，使得检测到的温度数据更加准确。

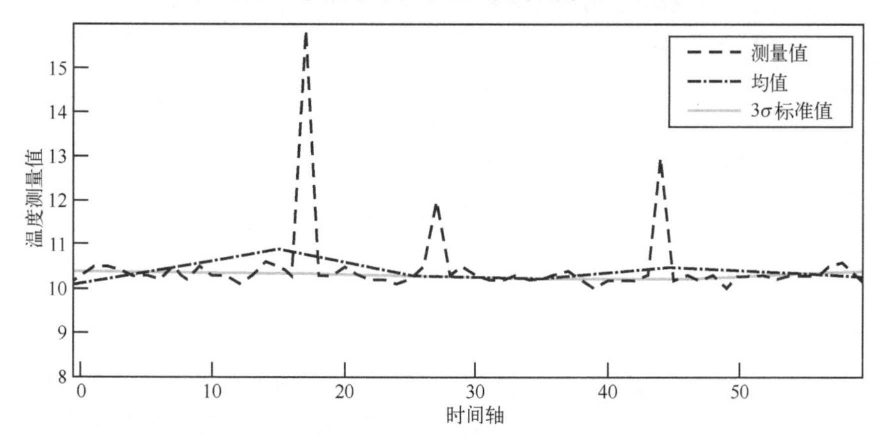

图 11.74 温度测量值、均值与 3σ 准则对应的曲线关系图

（2）系统预警算法

为了在满足系统计算开销的同时提高报警的可信度，从而更加有效地监控企业的废水排放情况，采用了带有概率保证的轻量级分布式 (α,τ) 双阈值监测算法。其主体思想是对于给定的监测阈值 α 和概率阈值 τ，如果在 t 时刻监测到的数据大于监测阈值 α，同时其概率大于概率阈值 τ，系统将会发出报警。因此，在 (α,τ) 监测算法中，关键部分就是计算出监测数据大于阈值的概率的报警上限。

引理 1 如果 x 取 $[0,1]$ 的任意值并且其期望值 $\mathrm{E}[x]=\mu$，那么对于 $\forall h\neq 0$，以下公式成立：

$$\mathrm{E}[e^{xh}]\leqslant e^h\mu+1-\mu \tag{11.14}$$

定理 1 令 $\mathrm{E}[s(t)]=\mu(t)$，如果 $\mu(t)<\alpha$，则有

$$\Pr[s(t) \geqslant \alpha] \leqslant \exp(-\ell(\hat{\mu}(t)+\lambda, \hat{\mu}(t))) \tag{11.15}$$

其中，

$$\ell(x_1, x_2) = x_1 \ln(\frac{x_i}{x_2}) + (1-x_1)\ln(\frac{1-x_1}{1-x_2})\ \hat{\mu}(t) = \frac{\mu(t)}{\sup}, \lambda = \frac{\alpha - \mu(t)}{\sup} \tag{11.16}$$

根据定理 1 得到推论 1。

推论 1 当 $\mu(t) < \alpha$，同时 $\exp\left(-\ell\left(\hat{\mu}(t)+\lambda, \hat{\mu}(t)\right)\right) \leqslant \tau$ 时，即 $\Pr[s(t) \geqslant \alpha] \leqslant \tau$，那么系统就不发送报警。

定理 2 令 $\mathrm{E}[s(t)] = \mu(t)$，如果 $\mu(t) > \alpha$，则有

$$\Pr[s(t) \leqslant \alpha] \leqslant \exp(-\ell(\hat{\mu}(t)-\lambda, \hat{\mu}(t))) \tag{11.17}$$

其中，

$$\ell(x_1, x_2) = x_1 \ln(\frac{x_i}{x_2}) + (1-x_1)\ln(\frac{1-x_1}{1-x_2})\ \hat{\mu}(t) = \frac{\mu(t)}{\sup}, \lambda = \frac{\mu(t) - \alpha}{\sup} \tag{11.18}$$

根据定理 2 得到推论 2。

推论 2 当 $\mu(t) > \alpha$，同时 $\exp\left(-\ell\left(\hat{\mu}(t)-\lambda, \hat{\mu}(t)\right)\right) < 1-\tau$ 时，即 $\Pr[s(t) > \alpha] > \tau$，那么系统就会发送报警。

除了推论 1 和推论 2 两种情况，还有其他 3 种主要情况。

第一种：$\mu(t) < \alpha$，$\exp\{-\ell(\hat{\mu}(t)-\lambda, \hat{\mu}(t))\} > \tau$，即 $\Pr[s(t) \geqslant \alpha] > \tau$

第二种：$\mu(t) > \alpha$，$\exp\{-\ell(\hat{\mu}(t)-\lambda, \hat{\mu}(t))\} > 1-\tau$，即 $\Pr[s(t) > \alpha] < \tau$

上述两种情况都无法判别 $\Pr[s(t) \geqslant \alpha]$ 与给定的概率阈值 τ 的关系，为了避免误报情况的发生，故采用消极策略，即系统监测到的情况不满足定理 2 情况下一律不予报警。如果有些用户希望不漏报的情况发生，则可以针对不同情况自行设计是否报警。

第三种：$\mu(t) = \alpha$，该情况下会导致尾部概率界的估计方法失效，无法具体判别，因而本系统在此情况下依旧采用消极策略，不予报警。

11.7.4 系统硬件设计

1．监测节点

监测预警系统的硬件结构框图如图 11.75 所示，数据采集模块主要由 pH 传感器、氨氮传感器、溶解氧传感器和浊度传感器等多种传感器组成，用来进行数据的采集。数据处理模块主要由微控制器及其周边电路所组成，用于数据的处理和存储，是节点的核心部分。GPRS 模块是信号通信部分，用来发送和接收数据，是整个节点最耗能的部分。

2．数据处理模块

传感器节点的数据处理模块借鉴目前全球非常流行的开源硬件 Arduino 开发平台进行设计。Arduino 是一款便捷灵活、方便上手的开源电子原型平台，其能通过各种各样的传感器来感知环境，通过控制灯光、电动机和其他的装置来反馈、影响环境。板子上的微控制器可以通过 Arduino 的编程语言来编写程序，编译成二进制文件，烧录进微控制器。对 Arduino 的编程是利用 Arduino 编程语言（基于 Wiring）和 Arduino 开发环境来实现的。基于 Arduino 的项目，可以只包含 Arduino，也可以包含 Arduino 和其他一些在 PC 上运行的软件，它们之间通过通信（如 Flash、Processing、MaxMSP）来实现。

图 11.76 所示为数据处理模块主电路原理图，无线传感器节点的数据处理模块采用了贴

片封装的 ATMEGA32P 芯片。ATMEGA32P 芯片的工作温度范围在–40～85℃，电源电压在 1.8～5.5V 之间，时钟频率为 20MHz，RAM 容量为 2KB，程序存储容量为 32KB，有 14 个（6 路 PWM）数字输入/输出引脚和 6 个模拟输入引脚，能够满足系统的整体需求。

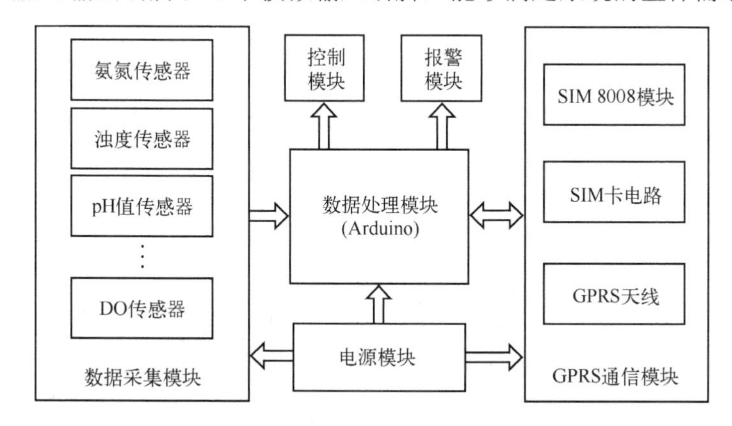

图 11.75　监测预警系统的硬件结构框图

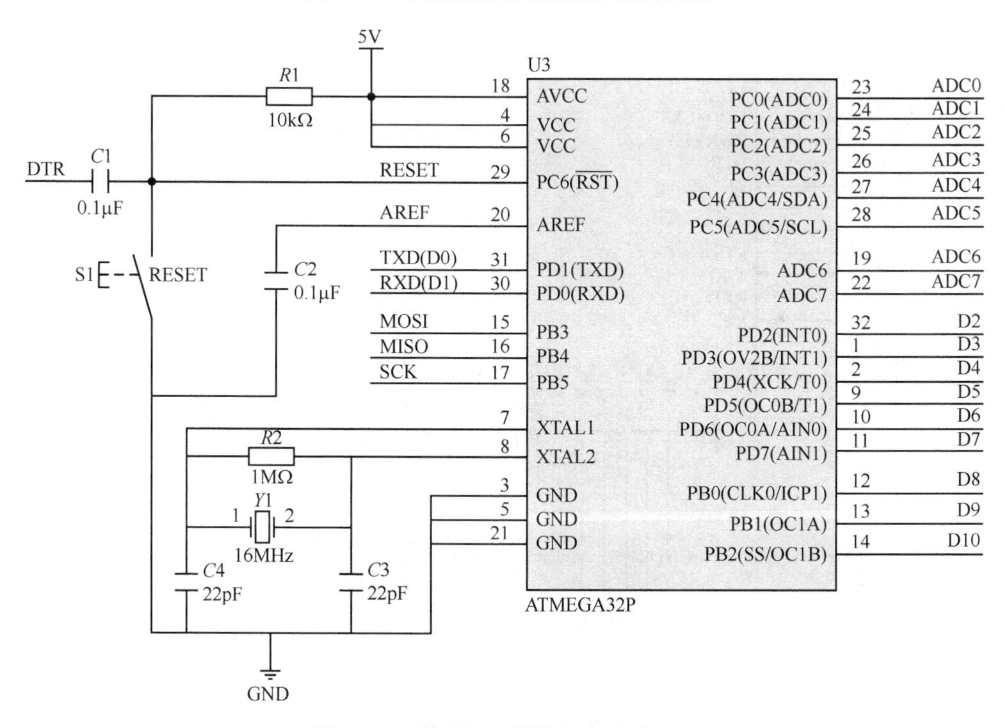

图 11.76　数据处理模块主电路原理图

3．无线传输模块

无线传输模块主要用来将传感器节点的数据上传到云服务器端，以及接收云服务器端指令并将指令反馈到数据处理模块。无线传输模块的核心采用的是 SIM808 模块。该模块由 SIMCOM 公司生产，采用 SMT 封装形式，其性能稳定，外观精巧，性价比高。其采用标准的工业接口，内嵌 TCP/IP，可以低功耗地实现数据的传输，工作频率为 GSM850MHz、EGSM900MHz、DCS1800MHz 以及 PCS1900MHz，适用于全球各个地区。与此同时，SIM808 模块还具有 GPS 全球定位的功能，能够实现对化工企业监测点的定位，从而能够在上位机一目了然地知道各个地点废水排放的情况。

无线传输模块的主电路图如图 11.77 所示。模块中 PWR_GSM 为供电电源，并与 3 个电容并联进行滤波，使得 SIM808 模块能够获得一个比较稳定的电压。GSM_ANT 和 GPS_ANT 分别为 GSM/GPRS 和 GPS 的天线接口，用于连接外部的天线。当 PWRKEY 引脚与 GND 引脚连接时，能够实现 SIM808 模块上电自启动。RXD 和 TXD 引脚与数据处理模块的 RXD 和 TXD 引脚连接，从而实现 SIM808 模块与数据处理模块之间的数据通信。

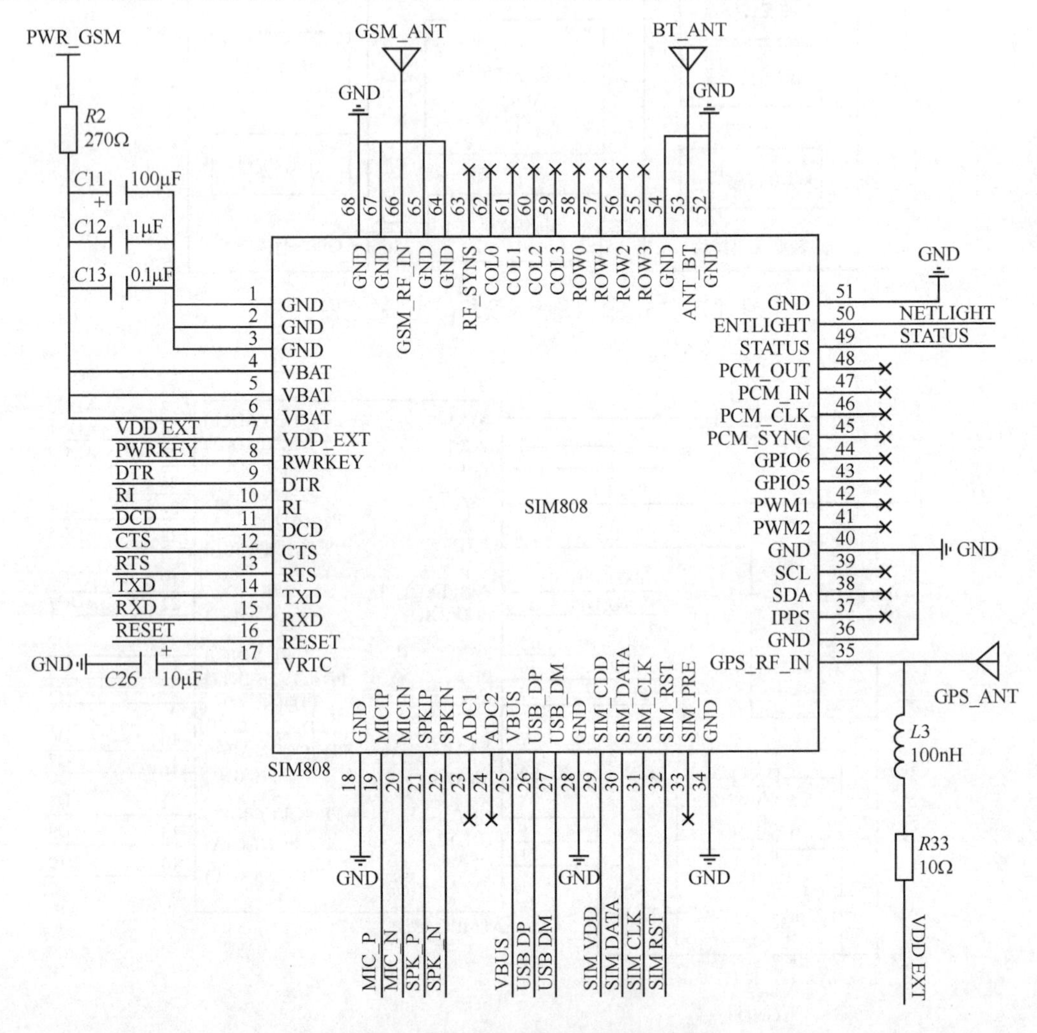

图 11.77 无线传输模块主电路图

4. 数据采集模块

数据采集模块由多种传感器、放大器以及其他相关电路组成。其目的就是将废水的成分通过传感器转换成电流或者电压信号，然后经过放大器或者其他相关电路转换成数据处理模块能够识别的电压信号。本节选定了 pH 值、溶解氧、氨氮、浊度和温度等多种传感器。

（1）pH 值传感器

pH 值对对水质的影响比较大，当 pH 值过高时，会使水体呈强碱性，会腐蚀鱼虾的呼吸组织，导致鱼虾窒息。同时还会影响微生物的活性以及对有机物的降解，影响水质的循环和吸收利用。当 pH 值过低时，水中的 S_2^-、CN^-、HCO_3^-等转换为毒性很强的 H_2S、HCN、CO_2，造成水生物的酸中毒。

如图 11.78 所示，这里的 pH 值传感器采用的是雷磁公司生产的 E-201-C 可充式 pH 复合电极。该电极是由 pH 玻璃电极和参比电极组合在一起的复合电极，其原理是，用氢离子玻璃电极与参比电极组成原电池，在玻璃膜与被测溶液中的氢离子进行离子交换的过程中，通过测量电极之间的电位差来检测溶液中的氢离子浓度，从而测得被测液体的 pH 值。

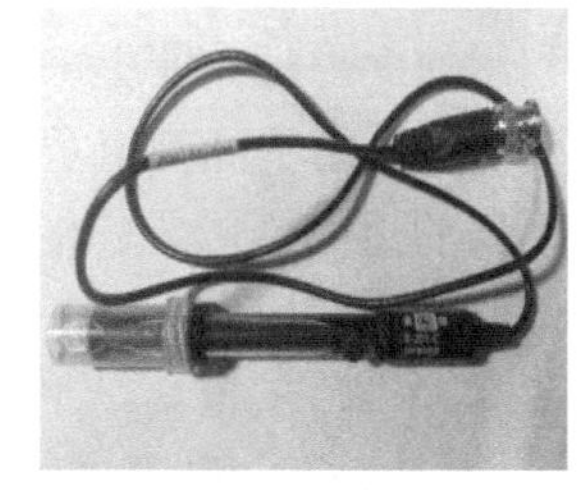

图 11.78　pH 值传感器

E-201-C 型 pH 传感器技术参数如下。

工作电压：DC5V；检测 pH 值范围：0～14；工作温度：5～60℃；监测精度：0.01；输出方式：模拟输出（–300～300mV）。

（2）溶解氧传感器

《化学工业主要水污染物排放标准 DB32/939—2006》对化工企业排放废水中的五日生化需氧量（BOD5）和化学需氧量（COD）有明确的排放标准，主要是监测水质中的有机物的含量。BOD5 和 COD 越大，表明水质中的有机物越多，污染越严重。但这些指标的检测需要在实验室通过相关化学试剂才能检测出来。又因为水中的有机物含量越多，则有机物需要消耗的氧就越多，就会导致水质中的氧含量变少。本系统便采用溶解氧传感器来间接地监测水质中有机物的含量。

如图 11.79 所示，这里的溶解氧传感器采用的是雷磁公司生产的 DO-957 型溶氧电极。其工作原理是，在金质的阴极和银质的阳极之间充斥着氯化钾电解液，当测量时，电极间施加 0.8V 的电压，电极间的氧气在阴极上被电离时就会释放电子，从而在电解液中形成电流，根据法拉第定律，流过的电流与氧成分成正比，在其他因素不变的情况下，电流与氧浓度成正比。

501 针型 ORP 溶解氧传感器（DO-957 型溶氧电极用于该型号传感器）技术参数：

精度：±0.5%；测量范围：0～20mg/L；漂移：每年<1%；工作温度：5～40℃。

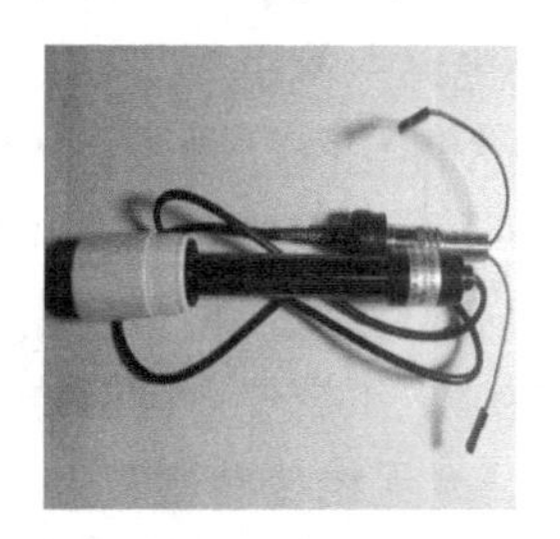

图 11.79　溶解氧传感器

（3）氨氮传感器

氨氮是水体呈现富营养化的重要因素，当氨氮含量变高时会使水呈黑色且伴有恶臭，而且还会导致水体的 pH 值变大，造成水生物的窒息。因此氨氮也是衡量水质的重要指标之一。

如图 11.80 所示，这里的氨氮传感器使用的是美国 ASI 水质氨氮传感器，该传感器使用离子选择电极技术来测量废水中的铵离子，其参考电极使用的是差分 pH 技术，不会直接与过程流体接触，因此非常稳定且没有漂移。

ASI 水质氨氮传感器技术参数如下。

工作电压：DC5V/DC12V；输出电压：0～5V；检测浓度范围：0.1～18000ppm（1ppm=10^{-6}）；检测温度范围：0～50℃；精度：0.1ppm；pH 范围：4～10。

图 11.80　氨氮传感器

（4）浊度传感器

水的清澈或者浑浊程度也是衡量水质的重要指标之一。水质过于浑浊时，营养物质会吸附在颗粒的表面上，从而促进细菌的生长繁殖，使得水质恶化。

这里的浊度传感器采用 GE_TS 浊度传感器，如图 11.81 所示。其工作原理是，浊度传感器利用光学原理，通过液体溶液中的透光率和散射率来综合判断浊度情况，由于浊度值是渐变量，通常在动态环境下检测，传感器采集的浊度值需要外接控制进行 A-D 转换，换算得到对应环境下的浊度情况，所以该传感器还需要制作外围电路才能在系统中检测，带防水探头，主要适用于水质浊度检测。

图 11.81　浊度传感器

GE_TS 浊度传感器技术参数如下。

工作电压：DC5V；工作电流：30mA（MAX）；工作温度：–30～80℃；输出方式：模拟输出 0～4.5V。

在以上几种传感器中，溶解氧传感器和 pH 值传感器的输出电压只能达到 mV 级，而数据处理模块无法辨别 mV 级的电压，因此需要对这些电压进行放大。以 pH 值传感器的放大电路为例，其放大电路如图 11.82 所示。

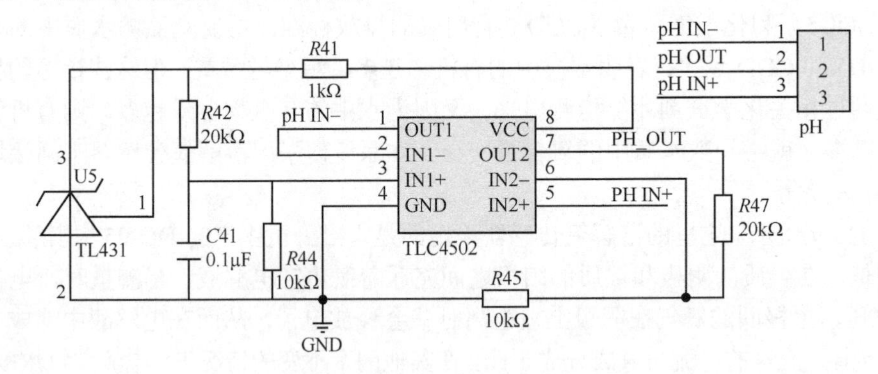

图 11.82　pH 值传感器放大电路

电路中使用 TLC4502 芯片作为放大器，pH_IN-为 pH 值传感器的负级引脚，该引脚经过电压跟随电路，提供了一个 2.5V 的稳定电压作为参考电压。一方面考虑到 pH 值传感器的监测值低于 7 的时候，输出电压为负电压信号，数据处理模块无法识别，使用 2.5V 的参考电压能拉高电压，使得负电压信号变为正电压信号，从而很好地解决这个问题。另一方面，稳定的参考电压会使得传感器监测的数据稳定。

5．无线传感器节点工作流程

无线传感器节点数据采集与传输工作流程图如图 11.83 所示。为了降低节点的耗能，其在完成数据采集传输任务后会关闭通信模块，并处于休眠状态。当休眠时间结束后，节点就会自动重启，先是对节点进行初始化，并开启传感器检测装置，检测节点放置区域的废水排放情况，并对检测到的数据进行处理后将数据放入发送包中，通过 GPRS 将数据发送到云服务器上，当数据发送成功后，无线传感器节点重新进入休眠状态，如此不断循环。

11.7.5　系统软件设计

系统软件的设计主要由无线传感器节点软件的设计和远程监测中心的软件设计组成。

1．无线传感器节点的软件设计

无线传感器节点的软件设计流程图如图 11.84 所示。

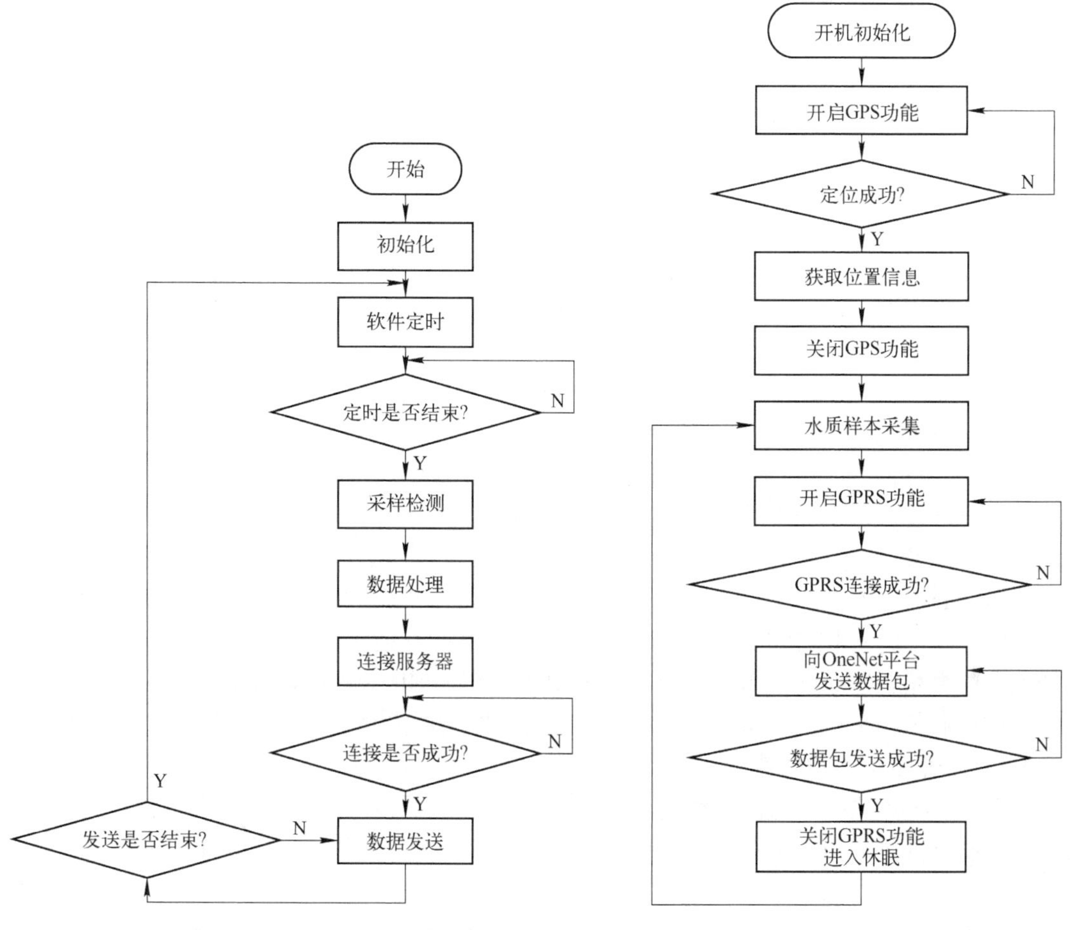

图 11.83　无线传感器节点数据采集与传输工作流程图　　图 11.84　无线传感器节点的软件设计流程图

无线传感器节点开机后，先对模块进行初始化，设定数据采集的 I/O 接口、模块的休眠时间等。之后对设备进行 GPS 定位，并将定位后的数据放入寄存器中，等待 GPRS 发送。接着 ATmega328P 微处理器对 SIM808 模块进行 GPRS 初始化，其发送指令如下：

```
Serial.print("AT+CGCLASS=\"B\"\r\n");
Serial.print("AT+CGDCONT=1,\"IP\",\"CMNET\"\r\n");
Serial.print("AT+CGATT=1\r\n");
Serial.print("AT+CIPCSGP=1,\"CMNET\"\r\n");
Serial.print("AT+CLPORT=\"TCP\",\"2000\"\r\n");
```

GPRS 初始化结束后，便是将寄存器中的水质数据通过 GPRS 发送云服务器平台中。

云服务器在系统中主要承担着数据的接收、存储和发送等任务，是整个监测系统的中转站，在数据远程传输方面担当着至关重要的角色。经过具体的研究，本系统采用中国移动物联网公司建立的物联网开放（OneNET）平台作为系统的云服务器。一方面由于 OneNET 平台将数据传输协议及存储格式进行了标准化、简约化、集成化的设定，形成一个统一规范的设备云平台，从而减少企业负担，以及为未来的大数据整合与分析提供良好的基础条件。另一方面，OneNET 平台在提供开源、安全、海量云服务存储的同时不收取任何费用，大大降低了系统的使用成本。

GPRS 与云服务器平台之间的通信分为 RestFul API 和 EDP 两种方式。其中，RestFul API 基于 HTTP 和 json 数据格式，适合平台资源管理、平台与平台之间的数据对接、使用短连接上报终端数据、时间序列化数据存储等场景。EDP 方式基于 TCP，该协议只保证将传输数据包发送到指定设备，而不保证传输中存在的顺序问题，事务机制需要在上层实现；若客户端同时发起两次请求，则服务器返回时，不保障返回报文的顺序。EDP 一般适合于数据的长连接上报、透传、转发、存储、数据主动下发等场景。该系统采用短连接的方式进行终端数据上报，因此采用 RestFul API 传输的方式。以 GPS 的 RestFul API 传输方法为例，其数据包格式如下：

```
POST /devices/*设备 ID*/datapoints HTTP/1.1
api-key: *APIey*
Host: api.heclouds.com
Content-Length: *json 数据包长度*
// 此处必须空一行
{"datastreams":[{"id":"location","datapoints":[{"value":{"lon":*经度*,"lat":*维度*}}]}]}
```

SIM808 模块按照 HTTP 协议与云服务器平台之间建立连接，之后 ATmega328P 微处理器将要发送的数据封装成 json 数据包上传至 SIM808 模块，SIM808 模块以 GPRS 的方式将数据包发送到云服务器平台，从而完成对水质的采集、处理与传输等一系列过程。

2．远程监测中心的软件设计

虚拟机主要用来显示监测的数据、监测的地理位置、报警和历史数据等，它是整个系统实现人机交互的重要组成部分之一。目前，虚拟机软件有很多种，包括 LabVIEW、VB、组态王等。本系统采用 LabVIEW 软件作为虚拟机。主界面主要由 GPS 定位模块、实时数据显示及折线图模块、报警模块、远程控制模块和历史数据查询模块五大模块所组成。从这几大模块中可以很方便地看到相关被监测的企业所排放废水含量的实时数据及废水排放趋势，方便监管人员及时准确地做出相应的措施。

（1）访问获取云服务器数据

LabVIEW 使用 TCP/IP 与云服务器之间进行数据通信，其程序如图 11.85 所示。先与 OneNET 建立 TCP 连接，然后向 OneNET 发送 http get 指令，从而获取云服务器上存储的数据。

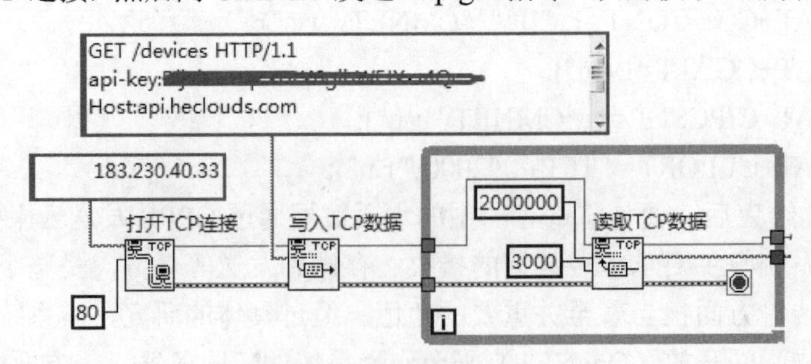

图 11.85　获取数据程序

（2）GPS 定位模块

GPS 定位模块的程序如图 11.86、图 11.87 所示。图 11.86 为自定义的 map.vi 子 VI 的引脚定义。通过该子 VI 可以实现百度静态地图的在线显示、定义显示界面的高度和宽度、实现报警位置标志的颜色变化和地图的显示精度等多种功能。

图 11.87 为 map.vi 的主程序，在 LabVIEW 界面显示百度地图时，需要在 LabVIEW 前面板插入 Activex 容器，在 Activex 容器中插入名字为 SHDocVw.IWebBrowser2 的对象。

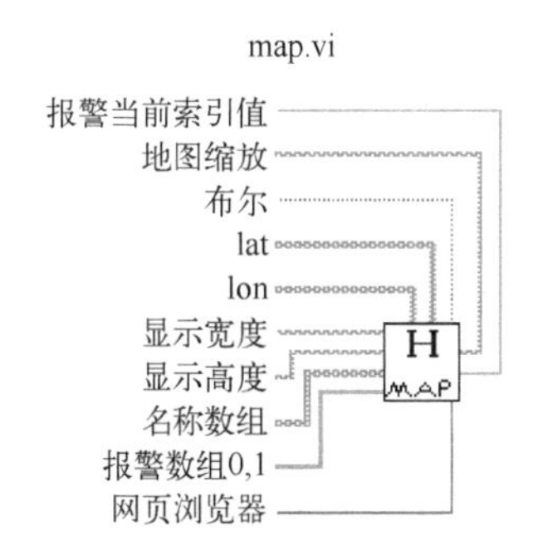

图 11.86　map.vi 引脚定义

程序中的数据包使用的是百度地图开放平台的静态图 API 的格式。其格式如下所示：

http://api.map.baidu.com/staticimage/v2?ak=*密钥*¢er=*经度，纬度*&width=[0,1024]&height=[0,1024]&zoom=地图级别&markers=标志经度,标志维度,&markerStyles=

GPS 定位的程序图如图 11.88 所示。图中对 map.vi 进行了参数设置，其中，地图缩放、位置显示都使用变量，从而可在

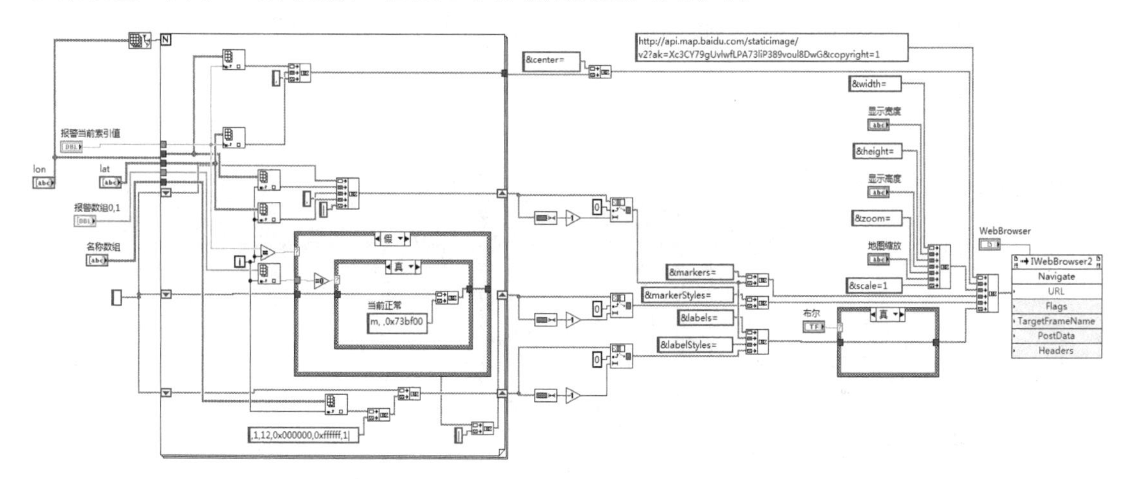

图 11.87　map.vi 主程序

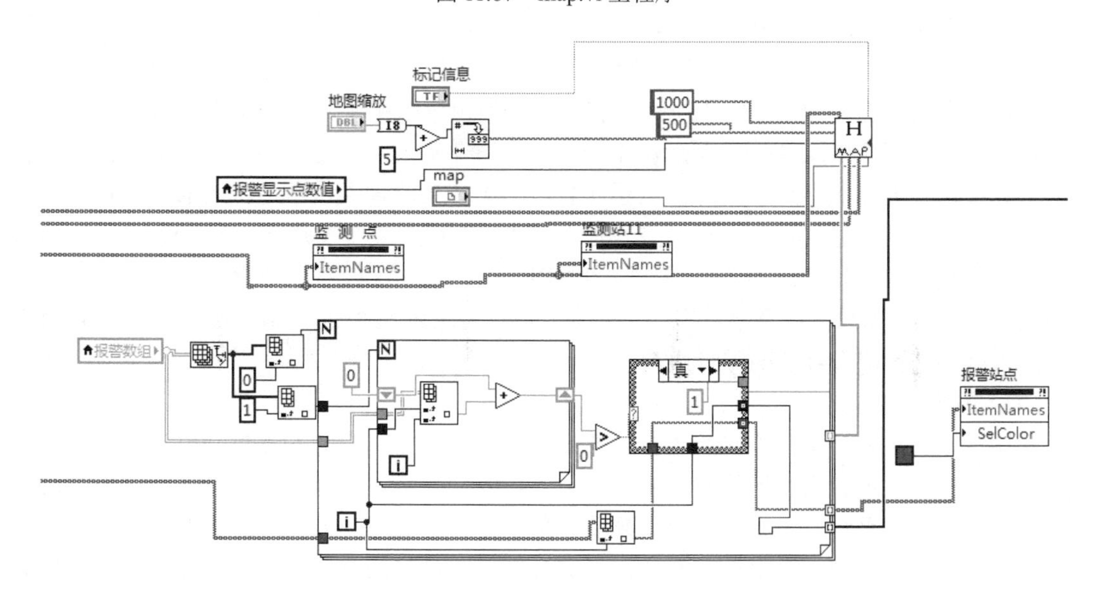

图 11.88　GPS 定位的程序图

主界面上人为地对地图显示进行个性化设置。图中还有报警显示程序，其目的是根据监测到的废水情况对位置标志进行颜色的变换，使得监管人员能够对废水排放情况有个整体的了解。主程序还设置了监测站点选择框，监测人员可以通过鼠标单击选择需要查看的监测站点，系统自动跳到该监测站点，将该站点放置在地图的正中间，监测人员所选择的监测点数据可以全部自动显示，操作相当方便、快捷。

（3）实时数据显示及折线图模块

LabVIEW 通过获取和解析来自云服务器段的数据，将数据用折线图表示出来。通过折线图，监测人员可以知道当前企业废水排放的具体情况，也可以根据历史折线预测出未来废水排放的情况，从而可以及时地做出决策，对废水的处理进行调整。

画折线图时，一个重要的部分就是对监测数据的缓存，将解析后的数据放置到折线图数组中才能够在折线图中表现出来。

程序图中的簇可用来初始定义折线图数组，数值为实时的数据输入，与 LabVIEW 的 XY 图连接，就能够在 XY 图中显示出折线。自定义的折线图子 VI 程序如图 11.89 所示。

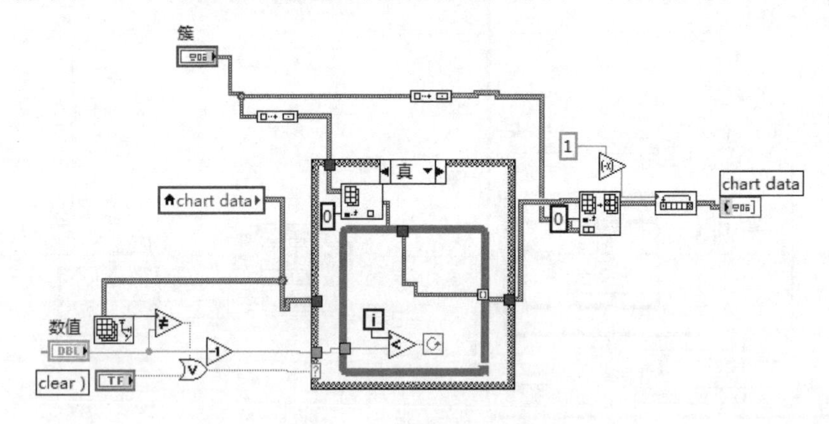

图 11.89 折线图子 VI 程序

折线图子 VI 程序中先初始化簇数组，然后判定是否清零。如果否，则直接将接收到的数值放入簇数组中，由于折线图设置是将最新的数据放在左边，故需要将簇数组进行循环移位，这样才能实现其功能。如果判定为是，则将会对簇数组进行清零，然后接收数据。

折线图的主程序如图 11.90 所示。主程序中先对监测地点进行判断，当当前的监测站点与监管人员选择的监测站点不同时，主程序会自动跳转到监管人员所选择的监测站点。然后执行对数据的采集，将实时数据与当前的时间组成一个簇，最终发送到 XY 图中显示。当有多个簇发送到 XY 图时，XY 图就会在同一个图中显示多条折线。在主程序中还涉及时间函数的转换，由于 XY 图只能识别字符串，而无法识别时间函数，故需要 LabVIEW 自带的转换工具将时间函数转换成双精度的浮点函数。

（4）报警模块

如图 11.90 所示，系统在进行数据转折线图的同时，会将实时的数据与设定的警界值进行比较，当实时数据超出警界值时，主界面上的报警灯亮。在主界面可以看到，每一个监测成分上都有一个报警灯，当废水中该成分的含量超标时，其对应的报警灯会变红，这样监测人员就能一目了然地掌握废水中到底是何种成分超标，从而做出相对应的措施，使该成分的指标恢复到警戒值范围内。由于不同的企业、不同的地区对于废水排放的标准是不相同的，故系统的报警值是可设置的，可以人为地根据实际情况进行规定。其报警值通过设置一个全局变量来实现。

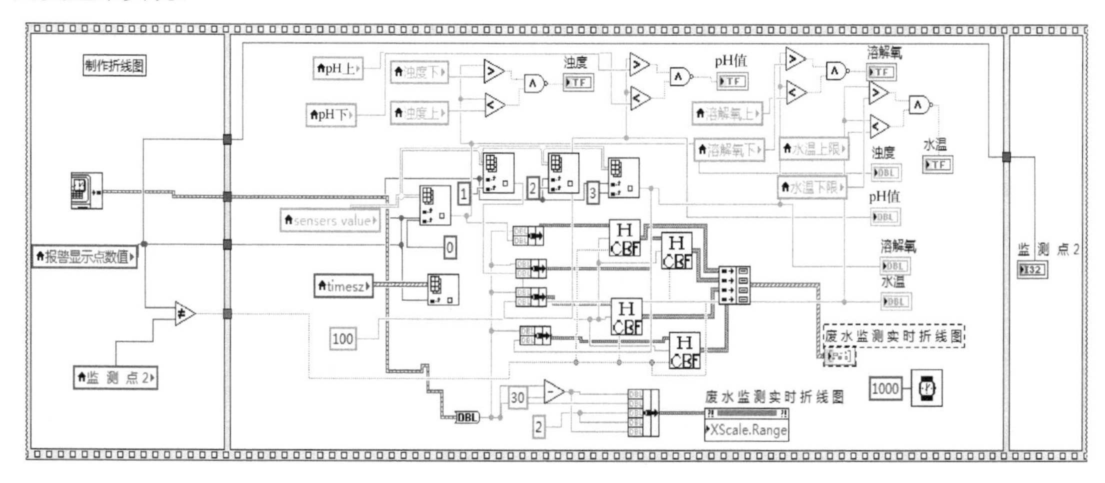

图 11.90　折线图主程序

（5）远程控制模块

远程控制模块的程序如图 11.91 所示。远程控制模块一开始需判定控制的相关数值是否发生变化，如果有变化，则将变化的值发送到 OneNET 平台，然后经 OneNET 平台实现对传感器节点的远程控制。如果没有发生变化，则继续保持当前值，不向 OneNET 平台发送数据，一直等待直到控制值发生变化。

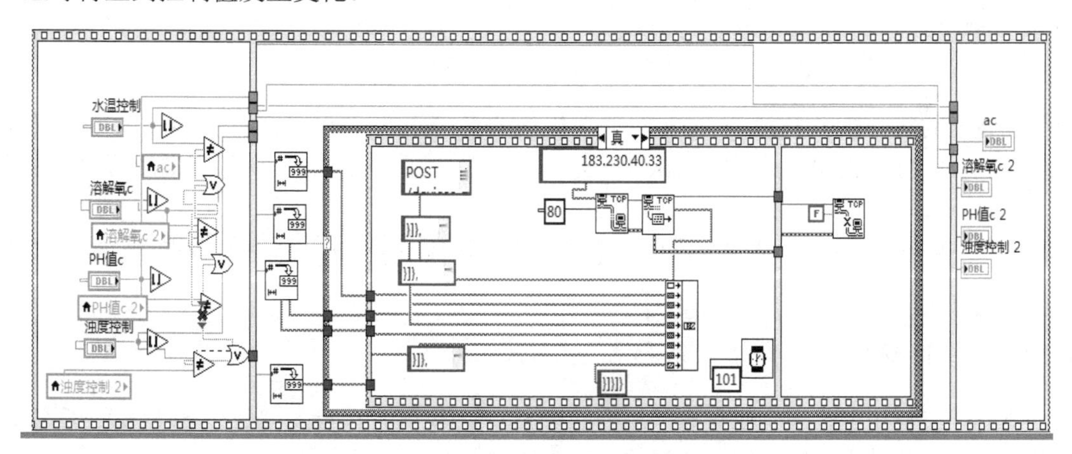

图 11.91　远程控制模块程序

（6）历史数据模块

在历史数据查询界面中可以对查询的要求进行精确查询，可以设定起始时间来查询对应的监测站点所监测到的废水特定成分的历史数据，并能够以文本的形式保持到计算机中。

向 OneNET 平台获取历史数据的方法依然采用 http get 形式，其格式如下：

GET /devices/*设备 id*/datapoints?datastream_id=*数据流 id*&start=*开始时间*&end=结束时间 HTTP/1.1

api-key:*密钥*

Host:api.heclouds.com

其对应的 LabVIERW 程序如图 11.92 所示。当要查询的相关设置定义完成后，单击确定按钮，程序就会向 OneNET 平台发送查询请求，然后系统就会接收到 OncNET 发送过来的历史数据。程序会将接收到的数据进行解析并将数据显示在历史查询界面上，单击保存按钮，数据就会以文本的形式保存在 LabVIEW 的子文件夹中。

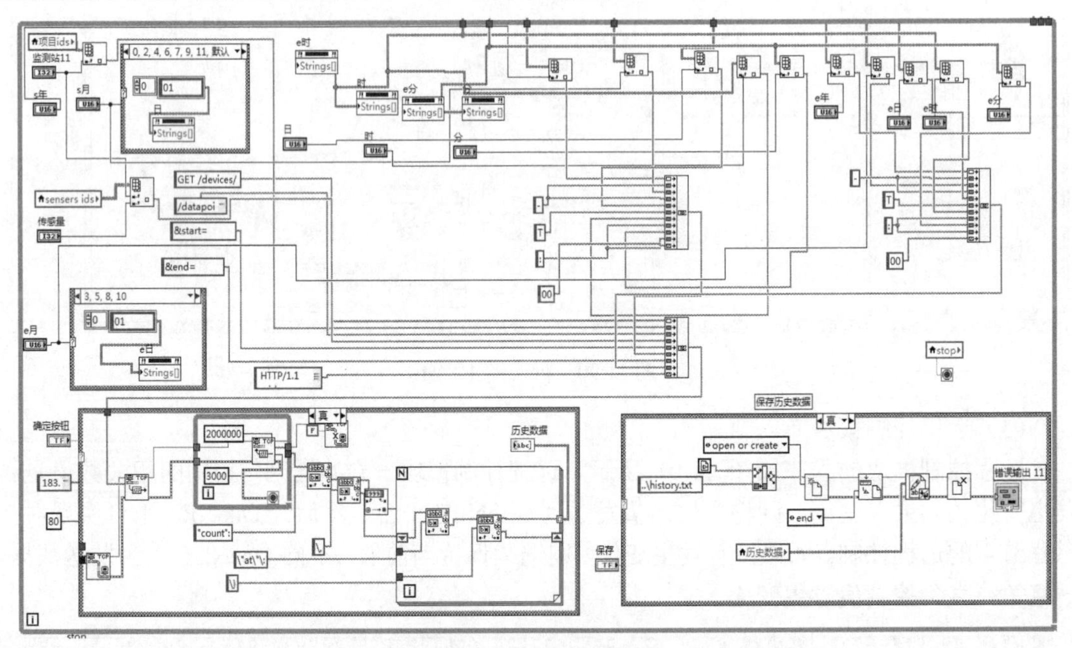

图 11.92 历史数据查询程序

在发送的数据格式中需要注意的一点是时间的格式要求，其格式是年-月-日 T 时:分:秒。如 2016-09-11T17:12:30。如果时间格式不是以上格式，则无法获取到所要查询的历史数据。

11.8 基于 LabVIEW 和 ARM 技术的氯气泄漏远程监测系统

11.8.1 项目简介

本系统主要用于化工企业对氯气泄漏的检测，其中，硬件部分主要包括 STM32F103ZET6 单片机模块及其外围电路，用于数据的处理、数据显示、超限报警，以及与 GPRS 模块一起用于数据的传输；传感器模块和数据的调理电路（放大电路、滤波电路），用于数据的采集（包括氯气浓度和温湿度数据）；软件部分主要包括云服务器平台的构建，主要用于数据的存储与传输；上位机 LabVIEW 软件设计，主要用于对氯气浓度进行实时动态显示、超限报警及历史数据查询。

系统还运用了误差处理算法（3σ 准则）、温湿度补偿算法（BP 神经网络模型）和报警算法（感知器算法）来提高系统的抗干扰能力及测量数据的精准度。在经过测试检验之后，系统确实能够实现对氯气实时地采集、传输、存储、显示、处理以及报警等，数据检测准确，实时性较好。

11.8.2　系统总体方案设计

1．系统总体框图设计

系统总体框图如图 11.93 所示。

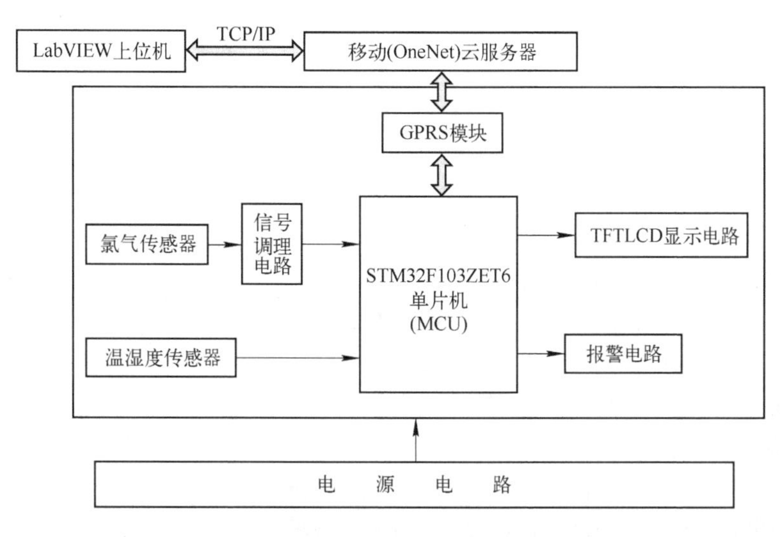

图 11.93　系统总体框图

传感器模块包括氯气传感器和温湿度传感器。氯气传感器用于检测化工企业空气中的氯气浓度，检测的数据用于判断该氯气浓度是否超出国家规定的允许浓度；温湿度传感器用于检测大气温湿度信息，可以对检测的氯气浓度进行温湿度补偿，从而提高氯气浓度检测的精度。随后，氯气传感器将检测到的模拟电信号经过后续的调理电路对该信号进行相应的放大、滤波处理。单片机模块主要用于接收传感器检测的氯气浓度和温湿度数据，并且根据所测量的温湿度对氯气浓度进行温湿度补偿，用于提高氯气浓度检测的精度；为了使单片机正常工作，以及把检测的温度数据、湿度数据以及氯气数据进行显示、上传和报警，需要设计相应的外围电路。这些外围电路包括以下几部分：给单片机和其他模块提供正常工作电压的电源电路、用于显示数据的 TFTLCD 显示电路和氯气浓度值超出标准值的报警电路。GPRS 数据传输模块用于把测量的数据传输给云服务器。云服务器模块把接收的数据进行存储和显示。上位机 LabVIEW 软件用于数据的远程查看、数据的存储，以及当实时测量的氯气浓度值超出设定的标准值时进行报警。

2．系统总体流程设计

启动系统后，氯气传感器检测化工企业环境中的氯气浓度信息并将该信息转换为常见的电流信号。由于该电流信号相当微弱，不利于测量，所以在进行数据 A-D 转换之前要对该信号进行相应的放大和滤波，从而得到可以稳定测量的电信号，然后对该信号进行 A-D 转换，将转换的数据传送到基于 ARM 架构的处理器（STM32F103ZET6）中进行数据的分析与处理。同时，温湿度传感器也将测量的温度及湿度数据传输给处理器进行数据处理。之后，处理好的数据通过与单片机（STM32F103ZET6）相连的 GPRS 模块发送到免费的云服务器（OneNET）。OneNET 云服务器会对接收的数据进行保存，并且云服务器也可以对数据进行远程显示。上位机 LabVIEW 监测终端能够通过 TCP/IP 实时获取云服务器存储的数据，并及时对获取到的数据进行分析处理，最后将数据通过上位机的界面显示出来。化工企业的工作人员可以根据显示的数据进行分析，做出相应的判断并采取相应的措施，从而有利于减少氯气泄漏事故的发生。系统总体的流程图如图 11.94 所示。

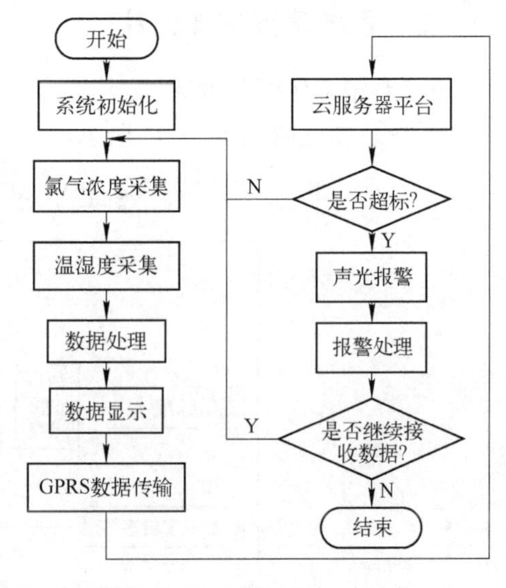

图 11.94 系统总体流程图

11.8.3 系统硬件设计

系统硬件包括 MCU 主控制部分、氯气传感器恒电位电路与调理电路（包括滤波电路、放大电路）、温湿度传感器、TFTLCD 显示电路、电源电路、报警电路和 GPRS 模块这几个部分。其中，MCU 主控制部分以基于 ARM 体系的 STM32F103ZET6 单片机为核心，它的主要功能如下。

第一，完成氯气浓度数据、温度数据以及湿度数据的采集和处理工作；

第二，与 TFTLCD 显示电路相连接进行测量数据的显示；

第三，如果氯气浓度超出氯气标准值，则及时报警；

第四，与 GPRS 模块相连，将采集到的数据传输给云服务器平台，实现测量数据的云平台显示和存储。

氯气传感器的恒电位电路与调理电路的主要用途是通过氯气浓度传感器把检测到的氯气浓度转换为可以检测的电信号，为微处理器处理数据提供便利。温湿度检测的主要作用是通过检测温度和湿度信息对所测的氯气浓度进行补偿，从而有利于提高所测氯气浓度的精准度。TFTLCD 显示电路的主要作用是将温度数据、湿度数据和氯气浓度数据进行实时的显示。报警电路的主要作用是一旦氯气浓度超过设定的标准值，就及时进行报警，用于提醒现场的工作人员是否有报警情况发生。GPRS 模块的主要作用是把传感器所测的温度数据、湿度数据和氯气浓度数据传输到云服务器上，从而有利于数据的存储和数据的远程观看。系统硬件框图如图 11.95 所示。

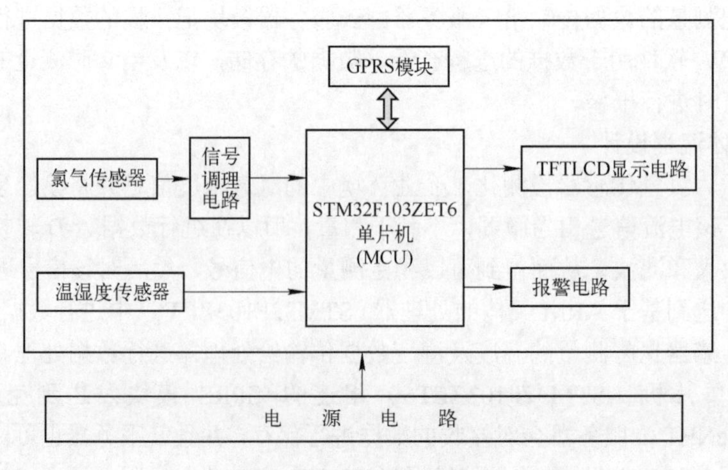

图 11.95 系统硬件框图

1．STM32F103ZET6 处理器

相比于传统的 8 位单片机（最典型的 89C51 系列）和 16 位单片机（最典型的 MSP430 系列）来说，基于 32 位的 STM32F103ZET6 单片机首先在数据处理以及算法的运用上更为出色，执行的速度也更为快速；其次这款芯片的内核采用的是 ARM Cortex-M3 内核；最后这款芯片运用代码密度更高的 Thumb-2 指令集，有利于快速编写代码以及减少代码量。这些优势使得运用 STM32F103ZET6 芯片设计该产品具有很高的响应速度，最高性能达到 1.25DMIPS/MHz；并且该芯片提供了较多的外围设备接口，使用该芯片使得产品的设计变得更为简单、方便。同时，STM32F103ZET6 微处理器具有业内最低的功耗，有利于提高系统设计的可靠性和稳定性。STM32F103ZET6 芯片内部采用的是 ARM Cortex-M3 内核，具有以下特点：

1）哈佛结构。

2）1.25DMIPS/MHz 和 0.1mW/Hz。

3）内置快速中断控制器。

4）内核运行速度更快，可节省 45%的代码量。

同时，基于该内核的 STM32F103ZET6 处理器也有相当丰富的片上资源，特别是该内核采用的硬件乘法器和硬件除法器，提高了该单片机数据处理的速度。另外为了使单片机的中断响应速度比其他同类型单片机更快，在 STM32F103ZET6 单片机的内部采用了快速中断控制器，使得处理器处理中断事件的响应时间仅有 6 个 CPU 时钟周期。为了满足该芯片能够运行大量程序代码的需求，在 STM32F103ZET6 单片机进行设计时内置 48KB 的 RAM 和 512KB 的程序存储空间，同时处理器内部也增加多种实用的功能，比如，对于总线类型来说有 SPI 总线和 I2C 总线、用于系统延时的定时器，以及用于数据转换的 12 位模-数转换器（ADC）和数-模转换器（DAC）。

2．氯气传感器测量电路

氯气传感器选用 4Cl2-10，它是一款三电极电化学传感器，具有成本适中、高灵敏度和工作稳定等特点。该传感器包括 3 个电极，这 3 个电极分别是参比电极（RE）、对电极（CE）和工作电极（WE），每个电极都有相对应的功能。参比电极可以稳定传感器的输出电压值，因而，参比电极具有稳压的作用；对电极的主要作用是，当传感器处于工作状态时与工作电极组成回路，从而让传感器的工作电极产生相应的工作电流；对于工作电极而言，其主要作用是在传感器工作时产生与所测物质浓度成线性关系的微弱电流信号，该电流信号强弱反应了浓度的大小。三电极电化学传感器在测量物质浓度时，应先在工作电极（WE）和参比电极（RE）间加一个恒定的电位，这个电位用于稳定工作电极的输出信号。因为工作电极产生的电流信号与所测量物质的浓度有相对应的关系，所以分析工作电极产生的电流信号可以很快地算出被测物的浓度。由于产生的电流大小与被测环境的温湿度有关，因此在对精度有要求的场合需要对结果进行温湿度补偿处理。表 11.1 所示为氯气传感器的性能指标。

表 11.1　氯气传感器性能指标

工作偏压	工作温度范围	工作压力范围	工作湿度范围	50ppm Cl_2 最大电流	最大开路电压	最大短路电流
0mV	−40～50℃	一个标准大气压±10%	15%～95%RH	<0.2mA	1.3V	<1.0A

注：1ppm=10^{-6}。

氯气传感器 4Cl2-10 工作电极输出的是微弱的电信号，这个微弱电信号不利于后续的数据处理，所以为了将该信号准确无误地向后进行传递，需要对该信号进行放大处理。同时，为了改善该信号的抗干扰能力，还需要对后续信号进行简单的滤波处理，这样处理过的信号才能适合 STM32F103ZET6 处理器 12 位 A-D 转换器引脚的要求。图 11.96 是恒电位电路，电路通过 U1 构成的恒电位电路，通过滑动变阻器调节电阻来得到合适的电压，输入到 U1 的同相输入端，通过将 U1 转换成的恒定电压加到三电极电化学传感器对电极（CE）上，使对电极（CE）上的电压趋于稳定。图 11.97 是放大、滤波电路。氯气传感器的工作电极（WE）产生的是负电流，产生的负电流经过 R6 变成负电压，另外为了防止外界的高频干扰，通过放大器 U2 的反相输入进入低通滤波电路，滤除高频的信号。最后在 U2 的输出端输出正电压。U3 是一个电压跟随器，运用电压跟随器虽然不能改变输出电压的大小，但是可以对 U2 输出的正电压信号进行缓冲与隔离，有利于稳定和提高该信号的抗干扰能力。最后将 U3 的输出传输到单片机的 ADC 引脚上，对数据进行 A-D 转换。

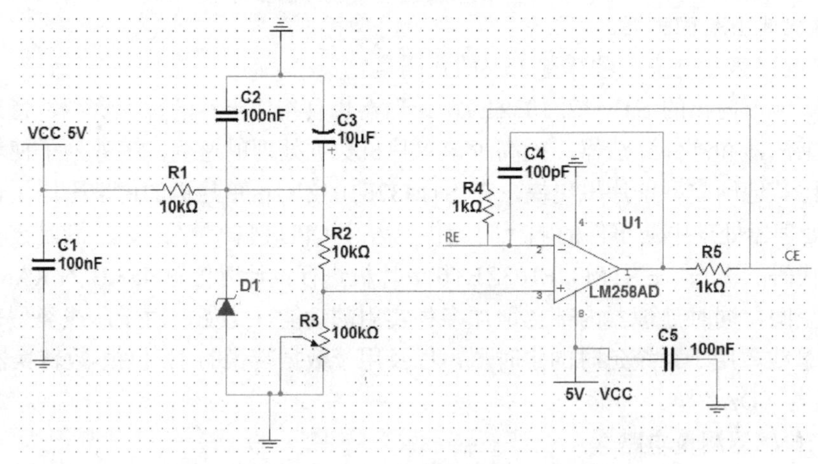

图 11.96　恒电位电路

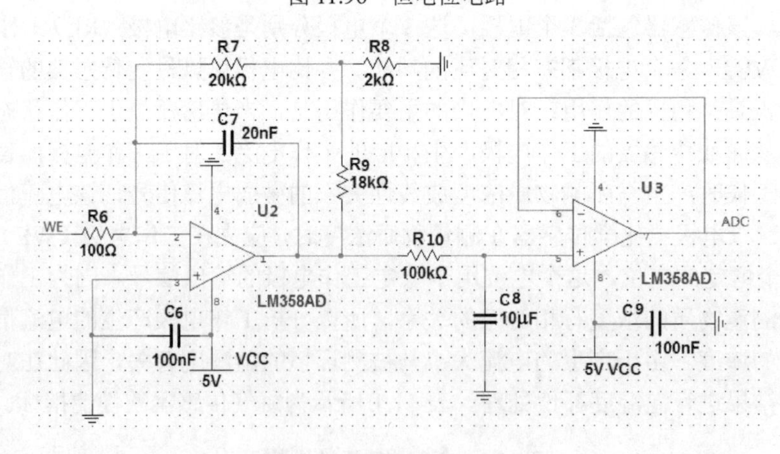

图 11.97　放大、滤波电路

3．温湿度测量电路

温湿度传感器采用的型号是 DHT11，它采用高分子湿敏电阻材料作为传感器的关键部分，并且该传感器的输出是标准的数字信号，所以不需要和氯气传感器一样有大量的调理电路，可以直接接在 STM32F103ZET6 单片机的引脚上。DHT11 温湿度传感器具有高精度、功耗低和输出长期、稳定的特点，并且该传感器的高可靠性使输出的温度和湿度数据不受电源噪声、电压波动和其他干扰信号的影响。

温湿度传感器 DHT11 有 4 个外部接口，接口电路如图 11.98 所示。为了稳定 DATA 引脚上测量的数据，在 DATA 引脚上加入一个上拉电阻，并且为了去除 VCC 和 GND 之间的耦合作用，加入一个电容 C10，这有利于稳定输入电压。

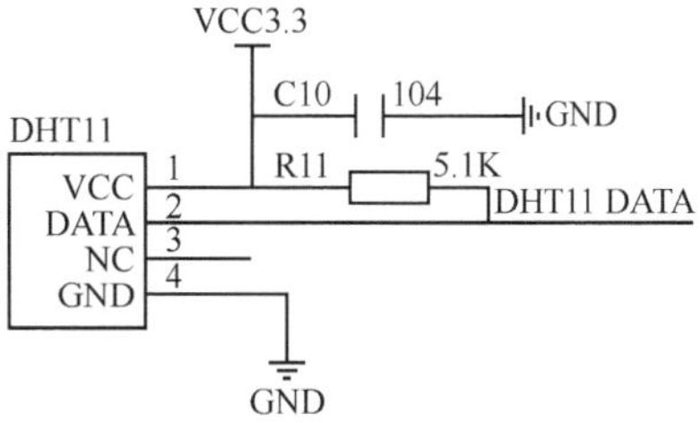

图 11.98　温湿度传感器接口电路

4．TFTLCD 显示屏

采用 2.8in TFTLCD 显示屏显示所需要测量的数据。TFTLCD（薄膜晶体管液晶显示器）是一种新型的显示设备，通过大量地使用薄膜晶体管（TFT），使得 TFTLCD 显示屏可以减少未选通时的干扰，这也充分表明了 TFTLCD 显示屏的静态特性与扫描线数没有任何关系，有利于提高图像显示的质量。

处理器通过内置的外围设备 FSMC（可变静态存储控制器）接口对 TFTLCD 显示屏进行控制。通过分时复用的方式公用地址数据总线，通过 CS 信号识别设备，这里以控制 SRAM 的方式对显示屏进行控制。该模块有如下的通信接口引脚组成：LCD_CS 引脚是 TFTLCD 显示器的片选信号引脚；WR/CLK 引脚与 RD 引脚分别是 TFTLCD 显示屏的写入信号引脚和读取数据信号引脚；DB1～DB8、DB10～DB17 这 16 根引脚信号线作为 TFTLCD 显示屏的 16 位双向数据线，既可用于处理器向 TFTLCD 显示屏输出数据，也可用于 TFTLCD 显示屏向处理器传递数据。RST 引脚为显示电路的复位引脚。RS 为命令/数据读/写标志，是复用引脚。BL 可与一个具有 PWM 输出功能的引脚相连，控制该显示屏的背光和亮度。显示屏模块的供电同时需要 3.3V 和 5V 电压电源。其接口电路原理图如图 11.99 所示。

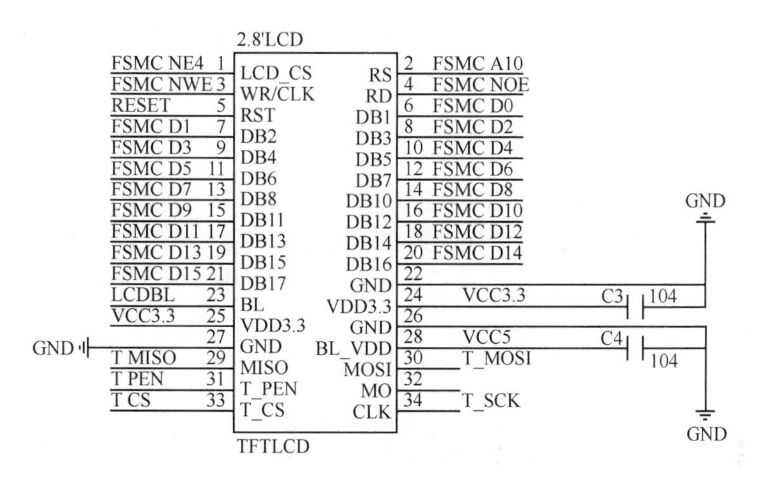

图 11.99　接口电路原理图

5．报警电路

报警模块使用无源蜂鸣器，在额定电压 3.3V 下工作。通过处理器的内置定时器定时翻转 BEEP 端口的电平，这样在 BEEP 端口便会产生固定周期的方波信号，该信号用于驱动无源蜂鸣器工作。在设计报警电路时，通过软件编程让无源蜂鸣器产生两种不同的声音，从而让巡检仪可以针对不同的氯气浓度产生不同的声音报警，蜂鸣器电路如图 11.100 所示。

光报警电路如图 11.101 所示，当氯气传感器测量的氯气浓度值大于准标值时点亮相应的LED，通过此 LED 可以用来提示化工企业的工作人员此时氯气浓度超标，发生了氯气泄漏事件，应尽快采取相应的措施，也防止因为化工企业嘈杂的环境掩盖了蜂鸣器的报警声音，实现报警方式多样化。

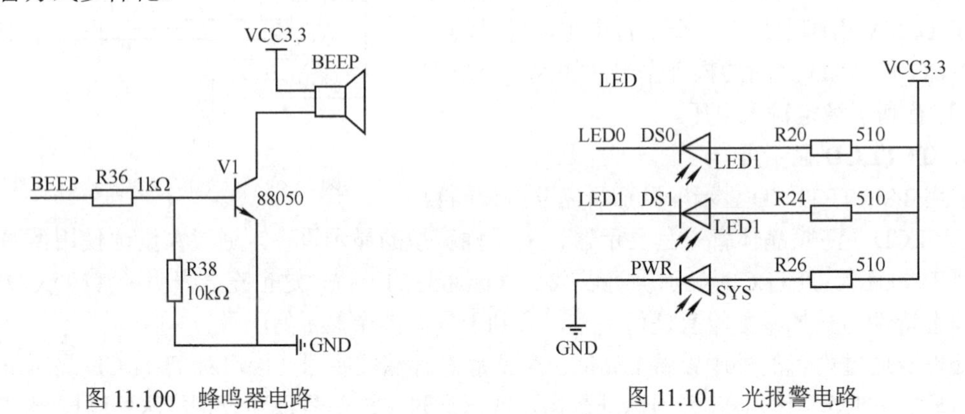

图 11.100　蜂鸣器电路　　　　图 11.101　光报警电路

6．GPRS 模块

为了解决所测氯气浓度无法存储和数据无法远程观看的问题，我们采用 GPRS 模块与移动云服务器平台相结合的方式实现氯气浓度的数据存储与远程观看。GPRS 模块负责数据的传输，移动云服务器平台负责数据的远程显示和数据存储。相对于其他无线数据传输技术，如 WiFi 技术、BlueTooth 技术及 ZigBee 技术，GPRS 无线数据传输技术在数据的传输方面有如下优势。

1）数据传输速率快，基于 GPRS 技术的数据传输速度一般能够达到 56kbit/s，与 GSM 传输速度相比是其传输速度的 10 倍，完全能够胜任本设计数据远程传输的需求。

2）永久在线，对于 GPRS 技术而言，新建连接完成之后的每一次数据访问都不需要重新建立连接。

3）覆盖范围广，能满足山区、乡镇和跨地区的接入需求。

本设计选用的 GPRS 模块为 ATK-SIM900A。它是一款高性能工业级双频 GSM/GPRS 模块，工作频段为 900/1800MHz，可以低功耗实现语音、SIM 短信、数据和传真信息的传输，并且 ATK-SIM900A 模块支持 RS-232 串口和 5～24V 的工作电压，可以方便地实现 GPRS 数据传输功能。

11.8.4　系统软件设计

氯气泄漏远程监测系统软件设计包括 ARM 软件设计、云服务器平台的构建和远程监测计算机 LabVIEW 软件设计。

1．ARM 软件设计

氯气泄漏远程监测系统 ARM 部分主程序流程图如图 11.102 所示，数据采集与处理程序流程图、声光报警程序流程图分别如图 11.103、图 11.104 所示。系统在上电后首先对 STM32F103ZET6 处理器进行初始化，包括 GPIO 相对应的时钟初始化、GPIO 引脚的定义与设置初始化、中断初始化、内部寄存器的初始化及定时器的初始化等。氯气泄漏监测系统在上电初始化之后，对传感器检测的数据进行采集，通过处理器内置的 A-D 转换器对氯气浓度数据进行模-数转换，将处理器不能识别的数据转换为可以识别的数据。在数据采集完成之后要对数据进行处理，因为氯气传感器的输出信号受温度与湿度的影响极大，所以在处理器内部对所检测的氯气浓度值进行温湿度补偿。接着，通过处理器与 GPRS 模块可以将处理过的氯气浓度数据值以及温度和湿度数据传输给移动 OneNET 云服务器平台。最后对氯气浓度值进行判断，确定所测环境的氯气浓度值是否超出国家规定的标准值。如果超出国家规定的标准值，那么在巡检仪上的 LED 点亮，蜂鸣器也开始鸣叫；如果没有超出国家规定的标准值，那么系统正常运行。

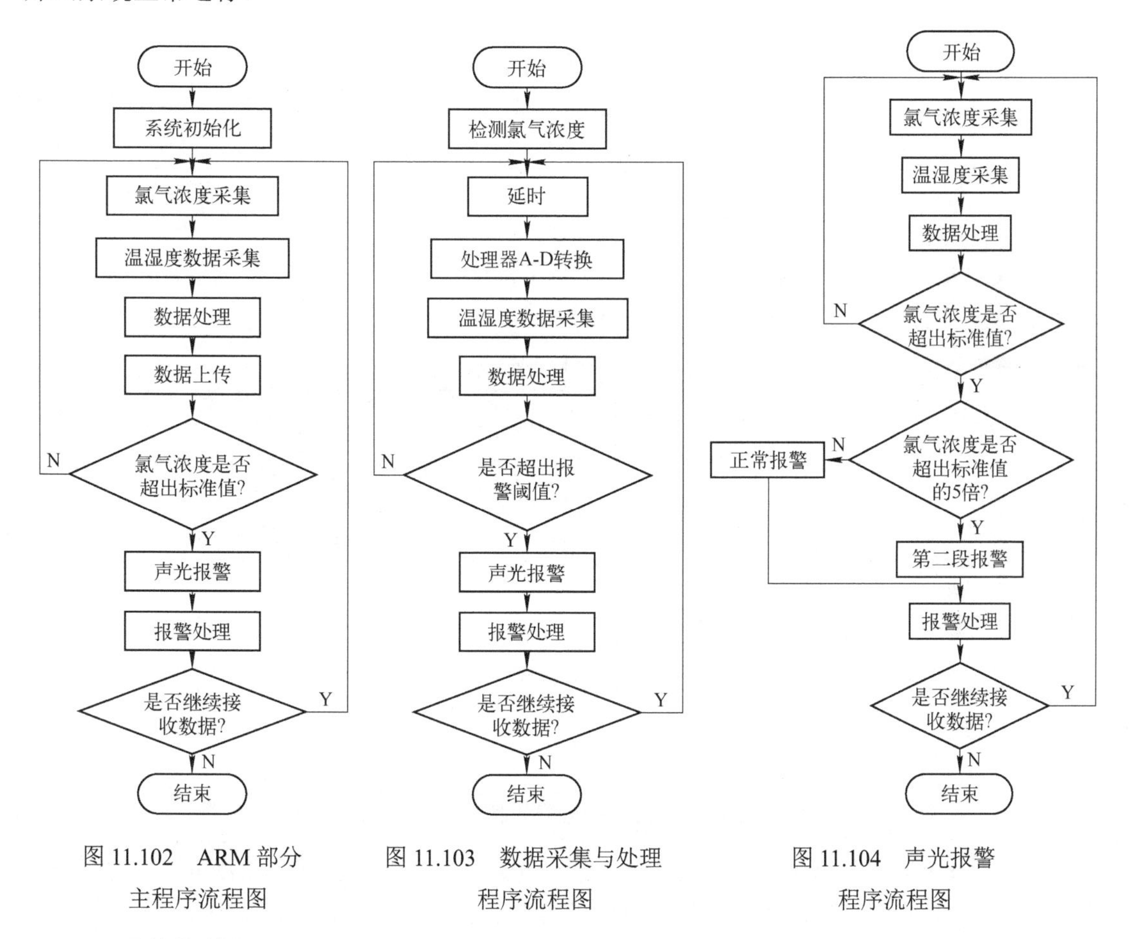

图 11.102 ARM 部分主程序流程图

图 11.103 数据采集与处理程序流程图

图 11.104 声光报警程序流程图

2．通信软件设计

本设计采用 ATK-SIM900A GPRS 模块进行数据的传输，在使用模块之前首先对该模块进行初始化，然后输入云服务器的 IP 地址以及端口号，实现移动 OneNET 云服务器平台与 GPRS 模块的连接，该部分的数据通信流程图如图 11.105 所示。

3．OneNET 云服务器平台的构建

在氯气泄漏远程监测系统中，为了实现数据的远程传输、远程观看以及远程存储，采用 OneNET 云服务器平台。STM32F103ZET6 处理器通过 GPRS 模块把测量到的数据传输到云服务器平台上，然后远程计算机 LabVIEW 接收云服务器平台上的数据，实现数据的远程传输。云服务器在系统中主要承担着数据的接收、存储和发送等功能，在整个氯气泄漏远程监测系统中起到数据中转站的作用，在数据远程传输方面承担着至关重要的角色。

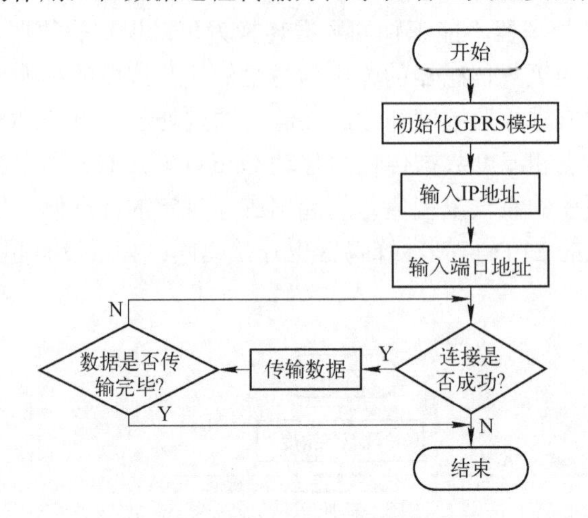

图 11.105　GPRS 模块数据通信流程图

OneNET 云服务器平台独特的组织形式包括 OneNET 平台下的产品、设备、数据流以及其他的一些应用，其组织结构如图 11.106 所示。

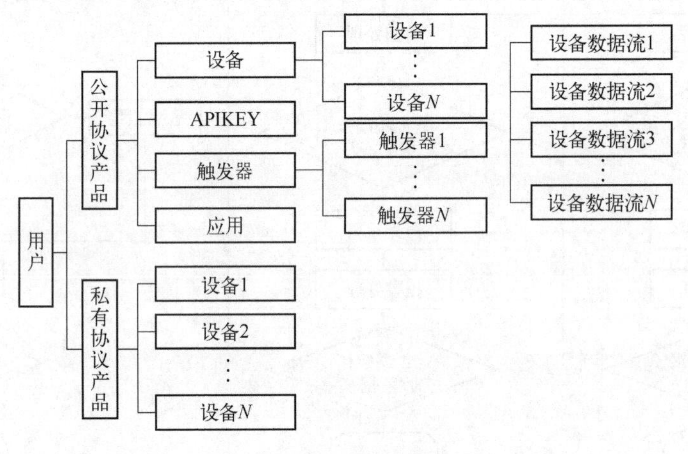

图 11.106　OneNET 云服务器平台组织结构

在 OneNET 云服务器平台中，用户通过项目对数据进行统一管理。项目可以创建多个，并且在每一个项目下可以随意地增加、删除、修改和查询不同的设备、APIKEY、应用以及触发器。同时，在任意一个设备下，用户又可以创建多个数据流，方便快捷。与此同时，OneNET 云服务器平台还提供了触发器，当监测到的氯气浓度超出了化工企业氯气标准浓度值时，触发器会通过邮箱、短信或者拨打电话等发式发送报警信息，从而极大地提高化工企业人员对氯气泄漏的监管力度。

OneNET 云服务器平台主要的作用是负责存储数据、显示数据以及数据能及时传输到上位机 LabVIEW。要实现这个功能，我们必须要在中国 OneNET（移动物联网开放平台）上开发一个公开协议产品。步骤如下。

第一步，用户在 OneNET 云服务器平台通过手机号码进行用户账号的注册，如图 11.107 所示，然后才能正常地使用 OneNET 云服务器平台。

第二步，用户在注册账号并且成功登录之后，可以在账号下创建产品，可以创建的产品分为两类，其中一类是公开协议产品类型，另一类是私有协议产品类型。本设计的云服务器采用的就是公开协议产品类型，如图 11.108 所示。

第三步，为产品创建设备和为设备增加数据流。设备的创建如图 11.109 所示，数据流的创建如图 11.110 所示。在图 11.110 中创建了 3 个数据流，分别用于接收 GPRS 模块传输的氯气浓度、温度和湿度数据。图 11.111 是云服务器的设备。

当所有的步骤完成以后，将氯气泄漏远程监测节点的数据传输到云服务器。一旦终端设备的数据上传成功，便可以在设备增加数据流，每当有新的数据传输过来，就会在相应的数据流下生成随时间变化的数据，这样就实现了远距离的传输。

图 11.107　用户账号注册

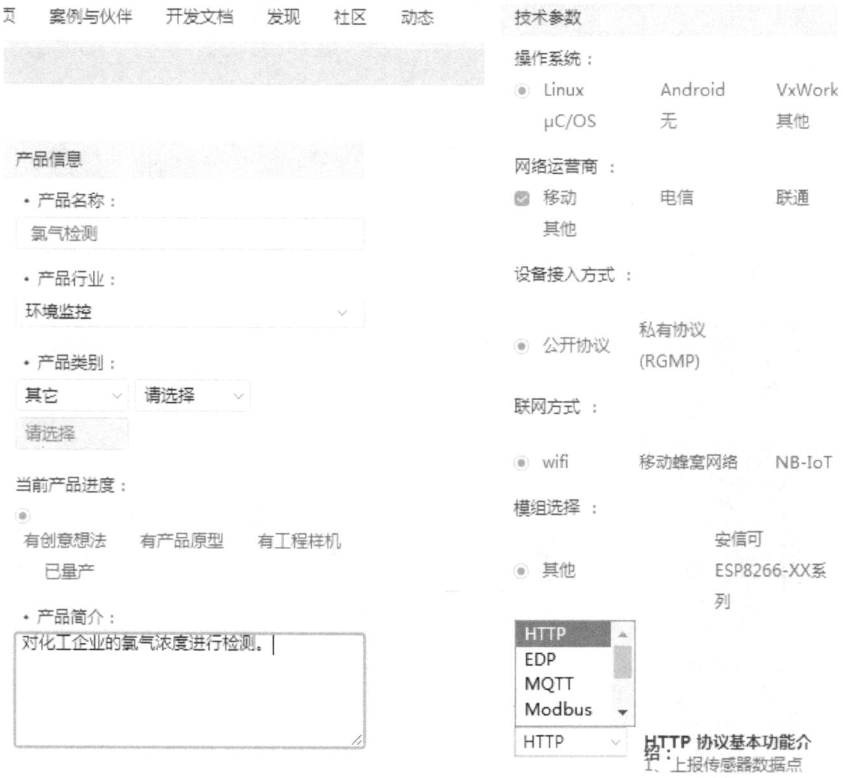

图 11.108　创建产品

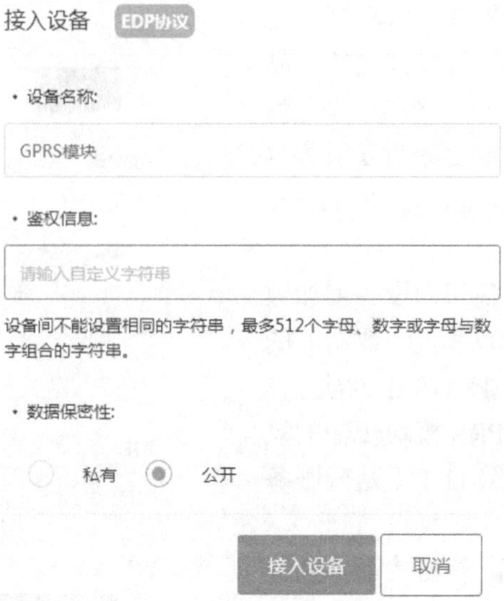

接入设备 EDP协议

• 设备名称:

GPRS模块

• 鉴权信息:

请输入自定义字符串

设备间不能设置相同的字符串，最多512个字母、数字或字母与数字组合的字符串。

• 数据保密性:

私有 公开

接入设备 取消

图 11.109 设备创建

数据流展示

序号	数据流名称	单位名称	单位符号
1	lvqi	mg/m3	mg/m3
2	wendu	C	C
3	shidu	%	%

图 11.110 数据流创建

图 11.111 云服务器设备

4．远程监测计算机 LabVIEW 软件设计

远程监测计算机 LabVIEW 软件主要用来实时显示监测数据、查询历史数据以及超限报警等，是整个系统的重要组成部分。此处重点介绍设备接入、访问及获取云服务器数据、获取历史数据、字符提取等内容。

（1）设备接入

远程监测计算机 LabVIEW 实时获得的数据是 STM32F103ZET6 处理器通过 GPRS 模块传输到云服务器上的数据。移动 OneNET 云服务器平台设备接入流程如图 11.112 所示，远程监测计算机 LabVIEW 软件可以通过使用 TCP/IP 连接实现与移动云服务器之间的数据通信。首先通过 TCP/IP 连接控件向 OneNET 云服务器平台发送固定的 IP 地址以及端口号，固定的 IP 地址为 183.230.40.33，固定的端口号为 80。

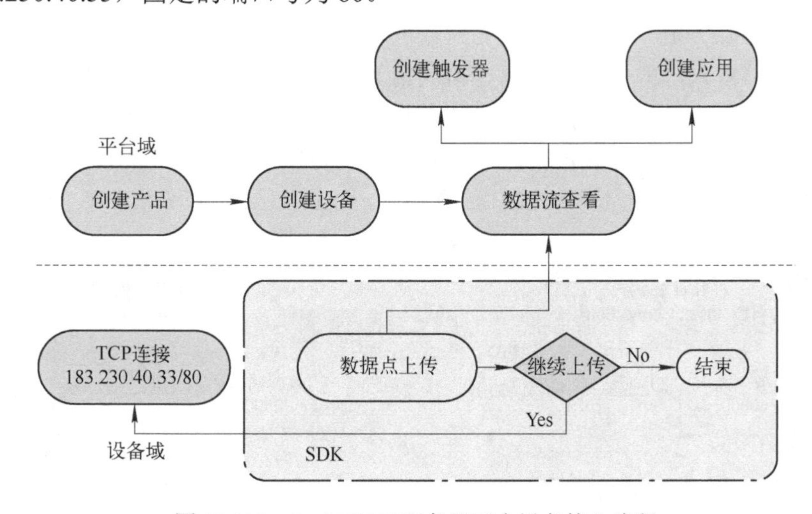

图 11.112 OneNET 云服务器平台设备接入流程

远程监测计算机 LabVIEW 软件获取的云服务器数据包括温度数据、湿度数据以及氯气浓度数据，这些数据可以通过软件前面板进行实时的显示，通过运用滤波算法和误差算法精准地对氯气浓度进行抗干扰处理，运用预警算法可以对氯气浓度超限进行实时、准确的报警。

为了方便化工企业的操作人员实时观察、汇总以及分析氯气浓度信息，历史数据的查询变得相当重要，通过 LabVIEW 可以方便地实现这一个功能。远程监测计算机 LabVIEW 系统总体框图如图 11.113 所示。

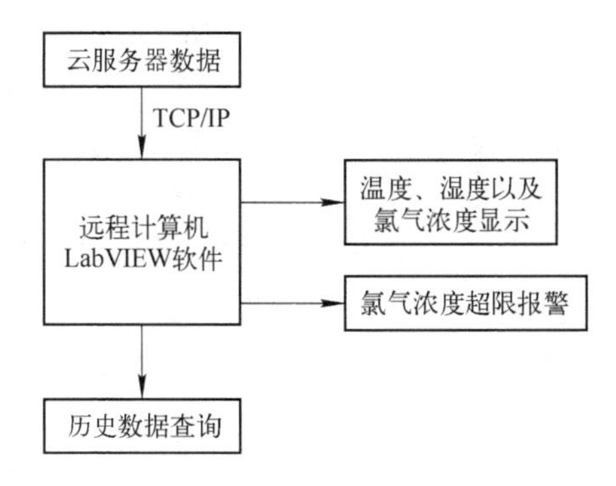

图 11.113 远程监测计算机 LabVIEW 系统总体框图

（2）访问及获取云服务器数据

基于 ARM 的氯气泄漏巡检仪在线监测系统必须要实时地从移动云服务器平台接收包括温度数据、湿度数据和氯气浓度数据在内的一系列的数据。这些数据是微处理器 STM32F103ZET6 通过 GPRS 模块传输到云服务器平台的数据，主要作用是把数据进行远程传输、远程观看以及远程存储。

远程监测计算机 LabVIEW 通过 TCP/IP 与 OneNET 云服务器平台建立连接，其连接的 IP 地址为 183.230.40.33，端口号为 80。同时，需要向云服务器平台发送 http get 指令。http get 指令的格式如下：

GET/devices/*设备 id*/datapoints HTTP/1.1

api-key:*设备密钥*

Host:api.heclouds.com

通过上述通信格式，就可以实现远程监测计算机 LabVIEW 软件与云服务器平台之间的数据传输，实现把云服务器平台接收到的数据传输给上位机 LabVIEW 软件，从而获取云服务器上存储的数据。为了编写该程序，必须要先弄清楚以下几个控件的作用，图 11.114 为打开 TCP 连接控件，图 11.115 为写入 TCP 数据控件，图 11.116 为读取 TCP 数据控件，图 11.117 为关闭 TCP 连接控件。

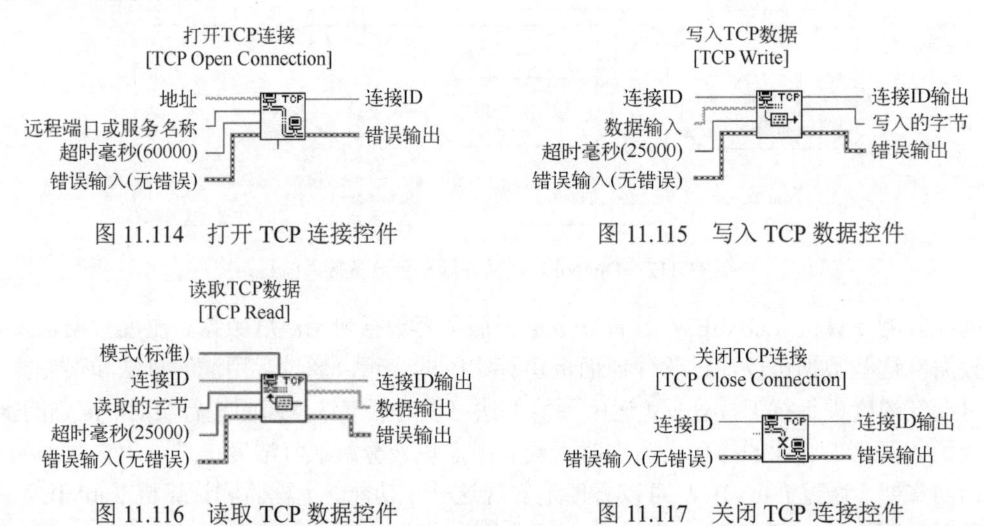

图 11.114　打开 TCP 连接控件

图 11.115　写入 TCP 数据控件

图 11.116　读取 TCP 数据控件

图 11.117　关闭 TCP 连接控件

打开 TCP 连接控件的作用是建立上位机 LabVIEW 与云服务器平台之间的连接，由上文可以知道，云服务器平台的 IP 地址为 183.230.40.33，端口号为 80，所以在该控件地址位置新建一个字符串常量，并且写入该 IP 地址；在远程端口或服务名称的位置处新建一个数值常量，写入端口号 80。

写入 TCP 数据控件的作用是数据写入 TCP 网络，即 LabVIEW 软件向云服务器平台申请读取数据。当 LabVIEW 软件与云服务器平台之间建立连接之后，如果此时 LabVIEW 软件想要获得云服务器平台的数据，就必须要将一个固定数据格式的内容发送给云服务器平台，让云服务器平台响应 LabVIEW 软件申请读取数据，这个行为之后，LabVIEW 才能获得 OneNET 云服务器的数据。在控件的数据输入处新建一个字符串常量，这个字符串常量用于 LabVIEW 软件向云服务器平台发送 http get 指令。

读取 TCP 数据控件的作用是从 TCP 网络读取数据，即从云服务器平台读取实时的测量数据。LabVIEW 与 OneNET 云服务器平台之间建立连接后，监测计算机向云服务器平台发送固定格式的内容申请读取数据，只有当云服务器平台准确无误地响应 LabVIEW 申请数据这个行为时，LabVIEW 才能获得云服务器的数据。

关闭 TCP 连接控件的作用是关闭 TCP 网络连接，并且也可以提供标准错误输出功能。获取云服务器数据程序如图 11.118 所示。

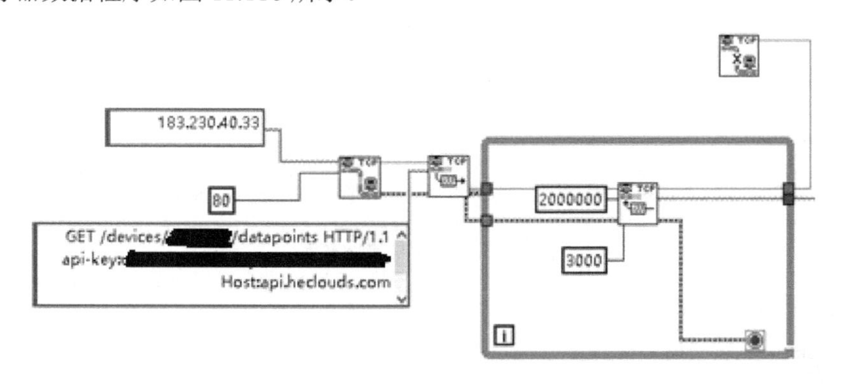

图 11.118　获取云服务器数据程序

（3）获取历史数据

远程监测计算机 LabVIEW 写入/读取数据的程序如图 11.119 和图 11.120 所示。图 11.119 是写入数据文本的程序，图 11.120 是读取数据文本的程序。当用户在主界面单击历史显示按钮时，LabVIEW 程序就会向 OneNET 云服务器平台发送数据查询请求。当 OneNET 云服务器平台响应数据查询请求时，LabVIEW 便会接收到云服务器发送过来的历史数据，并且将接收到的数据进行字符提取，显示在历史查询界面上。

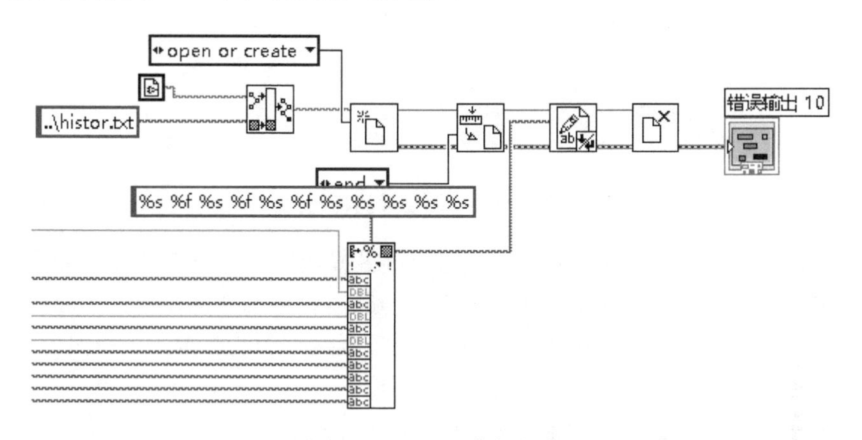

图 11.119　写入数据文本

（4）字符提取

传感器测量的数据上传到 OneNET 云服务器平台时必须使用固定格式才能正确地传输到 OneNET 云服务器平台。

设备向 OneNET 云服务器平台上传数据时采用的数据包格式如下：

POST/devices/*设备 ID*/datapoints HTTP/1.1

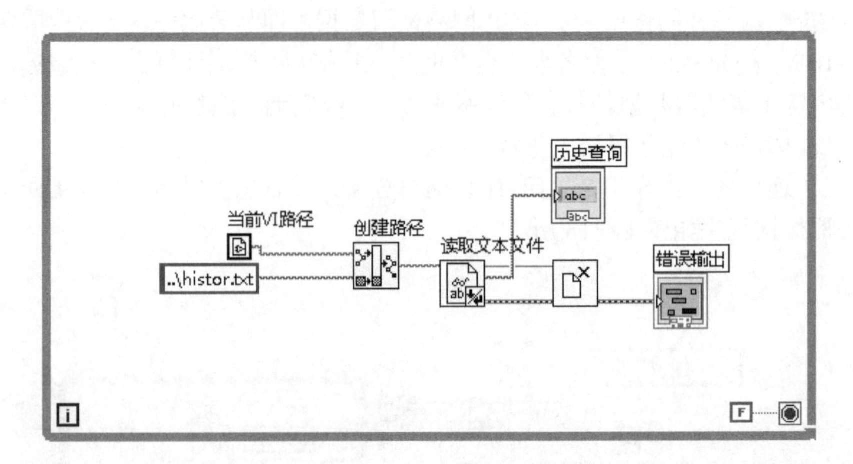

图 11.120　读取数据文本

api-key:*设备密钥*

Host:api.heclouds.com

Content-Length:*json 数据包长度*

//此处必须空一行

{"datastreams":[{"id":"*数据流 1 id*","datapoints":[{"at":"上传时间","value":*数据流对应数值*}...{"id":"*数据流 N id*","datapoints":[{"at":"上传时间","value":*数据流对应数值*}]}]}

以温度测得的数据为例进行发送，发送的数据格式如图 11.121 所示。

```
POST/devices/      /datapoints HTTP/1.1

api-key:

Host:api.heclouds.com

Content-Length:55


{"datastreams":"id":"wendu","datapoints":[{"value":20}]
```

图 11.121　温度数据格式

图 11.121 是处理器 STM32F103ZET6 通过 GPRS 模块向 OneNET 云服务器平台发送温度为 20℃的数据格式。处理器 STM32F103ZET6 将传感器测量的数据发送给了云服务器平台之后，为了实现远程监测计算机 LabVIEW 显示云服务器接收到的数据，上位机通过 TCP/IP 从云服务器平台接收数据，接收到的数据格式为

{"datastreams":"id":"wendu","datapoints":[{"value":20}]}

实际应用时，必须对远程计算机 LabVIEW 接收的数据进行提取，选取出其中必要的信息。在实际运用中，我们需要把其中的 id 字符串“wendu”和数值“20”等字符提取出来，有利于数据的观看和后续处理。

为了将“wendu”和数值“20”等字符提取出来，在 LabVIEW 程序设计的时候编写了一个模块的程序，其框图如图 11.122 所示。从图 11.122 的引脚定义可以看出，通过该子程序可以实现把从云服务器平台接收的数据进行字符提取。

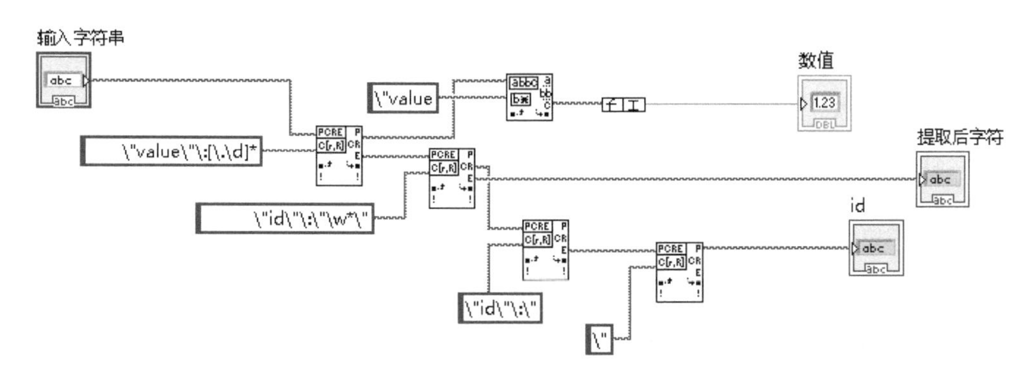

图 11.122　字符提取子程序框图

为了将 OneNET 云服务器平台接收的数据进行字符提取，在进行上位机程序的编写时，需要用到图 11.123 所示的匹配正则表达式控件和图 11.124 所示的匹配模式控件。

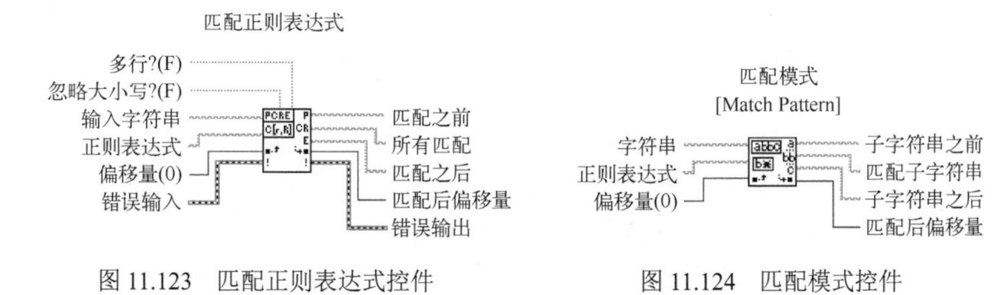

图 11.123　匹配正则表达式控件　　　图 11.124　匹配模式控件

图 11.123 所示为匹配正则表达式控件，这个控件首先是输入一个字符串，然后从输入偏移量的位置开始搜索输入的正则表达式，如果搜索到了与正则表达式相同的字符串，则将输入的字符串拆分为 3 个子字符串和任意数量的子匹配字符串。

图 11.124 为匹配模式控件，这个控件的作用是从以偏移量为起始地址的字符串中搜索正则表达式，如果有字符串与正则表达式相同，则它将输入的字符串分为 3 个子字符串。输出的 3 个字符串分别为匹配字符串之前的字符串、匹配字符串之后的字符串以及相应的匹配字符串。与匹配正则表达式控件相比，该控件虽然提供较少的匹配项，但是这个控件的执行速度比较快。

参 考 文 献

[1] 左昉，胡仁喜，闫聪聪，等. LabVIEW 2013 中文版虚拟仪器从入门到精通[M]. 北京：机械工业出版社，2014.

[2] 陈飞，陈奎，谢启，等. LabVIEW 编程与项目开发实用教程[M]. 西安：西安电子科技大学出版社，2016.

[3] 李江全，任玲，廖结安，等. LabVIEW 虚拟仪器从入门到测控应用 130 例[M]. 北京：电子工业出版社，2014.

[4] 张青春，纪剑祥. 传感器与自动检测技术[M]. 北京：机械工业出版社，2018.

[5] 张青春，李洪海. 传感器与检测技术实践训练教程[M]. 北京：机械工业出版社，2019.

[6] 张青春. 相关分析法在地下蒸汽管道泄漏检测中的应用[J]. 自动化仪表，2010(7): 54-56.

[7] 汪赟，陈思源，纪剑祥，等. 基于 LabVIEW 电动机性能综合测试平台的实现[J]. 机械与电子，2016, 34(6): 41-44.

[8] 张青春，付成芳，胡婷婷. 基于 LabVIEW 和 HD Audio 声卡电动车报警器测试仪的实现[J]. 制造业自动化，2015(4): 130-132.

[9] 张青春. 基于 LabVIEW 和 USB 接口数据采集器的设计[J]. 仪表技术与传感器，2012(12): 32-34.

[10] 陈凤. 基于虚拟仪器火灾探测报警、控制及演示系统设计[D]. 淮安：淮阴工学院，2012.

[11] 侯杰林. 化工企业废水质量远程监测系统[D]. 淮安：淮阴工学院，2017.

[12] 仇宝东. 基于 ARM 氯气泄漏巡检仪的研究与开发[D]. 淮安：淮阴工学院，2018.

[13] 王茹月. 酒店客控虚拟仿真实验系统设计[D]. 淮安：淮阴工学院，2019.